高等院校计算机基础教育课程体系特色教材系列

丛书主编 谭浩强

基于Web标准的网页设计与制作（微课版）

唐四薪 唐 琼 李 浪 编著

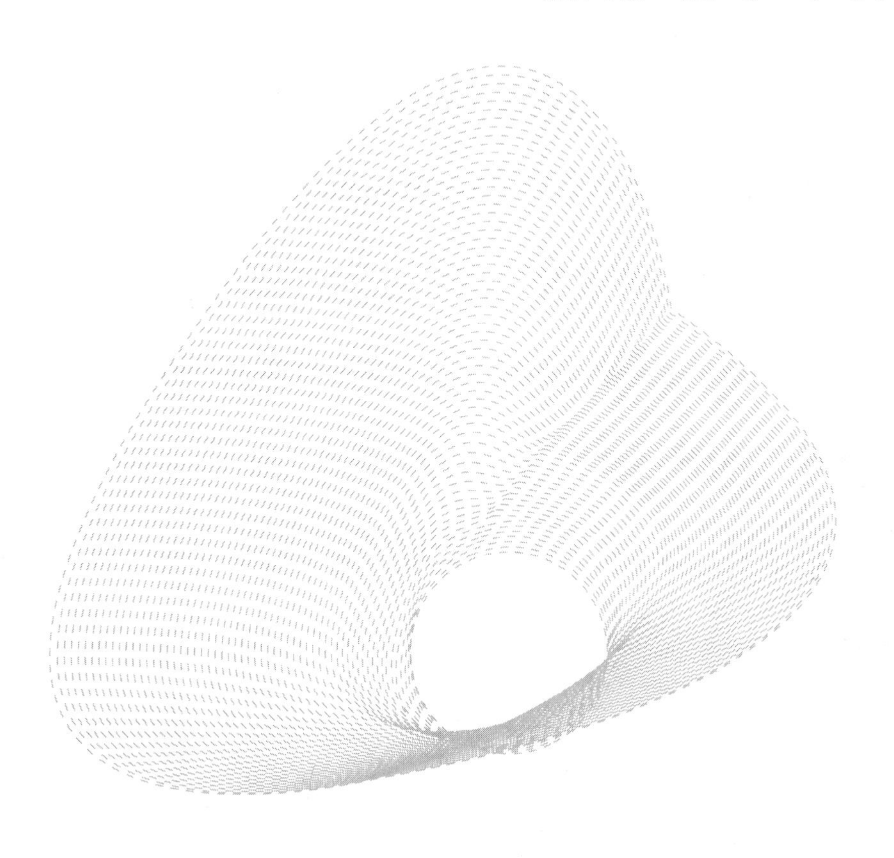

清華大学出版社
北 京

内 容 简 介

本书内容涵盖 HTML 5、CSS 3、JavaScript、jQuery 和 Vue.js 等各种网页设计与制作技术，在叙述有关原理时安排大量的相关实例。本书分为 8 章，内容包括网页设计与网站开发概述，HTML 5、CSS 语法基础、CSS 盒子模型、CSS 布局、网站开发过程与环境配置、Photoshop、JavaScript 及其框架。本书面向工程实际，强调原理性与实用性。

本书适合作为高等院校各专业"网页设计"或"Web 前端开发"等课程的教材，也可作为网页设计与制作的培训类教材，还可供网站设计和开发人员参考使用。

图书在版编目（CIP）数据

基于 Web 标准的网页设计与制作：微课版/唐四薪，唐琼，李浪编著.—北京：清华大学出版社，2024.1
高等院校计算机基础教育课程体系特色教材系列
ISBN 978-7-302-65260-1

Ⅰ. ①基… Ⅱ. ①唐… ②唐… ③李… Ⅲ. ①网页制作工具-高等学校-教材 Ⅳ. ①TP393.092

中国国家版本馆 CIP 数据核字(2024)第 003239 号

责任编辑：张 民 常建丽
封面设计：何凤霞
责任校对：胡伟民
责任印制：沈 露

出版发行：清华大学出版社
网　　址：https://www.tup.com.cn，https://www.wqxuetang.com
地　　址：北京清华大学学研大厦 A 座　　**邮　　编**：100084
社 总 机：010-83470000　　**邮　　购**：010-62786544
投稿与读者服务：010-62776969，c-service@tup.tsinghua.edu.cn
质量反馈：010-62772015，zhiliang@tup.tsinghua.edu.cn
课件下载：https://www.tup.com.cn，010-83470236
印 装 者：三河市龙大印装有限公司
经　　销：全国新华书店
开　　本：185mm×260mm　　**印　　张**：18　　**字　　数**：456 千字
版　　次：2024 年 1 月第 1 版　　**印　　次**：2024 年 1 月第1 次印刷
定　　价：59.90 元

产品编号：097337-01

PREFACE

序

从 20 世纪 70 年代末、80 年代初开始，我国的高等院校开始面向各个专业的全体大学生开展计算机教育。 面向非计算机专业学生的计算机基础教育牵涉的专业面广、人数众多，影响深远，它将直接影响我国各行各业、各个领域中计算机应用的发展水平。这是一项意义重大而且大有可为的工作，应该引起各方面的充分重视。

几十年来，全国高等院校计算机基础教育研究会和全国高校从事计算机基础教育的老师始终不渝地在这片未被开垦的土地上辛勤工作，深入探索，努力开拓，积累了丰富的经验，初步形成了一套行之有效的课程体系和教学理念。 高等院校计算机基础教育的发展经历了 3 个阶段：20 世纪 80 年代是初创阶段，带有扫盲的性质，多数学校只开设一门入门课程；20 世纪 90 年代是规范阶段，在全国范围内形成了按 3 个层次进行教学的课程体系，教学的广度和深度都有所发展；进入 21 世纪，开始了深化提高的第 3 阶段，需要在原有基础上再上一个新台阶。

在计算机基础教育的新阶段，要充分认识到计算机基础教育面临的挑战。

(1) 在世界范围内信息技术以空前的速度迅猛发展，新的技术和新的方法层出不穷，要求高等院校计算机基础教育必须跟上信息技术发展的潮流，大力更新教学内容，用信息技术的新成就武装当今的大学生。

(2) 我国国民经济现在处于持续快速稳定发展阶段，需要大力发展信息产业，加快经济与社会信息化的进程，这就迫切需要大批既熟悉本领域业务，又能熟练使用计算机，并能将信息技术应用于本领域的新型专门人才。 因此需要大力提高高校计算机基础教育的水平，培养出数以百万计的计算机应用人才。

(3) 21 世纪，信息技术教育在我国中小学中全面开展，计算机教育的起点从大学下移到中小学。 水涨船高，这样也为提高大学的计算机教育水平创造了十分有利的条件。

迎接 21 世纪的挑战，大力提高我国高等学校计算机基础教育的水平，培养出符合信息时代要求的人才，已成为广大计算机教育工作者的神圣使命和光荣职责。 全国高等院校计算机基础教育研究会和清华大学出版社于 2002 年联合成立了“中国高等院校计算机基础教育改革课题研究组”，集中了一批长期在高校计算机基础教育领域从事教学和研究的专家、教授，经过深入调查研究，广泛征求意见，反复讨论修改，提出了高校计算机基础教育改革思路和课程方案，并于 2004 年 7 月发布了《中国高等院校计算机基础教育课程体系 2004》(简称 CFC 2004)。 国内知名专家和从事计算机基础教育工作的广大教师一致认为 CFC 2004 提出了一个既体现先进性又切合实际的思路和解决方案，该研究成果具有开创性、针对性、前瞻性和可操作性，对发展我国高等院校的计算机基础教育具有重要的指导作用。 根据近年来计算机基础教育的发展，课题研究组先后于 2006 年、2008 年和 2014 年发布了《中国高等院校计算机基础教育课程体系》的新版本，由清华大学出版社出版。

为了实现 CFC 提出的要求，必须有一批与之配套的教材。教材是实现教育思想和教学要求的重要保证，是教学改革中的一项重要的基本建设。如果没有好的教材，提高教学质量只是一句空话。要写好一本教材是不容易的，不仅需要掌握有关的科学技术知识，而且要熟悉自己工作的对象，研究读者的认识规律，善于组织教材内容，具有较好的文字功底，还需要学习一点教育学和心理学的知识等。一本好的计算机基础教材应当具备以下 5 个要素：

(1) 定位准确。要明确读者对象，要有的放矢，不要不问对象，提笔就写。

(2) 内容先进。要能反映计算机科学技术的新成果、新趋势。

(3) 取舍合理。要做到“该有的有，不该有的没有”，不要包罗万象、贪多求全，不应把教材写成手册。

(4) 体系得当。要针对非计算机专业学生的特点，精心设计教材体系，不仅使教材体现科学性和先进性，还要注意循序渐进，降低台阶，分散难点，使学生易于理解。

(5) 风格鲜明。要用通俗易懂的方法和语言叙述复杂的概念。善于运用形象思维，深入浅出，引人入胜。

为了推动各高校的教学，我们愿意与全国各地区、各学校的专家和老师共同奋斗，编写和出版一批具有中国特色的、符合非计算机专业学生特点的、受广大读者欢迎的优秀教材。为此，我们成立了“高等院校计算机基础教育课程体系特色教材系列”编审委员会，全面指导本套教材的编写工作。

本套教材具有以下几个特点：

(1) 全面体现 CFC 的思路和课程要求。可以说，本套教材是 CFC 的具体化。

(2) 教材内容体现了信息技术发展的趋势。由于信息技术发展迅速，教材需要不断更新内容，推陈出新。本套教材力求反映信息技术领域中新的发展、新的应用。

(3) 按照非计算机专业学生的特点构建课程内容和教材体系，强调面向应用，注重培养应用能力，针对多数学生的认知规律，尽量采用通俗易懂的方法说明复杂的概念，使学生易于学习。

(4) 考虑到教学对象不同，本套教材包括了各方面所需要的教材(重点课程和一般课程，必修课和选修课，理论课和实践课)，供不同学校、不同专业的学生选用。

(5) 本套教材的作者都有较高的学术造诣，有丰富的计算机基础教育的经验，在教材中体现了研究会所倡导的思路和风格，因而符合教学实践，便于采用。

本套教材统一规划，分批组织，陆续出版。希望能得到各位专家、老师和读者的指正，我们将根据计算机技术的发展和广大师生的宝贵意见及时修订，使之不断完善。

全国高等院校计算机基础教育研究会荣誉会长
“高等院校计算机基础教育课程体系特色教材系列”编审委员会主任
谭浩强

前言

FOREWORD

近20年来，互联网领域涌现出大量创新技术和产品，使得互联网领域的产品开发成为众多年轻人渴望学习的领域。互联网开发的技术基础仍然是网页设计，网页设计技术历经20多年始终在快速发展变化。网页设计也是高校很多专业学生的一项必备技能，就业市场对网页设计的人才需求量很大。网页设计技能之所以重要，是因为网页设计涉及界面设计与交互，个性化要求很高，导致网页设计项目的重用性水平很低，这使得网页设计人才需要掌握更多相关领域的知识，网页设计者需要具备良好的自学能力和强烈的兴趣。

网页设计与制作这门课程的特点是入门比较简单，但它的知识结构庞杂，想成为一名优秀的网页设计师，需要较长时间的理论学习和大量的实践操作及项目实训经验。学习网页设计有两点最重要：一是务必重视对原理的掌握；二是在理解原理的基础上一定要多练习，多实践，通过练习和实践发现实际问题。本书在编写过程中注重“原理”和“实用”，这表现在所有的实例都是按照其涉及的原理分类，而不是按照应用的领域分类，将这些实例编排在原理讲解之后，就能使读者迅速理解原理的用途。同时，由于加深了对原理的理解，因此可以对实例举一反三。

目前，网页设计的知识体系结构以HTML 5、CSS 3、JavaScript为框架，这3种语言分别定义了网页的结构、表现和行为，Web标准的含义就是将网页划分为结构、表现和行为，各部分相对独立，尽管Web标准已成为当今网页设计领域的一种共识，不被经常提起，但对于初学者来说，理解并遵循Web标准设计网页对快速掌握网页设计技能是有重要意义的。在网页设计各种语言中，CSS是核心。为此，本书在编写时注重培养学生兴趣，在章节安排上将CSS的内容作为重点，按照CSS的知识体系将CSS的内容分为3章。这是因为只有接触CSS，学生才会领会网页设计课程的乐趣。其次，考虑到初学者以前并没接触过任何网页设计语言，本书将传统CSS知识和CSS 3的内容进行统一编排，帮助读者更容易地系统掌握CSS的传统技术和新技术。

网页设计是技术和艺术的结合，因此网页的风格设计和色彩搭配也是网页初学者应当重点掌握的内容，考虑到大多数初学者没有任何平面设计基础，本书在编写时安排了色彩的基本原理，网页色彩的搭配等内容，同时安排了Photoshop章节，帮助初学者掌握使用该软件进行网页图像的合成、网页效果图的制作等技能。

为了便于读者阅读和减少篇幅，本书采用精简代码的编排方式，读者一般都能够容易地将其还原成完整代码，同时每个示例都标有序号（例如，例3-4对应的源代码文件就是 3-4.html)，读者能够容易地在配套源代码中找到完整代码并能直接运行。

本书的教学大概需要 64 学时，其中实验学时不少于 16 学时，如果学时量不足，则可以主要讲授第 1~5 章的内容。

本书为使用本书作为教材的教师提供教学用多媒体课件、实例源文件和实验大纲，可登录清华大学出版社官网免费下载。 书中提供了有关重点和难点内容的微课视频，读者扫描书中二维码即可观看。

本书由唐四薪、唐琼、李浪编著，唐四薪编写了第 3~8 章的内容，唐琼编写了第 1 章和第 2 章的部分内容。 李浪编写了第 2 章的部分内容。

由于编者水平和教学经验有限，书中错误和不妥之处在所难免，欢迎广大读者和同行批评指正。

编　者

2023 年 9 月

CONTENTS

目录

第1章 网页设计与网站开发概述

随着互联网(Internet)的不断发展,各种新的基于互联网的应用不断涌现。而 WWW (World Wide Web,简称为 Web 或"万维网")是互联网上的信息浏览服务,是 Internet 实现信息资源共享的主要途径。WWW 由遍布在 Internet 中的 Web 服务器组成,Web 服务器是 Internet 上一台具有独立 IP 地址的计算机,用来存储和发布网页。接入 Internet 的计算机能够从 Web 服务器上获取信息或发送信息给 Web 服务器,其本质是通过 HTTP 传输基于超文本(Hypertext)的信息。从技术实现上看,WWW 具有 3 个统一。

- 统一的信息组织方式:HTML(超文本标记语言)。
- 统一的资源访问方式:HTTP(超文本传输协议)。
- 统一的资源定位方式:URL(统一资源定位器,即网址)。

1.1 网页设计与 Web 前端开发

Web 前端
开发概述

网站开发的任务可分为浏览器端页面的制作和服务器端程序的编写。人们把浏览器端称为 Web 前端,而把服务器端称为 Web 后端。

Web 前端开发是指浏览器端页面的设计(即网页设计)和浏览器端脚本程序的编写,主要依靠浏览器端 3 种代码(HTML、CSS、JavaScript)的编写。近年来,智能手机的普及已将人们带入移动互联网时代,Web 前端开发的范畴已不局限于计算机端网页的制作,像微信小程序、手机 App(其中几种),移动端网页都需要使用 Web 前端开发的技术。

1.1.1 网页的概念和本质

WWW 可看成 Internet 上的一座大型图书馆,网站就像这座图书馆中的一本书,而网页便是书中的一页。一个网页就是一个文件,存放在世界某处的一台 Web 服务器中。

当用户在浏览器地址栏输入网址,请求某个网页后,经过 HTTP(超文本传输协议)的传输,网页就会被传送到用户的计算机中,然后通过浏览器解释网页的内容,再展示到用户的眼前。图 1-1 是 Chrome 浏览器打开的网页。在浏览器窗口中右击,执行"查看网页源代码"命令,会打开一个纯文本文件,如图 1-2 所示。这个文件中的内容就是 HTML 代码,浏览器的功能是把 HTML 代码解释成用户所看到的网页。

图 1-1　Chrome 浏览器打开的网页

```
view-source:www.wangchuanshan.cn
1  <!DOCTYPE html>
2  <html lang="zh-CN">
3  <head>
4
5  <title>船山研究_湖南省船山学研究基地</title>
6   <meta charset="gb2312">
7  <meta name="viewport" content="width=device-width, initial-scale=1">
8  <meta http-equiv="X-UA-Compatible" content="IE=edge,Chrome=1" />
9  <meta http-equiv="X-UA-Compatible" content="IE=9" />
10 <meta name="author" content="tangsix" />
11 <meta name="description" content="王船山,王夫之,船山学,研究基地">
12 <meta name="keywords" content="王船山,王夫之,船山学,研究基地">
13 <link rel="stylesheet" href="css/bootstrap.min.css"  type="text/css">
14 <!--<link href="css/bootstrap-theme-min.css" rel="stylesheet"/>-->
15 <link rel="stylesheet" href="css/style.css">
```

图 1-2　网页的源代码

HTML 是 HyperText Markup Language 的缩写，直译为“超文本标记语言”。

网页是用 HTML 编写的一种纯文本文件。用户通过浏览器所看到的包含了文字、图像、链接、动画和声音等多媒体信息的每个网页，其实质是浏览器对 HTML 代码进行了解释，并引用相应的图像、动画等资源文件，才生成了多姿多彩的网页。

需要指出，一个网页并不是一个单独的文件，网页中的图片、视频等文件都是单独存放的，以方便多个网页引用同一张图片等，这和 Word 等格式的文件有明显区别。

1.1.2　网页设计的两个基本问题

网页设计是艺术与技术的结合。从艺术的角度看，网页设计的本质是一种平面设计，就像出黑板报、设计书的封面等平面设计一样，对于平面设计，需要考虑两个基本问题，那就是布局和配色。

1. 布局

对于一般的平面设计来说,布局就是将有限的视觉元素进行有机地排列组合,将理性思维个性化地表现出来。网页设计和其他形式的平面设计相比,有相似之处,也要考虑网页的版式设计问题,如采用何种形式的版式布局。与一般平面设计不同的是,在将网页效果图绘制出来以后,还需要用技术手段(代码)实现效果图中的布局,将网页效果图转化成真实的网页。

在将网页的版式和网页效果图设计出来后,就可用以下方式实现网页的布局。

- 表格布局:将网页元素填入表格内实现布局;表格相当于网页的骨架,因此表格布局的步骤是先画表格,再往表格的各个单元格中填内容,这些内容可以是文字或图片等一切网页元素。表格布局是早期的网页布局方式,现在已不推荐使用。
- CSS 布局:这种布局形式不需要额外的表格做网页的骨架,而是利用网页中每个元素自身具有的“盒子”来布局,通过对元素的盒子进行不同的排列和嵌套,使这些盒子在网页上以合适的方式排列就实现了网页的布局。在网页布局技术的发展过程中,产生了 Web 标准的讨论,Web 标准倡导使用 CSS 布局方式,它是目前网页布局的主流方式。

从技术角度看,网页设计就是要运用各种语言和工具解决网页布局和界面美观的问题,所以网页设计中很多技术都仅仅是为了使网页看起来更美观。常常会为了网页中一些细节效果的改善,而花费大量的时间,这体现了网页设计师追求完美的精神。

2. 配色

网页的色彩是树立网页形象的关键要素之一。对于一个网页设计作品,浏览者首先看到的不是图像和文字,而是色彩搭配,在看到色彩的一瞬间,浏览者对网页的整体印象就确定下来了,因此说色彩决定印象。一个成功的网页作品,其色彩搭配可能给人的感觉是自然、洒脱的,看起来只是很随意的几种颜色搭配在一起,其实是经过设计师的深思熟虑和巧妙构思的。

对于初学者来说,在用色上切忌使用很多种颜色,将主要色彩尽量控制在 3 种以内,并且这些色彩的搭配应遵循某些原则。而且一般不用纯色,灰色适合与任何颜色搭配。

1.1.3 网页结构语言——HTML

网页是用 HTML 编写的。HTML 作为一种建立网页文档的语言,用标记标明文档中的文本及图像等各种元素,指示浏览器如何显示这些元素。HTML 具有语言的一般特征。所谓语言,是一种符号系统,具有自己的词汇(符号)和语法(规则)。

所谓标记,就是做记号。例如,为了让浏览器理解某段内容的含义,HTML 的制订者将各种内容写在标记内,以标明其含义。例如:

```
<标记>受标记影响的内容</标记>
```

这就和我们写文章时用粗体字表示文章的标题,用换行空两格表示一个段落类似,HTML 用一对<h1>标记把内容括起来,表示这些内容是一级标题,用<p>标记把一段字括起来,表示这是一个段落。

所谓超文本,就是相比普通文本有超越的地方,如超文本可以通过超链接转到指定的某一页,而普通文本只能一页一页翻。超文本还具有图像、视频、声音等元素,这些都是普通文本没有的。

HTML 的发展历程如下。

- 1999 年,HTML 4.01 发布,这是 HTML 最成熟的一个版本。
- HTML 4.01 后的一个修订版本是 XHTML 1.0,该版本并没有引入新的标记或属性,唯一的区别只是语法更加严格。
- 2009 年,W3C 发布了新的 HTML 5 标准。HTML 5 增加了一些新的标记和属性,且语法再次变得宽松。目前大多数浏览器已支持 HTML 5。

需要指出：HTML 与编程语言明显是不同的,首先 HTML 不是一种计算机编程语言,而是一种描述文档结构的语言,即排版语言;其次,HTML 是弱语法语言,随便怎么写都可以,浏览器会尽力去理解执行,不理解的按原样显示,而编程语言是有严格语法的,写错一点计算机就不执行,报告错误;再次,HTML 不像大多数编程语言一样需要编译成指令后执行,而是每次由浏览器解释执行。

1.2 网站的创建和制作流程

网站是由众多网页及其资源文件(如图片)组成的一个集合。通常把网站内的所有文件都放在一个文件目录中,所以网站从形式上看就是一个目录,该目录称为网站目录。

设计良好的网站通常是将网页文件及其资源文件分门别类地保存在相应的目录中,以方便管理和维护,这些网页通过超链接组织在一起,图 1-3 是一个网站目录示意图。用户浏览网站时,看到的第一个网页称为主页(也叫首页),上面通常设有网站导航,链接到站内各主要网页,其名称一般是 index.htm 或 index.html,它必须放在网站的根目录下,即网站目录是主页文件的直接上级目录。一个网站对应一个网站目录,所以网站目录是唯一的。

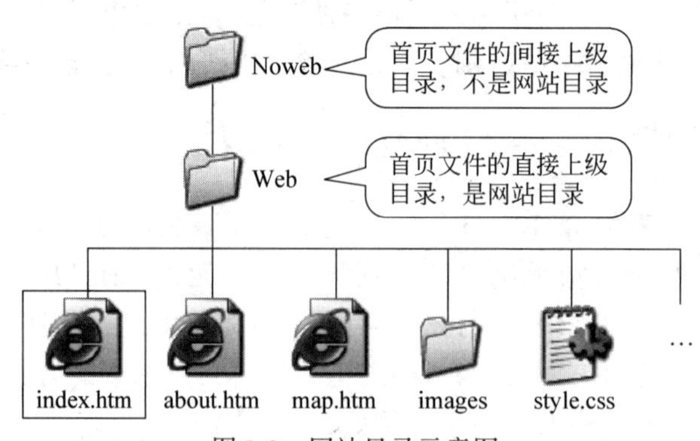

图 1-3 网站目录示意图

通常,在网站目录下新建一个名为 images 的子目录,用于保存网站中所有网页需要调用的图片文件。

提示：制作网站的第 1 步是在硬盘上新建一个目录(如 D:\web)，作为网站目录。网站制作完成后，将这个网站目录上传(或复制)到远程服务器中就可以了。

1.2.1　网站的特征

从用户的角度看，设计良好的网站一般具有如下几个特征。

- 拥有众多的网页。建设网站的主要工作是制作网页，其中主页是最重要的网页。通常，网站中的网页可分为 3 种，即主页、列表页(栏目首页)和内容页。
- 拥有一个主题与统一的风格。网站虽然有许多网页，但要作为一个整体，必须有一个主题和统一的风格。所有内容都要围绕这个主题展开，和主题无关的内容不应出现在网站中。网站内的所有网页要有统一的风格，主页是网站的首页，也是网站最为重要的网页，主页的风格往往决定了整个网站的风格。
- 有便捷的导航系统。导航是网站非常重要的组成部分，也是衡量网站是否优秀的一个重要标准。设计良好的网站都具有便捷的导航，可以帮助用户以最快的速度找到自己需要的网页。导航系统常用的实现方法有导航条、路径导航、链接导航等。
- 分层的栏目组织。将网站的内容分成若干大栏目，每个大栏目的内容都放置在网站目录下的一个子目录中，还可将大栏目再分成若干小栏目，也可将小栏目分成若干更小的栏目，都分门别类放在相应的子目录下，这就是网站的层次型组织结构，结构清晰的网站可大大方便网站的维护和管理。

1.2.2　网站的开发步骤

网站开发也可看成一种软件开发，其开发过程可分为前期工作、中期工作和后期工作。尽管本书讲授的内容主要是中期工作，但网站开发的前期工作对网站开发的成功与否起着非常关键的作用。网站开发的全过程大致如下。

1. 网站需求分析与定位

假设为一家单位或部门制作网站，则需求分析首先是了解该单位的主要职能，然后结合该单位的实际工作需要，对需求进行明确和细化，从而确定网站应满足的设计目标和要求。这一步的主要任务是采集和提炼用户需求。其关键是：① 明确目标，清楚用户的真正需求；②有效沟通，通常用户的需求是凌乱的、不完整的，很多用户知道自己想要什么，但是表达不出来。这需要网站需求分析人员深入企业内部，熟悉用户的业务流程。

2. 确定网站内容、风格和功能

网站内容主要是来源于建站客户提供的资料，若客户提供的资料较少，则可以参考同类网站，适当丰富一些内容。若客户提供的资料很多，则要分清主次，整理分类，不要全部放在网站上。网站内容可以是文字、图表、图片、动画、视频等多种格式。

网站风格应以网站性质和网站内容为基础。例如，如果是企事业单位的门户网站，则网站风格应以简洁端庄为宜；如果是娱乐、旅游网站，则网站风格可偏向活泼。网站风格成功的关键是避免雷同和过分修饰,即使是同一类型的网站,也应该有自己的特点和自己的风格。

根据用户的需求确定网站的功能,如企业网站应具备的基本功能一般有企业简介、产品介绍、信息查询、网上订货、在线招聘、联系我们等。

3. 规划网站栏目

根据企事业单位业务的侧重点,结合网站定位确定网站的栏目。网站一级栏目不宜过多,通过综合分析单位的核心业务和职能以及建站目的来确定,网站一级栏目通常对应主导航上的栏目。然后将经常有内容更新的栏目或需要重点展示的内容作为首页栏目,显示在首页栏目框中。

在确定网站的一级栏目后,再对每个栏目中的内容进行细化确定二级栏目(甚至三级栏目)等。最终绘制出网站栏目的树状结构图,用以清晰表达站点结构。

4. 设计网页效果图和切图

网页效果图在设计之前应先用铅笔勾勒一个草图,草图主要是对版面进行划分,确定各个模块在网页中的大体位置。接下来是使用Photoshop或Fireworks等图像处理软件绘制网页效果图,这一步的核心任务是美术设计,通俗地说,就是让页面更美观、更漂亮。在一些比较大的网页开发项目中,通常都会有专业的美工参与,这一步就是美工的任务。

通常,一个网站中有成百上千个页面,但实际上不必为每个页面都设计网页效果图,因为网站中的页面一般分为3类,即首页、栏目首页和内页。相同类型的页面,其布局和外观都是相同的,只是里面的文字信息不同而已。因此,制作网页效果图,只需要分别制作首页、栏目首页和内页3个页面的效果图。我们一般都是先制作首页的效果图,因为首页的效果图是最复杂的,然后再对首页效果图的中间区域进行修改,制作出栏目首页和内页的效果图。如果要制作兼容移动端的网站,还需要另外设计移动端的首页、栏目首页和内页的效果。

为了让网站有整体感,应该在所有页面中放置一些贯穿性的元素,即在网站中所有页面中都出现的元素。例如,网站中所有网页的头部、导航条和页尾都是相同的。

网页效果图应该按照真实网页大小1∶1的比例制作,并且尽量提供Photoshop或Fireworks中图层未合并的原始文件。这样,在将效果图转换成真实的网页时,才能方便地获得背景图案、各个模块的精确大小、在页面中的位置及文本的字体大小、字体类型等信息。

网页效果图制作完成后,还必须对效果图进行切片,因为真实的网页并非一张图片,而是将许多小图片放置在网页合适的位置上。网页切片就是根据网页的需要,将有用的图片从网页效果图中切出来,其他不需要的图片(如文字块区域、单色背景区域)则可以舍去,然后再在对应的区域填充文字。网页切片需要考虑网页布局采用的技术。使用表格布局的网页和CSS布局的网页需要的图片往往是不相同的,因此切片方式也不相同。

提示: 虽然有些简单的网页也可以不绘制网页效果图,而是分别制作网页中各部分的图片,再把它们插入网页中对应的位置上。但这样做的缺点也是相当明显的,各个位置的图片由于是单独绘制的,容易造成网页整体风格不统一,而且网页各个区域也显得是孤立存在的,过渡不自然。因此,要制作看起来浑然一体的高水平网页作品,绘制网页效果图是必不可少的步骤。

5. 制作静态模板页面

网页效果图设计完成后,接下来就是根据网页效果图设计网站的静态模板页面,这一步的要求是制作出的网页尽量要和网页效果图完全相似。网页制作人员只有熟练掌握网页布局的技巧才能完成。

静态模板页面的制作过程,也应遵循先首页,再栏目首页,最后内页的过程。这是因为首页最复杂,并且首页中的很多网页元素可以提供给栏目首页和内页重用。为了测试静态页面的整体效果,可以在页面中输入一些无关文字。将页面转换为动态页面时,再将这些静态文字转换为动态字段即可。

6. 绑定动态数据和实现后台功能

目前的网站一般都是将信息保存在数据库中的动态网站,这样能方便地添加、删除和修改网站中的信息。这一步的任务是将静态模板页转换为动态网站。为此,需要由程序员根据功能需求编写网站的后台管理程序。但由于完全自己编写后台程序的工作量很大,现在更流行调用一个通用的后台管理系统(也称为 CMS,即内容管理系统),这样开发程序的工作量就小多了。

调用后台管理系统的步骤一般是:首先在后台管理系统中添加几条新闻记录,然后打开后台管理系统的数据库查看标题、内容等字段的字段名,最后在前台的静态页中连接数据库并绑定相关内容对应的字段名,这称为绑定动态数据,这样前台页面就可以显示数据库中的内容了,而后台管理系统也可以对这些内容进行添加、删除和修改操作。

7. 整合与测试网站

当制作和编程工作都完成以后,就需要把实现各种功能的程序和页面进行整合。整合完成后,需要进行内部测试,测试成功后即可将网站目录下的所有文件上传到服务器上,上传服务器一般采用 FTP(文件传输协议)上传。

例如,假设远程服务器的 ftp 地址是 ftp://011.seavip.cn,则在浏览器(或 Windows 资源管理器)的地址栏中输入 ftp 地址,这时会弹出“登录身份”对话框,要求输入用户名和密码,输入正确后,就会显示一个类似于资源管理器的界面,表示远程服务器上的网站目录,把本机网站目录中的文件通过拖动复制到该窗口中的目录下就实现了文件上传,还可以对远程网站目录中的文件或文件夹进行删除、新建等操作。

1.2.3　网站的开发工具

对于制作网站的初学者来说,Adobe 公司的 Dreamweaver CS 6(本书简称 DW)仍然是最适合的网站开发工具。DW 具有操作简洁、容易上手等优点,是目前较流行的网页制作软件。DW 同时具有强大的站点管理功能,因此也是一种网站开发工具,网页制作和网站管理的功能被集成于一体。

网页的本质是纯文本文件,可以用任何文本编辑器制作网页,但必须完全手工书写HTML代码。为了提高网页制作的效率,人们一般借助专业的网页开发软件制作网页,DW具有“所见即所得”(what you see is what you get)的特点,可以不用手工书写代码,通过图形化操作界面就能插入各种网页元素(如图像、表格、超链接等),而且能在设计视图中实时看到网页的大致浏览器效果。

虽然DW具有“所见即所得”的网页制作能力,可以让不懂HTML的用户也能制作出网页,但如果想灵活制作精美专业一些的网页,很多时候还是需要在代码视图中手工修改代码,因此学习网页的代码对网页制作水平的提高是很重要的。

DW等软件同时具有很好的代码提示和代码标注功能,使得手工编写和修改代码也很容易,并且还能报告代码错误,所以,就算是手工编写代码,也推荐使用该软件。

对于Web前端开发的高级人员来说,他们更愿意手工编写代码。目前,最适合Web开发的代码编辑器软件有如下3种。

(1) VS Code(Visual Studio Code):是微软开发的一款免费、开源的跨平台代码编辑器,该编辑器默认集成git(一款代码管理工具),支持git提交,同时也具有开发环境功能,包括代码补全、代码片段、代码重构等。VS Code默认支持许多种编程语言,包括JavaScript、TypeScript、CSS和HTML;也可以通过下载扩展插件以支持Python、C/C++、Java和Go在内的其他语言。

(2) WebStorm:是JetBrains公司出品的一款Web前端开发工具,除了能帮助编写HTML 5和CSS代码外,该工具对JavaScript及其各种框架(如React、AngularJS、Node.js、Vue.js)的支持非常好。另外,该工具自带用于颜色吸取的吸管工具。

(3) Sublime Text 3:是一款流行的代码编辑器软件,可运行在Windows、Linux、MacOS X平台下,虽然该编辑器只能手工编写代码,没有图形化的网页设计操作界面,但由于其具有CSS 3代码提示功能,因此很受前端开发专业人士的欢迎。

在DW中新建站点

1.2.4 在DW中建立站点

在DW中,“站点”一词既表示网站,又表示该网站对应的网站目录。在开始“新建站点”之前,需要先在硬盘上新建一个文件夹作为网站目录。DW站点可管理与Web站点相关的所有文档,包括跟踪和维护链接、管理文件、共享文件等。

要制作一个能够被访问者浏览的网站,首先需要在本机上制作网站,然后上传到远程服务器上。放置在本地磁盘上的网站目录被称为“本地站点”,传输到远程Web服务器中的网站被称为“远程站点”。DW提供了对本地站点和远程站点强大的管理功能。

因而,应用DW不仅可以创建单独的网页,还可以创建完整的网站。

提示: 虽然不新建站点也可以使用DW编辑单个网页,但是强烈建议初学者在制作网站之前一定要新建站点,因为新建站点之后:①在网页之间建立超链接时,DW能使站点内的网页以相对URL的方式进行链接,这种形式的超链接代码在上传到服务器后也无须做任何更改;②新建网页时,所有的网页文件都会自动保存在站点目录中,便于管理;③在预览动态网页时,DW还能使用已设置好的URL运行该动态网页。

在DW中新建站点的步骤如下。

启动DW,在DW中执行菜单命令“站点→新建站点”,就会弹出如图1-4所示的站点设置对象对话框。这个对话框分为“站点”“服务器”等4个选项卡。对于静态网站来说，只在“站点”选项卡中输入站点名称(如Web)和本地站点文件夹，单击“保存”按钮即可，“服务器”选项卡等不需要设置。

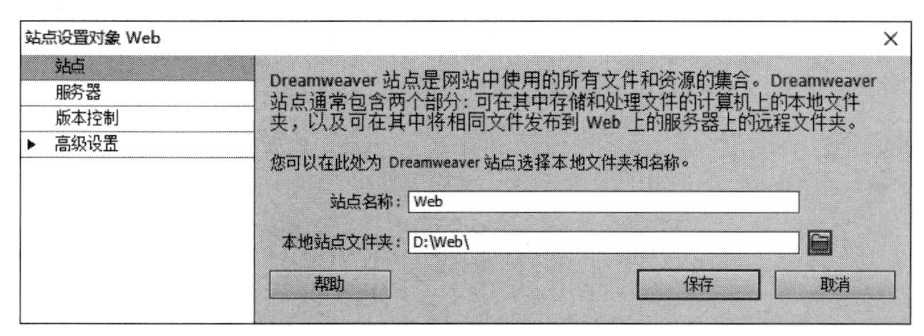

图1-4 站点设置对象对话框

提示： 对网站目录和网页文件命名，应避免使用中文，尤其对于动态网页或将网页上传到服务器后，使用中文很容易出问题。例如，图1-4中，站点目录“Web”就不是中文。

定义好站点之后，DW窗口右侧的“文件”面板(见图1-5)就会显示刚才定义的站点的目录结构，可以在此面板中右击，在站点目录内新建文件或子目录，这与通过资源管理器在网站目录中新建文件或目录的效果是一样的。

如果要修改定义好的站点，则执行菜单命令“站点→管理站点”，选中要修改的站点名，单击“编辑”按钮，就可在站点定义对话框中对原来的设置进行修改。

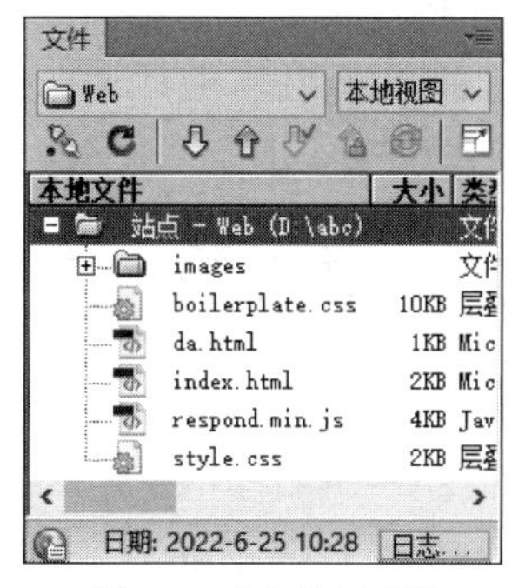

图1-5 “文件”面板

1.3 Web服务器与浏览器

在学习网页制作之前，有必要了解“浏览器”和“服务器”的概念。网站浏览者坐在计算机前浏览各个网站上的内容，实质上是从远程的计算机中读取了一些内容，然后在本地的计算机中显示出来的过程。提供内容信息的远程计算机称为“服务器”，浏览者使用的本地计算机称为“客户端”，客户端使用“浏览器”程序，就可以通过网络接收“服务器”上的网页以及其他文件，因此用户浏览的网页是保存在服务器上的。服务器可以同时供许多不同的客户端访问。

1.3.1 Web服务器的作用

当用户的计算机连入互联网后，通过在浏览器中输入网址发出访问某个网站的请求，然后这个网站的服务器就把用户请求的该网站中的网页文件传送到用户的浏览器中，即将文件下载到用户计算机中，浏览器再解析并显示网页文件内容，这个过程如图1-6所示。

对于静态网页(不含有服务器端代码，不需要Web服务器解释执行的网页)来说，Web服务器只是到服务器的硬盘中找到该网页文件并发送给用户计算机，起到的只是查

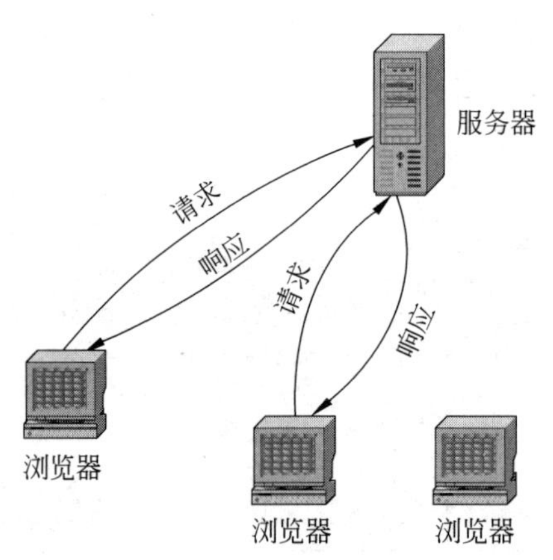

图 1-6 服务器与浏览器的交互过程

找和传输文件的作用。因此,在测试静态网页时可不安装 Web 服务器,因为制作网页时网页还保存在本地计算机中,可以手工找到该网页所在的目录,双击网页文件就能用浏览器打开它。

1.3.2 浏览器的种类和作用

浏览器是供用户浏览网页的软件。其功能是读取 HTML 等网页代码并进行解释,以生成人们看到的网页。

1. 浏览器的种类

浏览器的种类很多,目前常见的浏览器有 Google Chrome、微软 Edge、Firefox、Safari、Opera 等。图 1-7 是各种常见浏览器的徽标。

图 1-7 各种常见浏览器的徽标

- Google Chrome 是目前较流行的浏览器,该浏览器具有运行速度快、占用资源少的特点,对 HTML 5 与 CSS 3 的支持也非常好,更重要的是,安卓手机操作系统自带的浏览器与 Chrome 浏览器为同一内核,因此,它还能测试网页在手机上的显示效果。
- Edge 是 Windows 10 自带的浏览器,用于取代 Windows 早期的 IE 浏览器。早期的 IE 浏览器版本很多,从 IE 6 到 IE 11,各种版本的 IE 浏览器对网页的解析区别又很大。其中 IE 8 开始对 Web 标准的支持得到了显著改善。IE 10 开始全面支持 HTML 5 和 CSS 3。目前,制作网页时,应考虑兼容 IE 10 以上浏览器。
- Firefox 是网页设计领域推荐的标准浏览器,它对 Web 标准和 CSS 3 有很好的支持,并且是最先支持 HTML 5 的浏览器。

- Safari 最初是苹果计算机（包括 iPad、iPhone）上的浏览器，目前 Safari 也有 Windows 版本，该浏览器解释 JavaScript 脚本的速度很快。
- Opera 是一款小巧的浏览器，在手持设备的操作系统上用得较多。

目前，网页在各种浏览器中的显示效果有时还不完全相同，但随着 HTML 5 标准的普及，不久的将来，网页在各种浏览器中的显示效果将趋于一致。

2. 浏览器的内核

浏览器最重要或者说核心的部分是 Rendering Engine，习惯称之为浏览器内核，负责对网页语法的解释（包括 HTML、CSS、JavaScript）和执行。

目前，主流浏览器的内核有 4 种，如表 1-1 所示。

表 1-1　浏览器内核及其对应的浏览器

内核名称	典型浏览器	CSS 3 私有属性前缀
Webkit	Chrome、Safari	-webkit-
Gecko	Firefox	-moz-
Trident	IE	-ms-
Presto	Opera	-o-

浏览器解释网页代码的过程类似于程序编译器编译程序源代码的过程，都是通过执行代码（HTML 代码或程序代码）再生成界面（网页或应用程序界面），不同的是浏览器对 HTML 等代码是解释执行的。不同的浏览器内核对网页代码的解释并不完全相同，因此同一网页在不同内核的浏览器中的显示效果就有可能不同。作为网页制作者，应追求网页尽可能在各种浏览器中有一致的显示效果。建议测试网页时至少应将网页在 Chrome 和 IE 8 两种浏览器上运行一遍，以测试网页的浏览器兼容性。

1.4　URL 与域名

1. URL 的含义和格式

用户使用浏览器访问网站时，需要在浏览器地址栏中输入网址（网站地址），这个网址就是 URL（Universal Resource Locator，统一资源定位器）。URL 信息会通过 HTTP 请求发送给服务器，服务器根据 URL 信息返回对应的资源文件到浏览器。

URL 是 Internet 上任何资源的标准地址，为了使人们能访问 Internet 上任意一个网页（或其他文件），每个网站上的每个网页（或资源文件）在 Internet 上都有唯一的 URL 地址，通过网页的 URL，浏览器就能定位到目标网页或资源文件。就好像邮寄信件时通过地址和姓名就能让邮局定位到收信人一样。

URL 的一般格式如下，图 1-8 是一个 URL 的格式示例。

```
协议名://主机名[:端口号][/目录路径/文件名][#锚点名]
```

URL 协议名后必须接“://”，其他各项之间用“/”隔开，例如图 1-8 中的 URL 表示信

图1-8　URL的格式示例

息放在一台被称为www的服务器上,hynu.cn是一个已被注册的域名,cn表示中国。有时也把主机名和域名合称为主机名(或主机头、域名)。域名对应服务器上的网站目录(如D:\hynu),web/201609/是服务器网站目录下的目录路径,而first.html是位于上述目录下的文件名,因此该URL能够让我们访问到这个文件。

在URL中,常见的协议名有如下3种。

- http:超文本传输协议,用于传送网页。
- ftp:文件传输协议,用于传送文件。
- file:访问某台主机上共享文件的协议。如果访问的是本机,则主机头可以省略,但斜杠不能省略。

URL的示例如下:

```
http://bbs.runsky.com:8080/bbs/forumdisplay.php#fid
ftp://219.216.128.15/
file:///pub/files/foobar.txt
```

2. 域名与主机的关系

在URL中,主机名通常是域名或IP地址。最初,域名是为了方便人们记忆IP地址的,使用户可以输入域名而不必输入难记的IP地址。但现在多个域名可对应同一个IP地址(一台主机),即在一台主机上可架设多个网站,这些网站的存放方式称为"虚拟主机"方式,此时由于一个IP地址(一台主机)对应多个网站,就不能采用输入IP地址的方式访问网站了,而只能在URL中输入域名。Web服务器为了区别用户请求的是这台主机上的哪个网站,通常必须为每个网站设置"主机头"来区别这些网站。

因此,域名的作用有两个:一是将域名发送给DNS服务器解析得到域名对应的IP地址,以便与该IP地址对应的服务器进行通信;二是将域名信息发送给Web服务器,通过域名与Web服务器上设置的"主机头"进行匹配,确认客户端请求的是哪个网站,如图1-9所示。若客户端没有发送域名信息给Web服务器,例如直接输入IP地址,则Web服务器将打开服务器上的默认网站。

图1-9　浏览器输入域名访问网站的过程

习　　题

1. 网页的本质是(　　)文件。

   A. 图像　　B. 纯文本　　C. 可执行程序　　D. 图像和文本的压缩

2. 对于采用虚拟主机方式的多个网站,域名和 IP 地址是(　　)的关系。

   A. 一对多　　B. 一对一　　C. 多对一　　D. 多对多

3. 常见的浏览器的内核有________、________、________、________。

4. 请解释 http://www.moe.gov.cn/business/moe/115078.html 的含义。

5. 简述 Web 前端与网页设计两个概念的异同。

6. HTML 是什么的缩写? 它与程序设计语言有何区别?

7. 简述网站的制作步骤。目前网页的宽度应定义为多少像素比较合适?

8. 使用 DW 新建名为 aiw 的站点,该站点对应硬盘上的网站文件夹 D:\aiw。

9. 在计算机上安装 Chrome 浏览器,并分别使用 Edge 和 Chrome 浏览器查看网页的源代码。

第2章 HTML 5

网页是用 HTML 编写的，HTML 是所有网页制作技术的基础。无论是在 Web 上发布信息，还是编写可供交互的程序，都离不开 HTML。

2.1 HTML 概述

HTML（HyperText Markup Language），即超文本标记语言。网页是用 HTML 书写的一种纯文本文件。用户通过浏览器所看到的包含了文字、图像、动画等多媒体信息的每个网页，其实质是浏览器对该纯文本文件进行了解释，并引用相应的图像、动画等资源文件，才生成了多姿多彩的网页。

HTML 是一种标记语言。可以认为，HTML 代码就是“普通文本+HTML 标记”，而不同的 HTML 标记能表达不同的效果，如段落、图像、表格、表单等。

HTML 概述

2.1.1 HTML 文档的结构

HTML 文件本质是一个纯文本文件，只是它的扩展名为“.htm”或“.html”。

【例 2-1】 最简单的 HTML 程序，其运行结果如图 2-1 所示。

```
<!DOCTYPE html>
<html>
<head>
    <meta charset="utf-8">
    <title>第一个网页</title>
</head>
<body>
    欢迎学习网页设计
</body>
</html>
```

从例 2-1 可知，HTML 代码分为 head 和 body 两部分，基本的 HTML 标记作用如下。

<html>…</html>：告诉浏览器 HTML 文档的开始和结束位置，HTML 文档包括 head 部分和 body 部分。HTML 文档中的所有内容都应该在这两个标记之间，一个 HTML 文档总是以<html>开始，以</html>结束。

<head>…</head>：HTML 文档的头部标记，头部主要提供文档的描述信息，head 部分的所有内容都不会显示在浏览器窗口中，在其中可以放置页面的标题<title>以及页面的类型、字符编码、链接的其他脚本或样式文件等内容。

<title>…</title>：定义页面的标题，将显示在浏览器的标题栏中。

<body>…</body>：用来指明文档的主体区域，主体包含 Web 浏览器页面显示的具体内容，因此网页所要显示的内容都应放在这个标记内。

<!DOCTYPE html>表示 HTML 5 的文档类型声明，doctype 用来规范浏览器的行为，以便让浏览器按照它们应该的方式运行。在任何 HTML 文档中声明 doctype 都是非常重要的，以便让浏览器了解预期的文档类型。文档类型声明必须写在文档的第 1 行，且前面不能有空格。

<meta charset="utf-8">表示文档使用的字符集是 utf-8，HTML 5 的规范要求必须使用 meta 标记指定文档的字符编码，否则文档可能出现乱码。

提示：HTML 标记之间只可以相互嵌套，如<head><title>…</title></head>，但绝不可以相互交错，如<head><title>…</head></title>就是错误的。

用户可以打开 Windows 中的记事本，在记事本中输入例 2-1 的代码。输入完成后，单击“保存”菜单项。注意，先在“保存类型”中选择“所有文件”，再输入文件名为“2-1.html”，之后单击“保存”按钮，就新建了一个后缀名为“.html”的网页文件。可以看到，其文件图标为浏览器图标，双击该文件，浏览器就会打开如图 2-1 所示的网页。

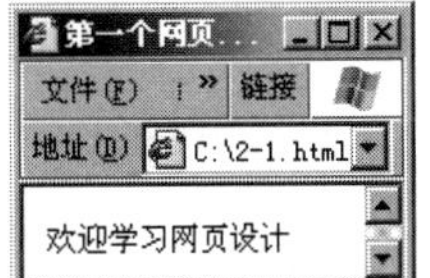

图 2-1　2-1.html 在浏览器中的显示效果

说明：本书接下来的内容为了简化无关代码，通常会省略<html>、<head>和<body>标记，读者可将简化后的页面内容代码放入<body>与</body>之间。

2.1.2 DW 的开发界面

DW 为网页制作提供了简洁、友好的开发环境。DW 的工作界面包括视图窗口、属性窗口、工具栏和浮动面板组等，如图 2-2 所示。

DW 的视图窗口可在“代码视图”“设计视图”和“拆分视图”之间切换。

- “设计视图”的作用是帮助用户以“所见即所得”的方式编写 HTML 代码，即通过一些可视化的方式自动编写代码，减少用户手工书写代码的工作量。DW 的设计视图蕴含了面向对象操作的思想，它把所有的网页元素都看成对象，在设计视图中编写 HTML 的过程就是插入网页元素，再设置网页元素的属性。
- “代码视图”供用户手工编写或修改代码，因为在网页制作过程中，有些操作不能（或不方便）在设计视图中完成，此时用户可单击“代码”按钮，切换到代码视图直接编写或修改代码。代码视图拥有代码提示的功能，即使是手工编写代码，速度也很快。
- “拆分视图”同时显示设计视图和代码视图，在用户需要寻找代码与其对应的网页元素时，可切换到这种视图。

为了提高网页制作的效率，建议用户首先在“设计视图”中插入主要的 HTML 元素

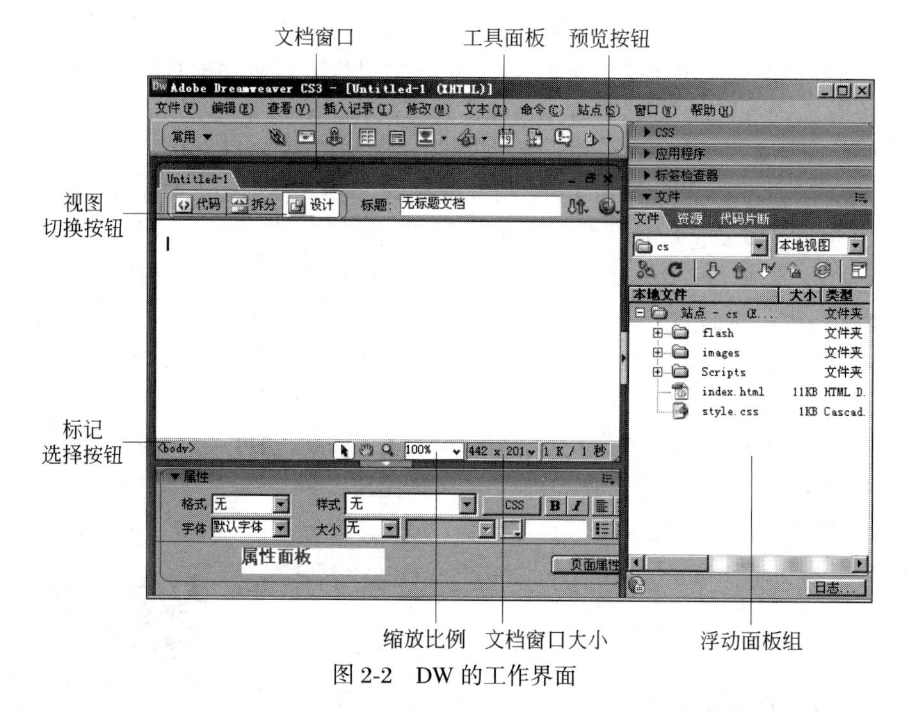

图 2-2 DW 的工作界面

(尤其是像列表、表格或表单等复杂的元素),然后切换到“代码视图”对代码的细节进行修改。

注意:由于网页本质上是 HTML 代码,在设计视图中的可视化操作实质上仍然是编写代码,因此可以在设计视图中完成的工作一定也可以在代码视图中完成。也就是说,以编写代码方式制作网页是万能的,因此要重视对 HTML 代码的学习。

2.1.3 使用 DW 新建 HTML 文件

打开 DW,执行菜单命令“文件→新建”(快捷键为 Ctrl+N),在新建文档对话框中选择“空白页→HTML”,单击“创建”按钮就会出现网页的设计视图。在设计视图中可输入网页内容,然后保存文件:执行“文件→保存”命令(快捷键为 Ctrl+S),第一次保存时会要求输入网页的文件名,这就新建了一个 HTML 文件,最后可以按 F12 键在浏览器中预览网页,也可以在保存的文件夹中找到该文件双击运行。

注意:DW 设计视图中的网页效果仅供参考,通常和浏览器中网页的效果并不完全相同,所以测试网页时应在 DW 中按 F12 键在浏览器中预览最终效果。

2.1.4 HTML 标记

标记(tag,也称标签)是 HTML 文档中一些有特定意义的符号,这些符号用来指明内容的含义或结构。HTML 标记由一对尖括号“<>”和标记名组成。标记分为“起始标记”和“结束标记”两种。两者的标记名相同,只是结束标记名前多了一个“/”。例如,图 2-3 中,<p>为起始标记,</p>为结束标记,其中“p”是标记名称,表

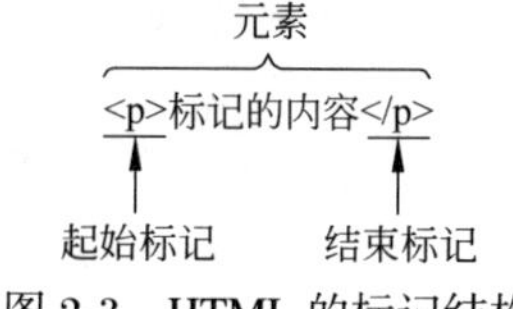

图 2-3 HTML 的标记结构

示“段落”。尽管 HTML 5 的标记名是不区分大小写的，但推荐使用小写字母。

1. 单标记和双标记

大多数标记都是成对出现的，称为双标记，如<p>…</p>、<table>…</table>。有少数标记只有起始标记，这样的标记称为单标记，如换行标记
，其中 br 是标记名，表示换行。XHTML 规定单标记也必须封闭，但 HTML 5 没有该要求，可以写成
。

2. 标记带有属性时的结构

实际上，标记一般还可以带有若干属性(attribute)。属性用来对元素的特征进行具体描述。属性只能放在起始标记中，属性和属性之间用空格隔开，属性包括属性名和属性值(value)，它们之间用“=”分开，如图 2-4 所示。

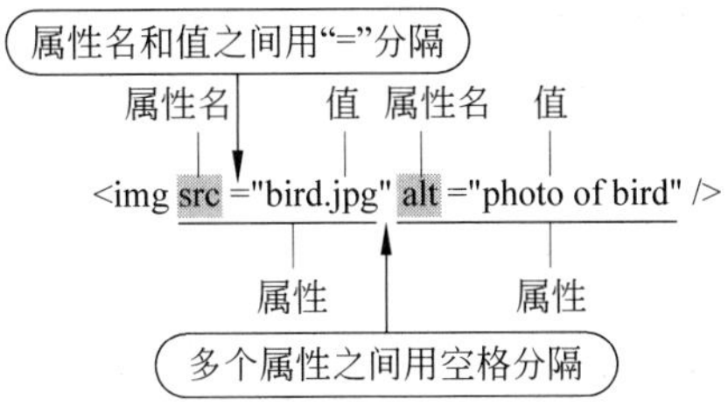

属性名和值之间用“=”分隔
属性名　值　属性名　值
<img src ="bird.jpg" alt ="photo of bird" />
属性　属性
多个属性之间用空格分隔

图 2-4　带有属性的 HTML 标记结构

思考：下列 HTML 标记的写法错在什么地方？

- <img" birthday.jpg " />
- <i> Congratulations！ <i>
- <a href=" file.html" >linked text</a href=" file.html" >
- <p>This is a new paragraph<\p>
- < li>The list item< /li>

提示：通常把 HTML 标记(如<p>、</p>)和标记之间内容的组合称为 HTML 元素。HTML 元素可分为“有内容的元素”和“空元素”两种。“有内容的元素”由起始标记、结束标记和两者之间的内容组成，其中元素内容既可以是文字内容，也可以是其他元素。“空元素”是只有起始标记而没有结束标记和元素内容的元素，如
。

2.1.5　常见的 HTML 标记及属性

网页中的文本、图像、超链接、表格等各种元素，实质上都是使用对应的 HTML 标记实现的。要在网页中添加各种网页元素，只要在 HTML 代码中插入对应的 HTML 标记并设置属性即可。HTML 5 中定义的标记总共有 100 多个，但是常用的 HTML 标记只有下面列出的 40 多个，这些标记及其属性必须熟记下来。表 2-1 对标记按用途进行了分类。

表 2-1　HTML 标记的分类

类　别	标记名称
文档结构	html，head，body
头部标记	title，meta，link，style，script
文本结构标记	p，h1～h6，pre，br，hr
列表标记	ul，ol，li，dl，dt，dd
超链接标记	a，map，area

续表

类　别	标 记 名 称
图像及媒体元素标记	img, embed, object, video, audio
表格标记	table, tr, td, th, tbody
表单标记	form, input, textarea, select, option, fieldset, legend, label
容器标记	div, span

HTML 还为标记定义了许多属性,有些属性是任何标记都具有的,称为公共属性;而大部分属性是某些标记独有的,称为特有属性。表 2-2 列出了所有 HTML 标记具有的公共属性和某些标记的特有属性。

表 2-2　HTML 标记的一些常见的属性

公共属性	含　　义	特有属性	含　　义
style	为元素引入行内 CSS 样式	align	定义元素的水平对齐方式
class	为元素定义一个类名	src	定义元素引用的文件的 URL
id	为元素定义唯一的 id 名	href	定义超链接所指向的文件的 URL
name	为元素定义一个名字	target	定义超链接中目标文件的打开方式
title	定义鼠标指向元素时的提示文字	type	定义表单元素的类型

2.2　创建文本和图像

在网页中,文本和图像是两种最基本的网页元素,文本和图像在网页中可以起到传递信息、美化页面、点明主题等作用。在网页中添加文本和图像并不难,主要问题是如何编排这些内容以及控制它们的显示方式,让文本和图像看上去编排有序,整齐美观。

要在网页中添加文本、图像等各种网页元素,在 HTML 代码中插入对应的 HTML 标记并设置属性和内容即可。

2.2.1　创建文本和列表

在网页中添加文本主要有以下 5 种方法。

1. 直接写文本

网页中的文本可直接放在任何标记中。例如: <body>文本</body>、<div>文本</div>、<td>文本</td>,但这种方法没有标明文本的语义,不推荐使用。

2. 用段落标记<p>格式化文本

各段落文本将换行显示,段落与段落之间有大约一行的间距。例如:

```
<p>第一段</p><p>第二段</p><p>第三段</p>
```

3. 用标题标记<hn>格式化文本

标题标记是具有语义的标记，它指明标记内的内容是一个标题。标题标记共有 6 种，用来定义第 n 级标题（$n=1\sim6$），n 的值越大，字越小，所以<h1>是最大的标题标记，而<h6>是最小的标题标记。标题标记中的文本将以粗体显示，实际上可看成特殊的段落标记。

标题标记和段落标记均具有对齐属性 align，用来设置元素的内容在元素占据的一行空间内的对齐方式，取值有 left（左对齐）、right（右对齐）、center（居中对齐）。

4. 文本换行标记
和<wbr>

是强制换行标记，如果希望文本在浏览器中换行，可在要换行处插入
标记，或在 DW 中按快捷键 Shift+Enter。换行标记
不会产生一行空隙。

<wbr>是软换行标记，即当浏览器窗口或父级元素足够宽时，不换行，而宽度不够时在此处自动换行。这在可变宽度布局的网页中是有用的。

5. 列表标记

为了合理地组织文本或其他元素，网页中经常要用到列表。列表标记分为无序列表<ul>、有序列表<ol>和定义列表<dl>3 种。每个列表标记都是配对标记，在<ul>和<ol>标记中可包含若干<li>标记，表示列表项。在<dl>标记中通常包括一个<dt>标记（表示列表标题）和若干<dd>标记（表示列表项）。

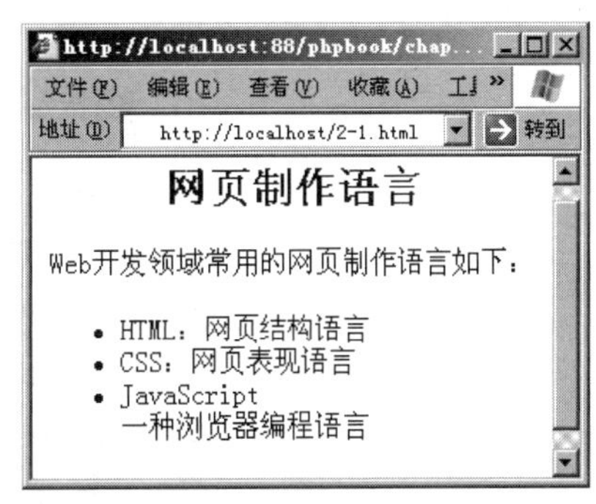

图 2-5　包含各种文本标记的网页

【例 2-2】　包含文本和列表的 HTML 代码，其运行结果如图 2-5 所示。

```
<!doctype html>
<html>
  <head>
    <meta charset="utf-8">
    <title>网站开发语言</title>
  </head>
  <body>
      <h2 align="center">网页制作语言</h2>
      <p>Web 开发领域常用的网页制作语言如下:</p>
    <ul>
        <li>HTML: 网页结构语言</li>
        <li>CSS: 网页表现语言</li>
        <li>JavaScript<br>一种浏览器编程语言</li>
    </ul>
</body></html>
```

2.2.2 插入图像

网页中,图像对浏览者的吸引力远大于文本,选择最恰当的图像,能够牢牢吸引浏览者的视线。图像直接表现主题,并且凭借图像的意境,使浏览者产生共鸣。缺少图像而只有色彩和文字的设计,给人的印象是没有主题的、空虚的画面,浏览者将很难理解该网页的主要内容。

1. 使用<img>标记插入图像文件

在HTML中,用<img>标记可以插入图像文件,并可设置图像的大小、对齐等属性,它是一个单标记,必须指定src属性值为图片文件。

【例2-3】 在网页中插入图像,运行结果如图2-6所示。

```
<html><body>
<p>今天钓到一条大鱼,好高兴! </p>
<img src="images/dayu.jpg" width="200" height="132" align="center"
title="好大的鱼"/>
</body></html>
```

图2-6 在网页中插入图像

该网页中显示的图像文件位于当前文件所在目录下的images目录中,文件名为“dayu.jpg”,如果不存在该文件,则会显示一片空白。<img>标记的常见属性如表2-3所示。

表2-3 <img>标记的常见属性

属 性	含 义
src	图像文件的URL地址
alt	当图像无法显示时显示的替代文字
title	光标停留在图像上时显示的说明文字
align	图像的对齐方式,共有9种取值
width、height	图像在网页中的宽和高,单位为像素或百分比

在 DW 中，单击工具栏中的图像按钮( ) 可让用户选择插入一幅图像，其实质是 DW 在代码中自动插入了一个<img>标记，选中插入的图像，还可在属性面板中设置图像的各种属性以及图像的链接地址等。

除使用<img>标记插入图像外，还可将图像作为 HTML 元素的背景嵌入网页中，由于 CSS 的背景属性功能强大，现在更推荐将元素的装饰性图像作为背景嵌入。如果图像是通过<img>元素插入的，则可以在浏览器上按住鼠标左键拖动选中图像，此时图像呈现反选状态，还可以将它拖动到地址栏里，浏览器将单独打开这幅图像。若作为背景嵌入，则无法选中图像。

2. 网页中支持的图像文件格式

网页中可以插入的图像文件有 JPG、GIF 和 PNG 格式，它们都是压缩形式的图像格式，体积较位图(BMP)格式的图像小，适合于网络传输。网页中 3 种图像格式的比较如表 2-4 所示。

表 2-4　网页中 3 种图像格式的比较

图像格式	JPG	GIF	PNG
压缩形式	有损压缩	无损压缩	无损压缩
支持的颜色数	24 位真彩色	256 色	真彩色或 256 色
支持透明	不支持	支持全透明	支持半透明和全透明
支持动画	不支持	支持	不支持
适用场合	照片等颜色丰富的图像	卡通图形、图标等颜色数少的图像	都可以

2.3　利用 DW 代码视图提高效率

DW 提供了方便的代码编写功能。前面曾谈到，页面在浏览器中的最终显示效果完全由 HTML 代码决定，DW 只是辅助用户自动地插入或者生成必要的代码。在实际中，还是会经常遇到通过可视化的方式生成代码不能满足需要的情况，这时就需要设计师在代码视图中手工编写或修改代码。在代码视图中，DW 提供了很多方便的功能，可以帮助用户高效地完成代码的输入操作。

2.3.1　代码提示

在 HTML 和 CSS 代码中有很多标记、属性和属性值，设计者要把繁多的标记、属性和属性值记清楚是很不容易的。为此，DW 提供了方便的代码提示功能，以减少设计者的记忆量，并加快代码输入的速度。

在 DW 的“代码”视图中，如果希望在代码中的某个位置增加一个 HTML 标记，只需把光标移动到目标位置，输入“<”，就会弹出标记提示框。这时可以按“↓”键选取所需的

标记,再按 Enter 键即完成对该标记的输入,有效地避免了拼写错误。

如果要为标记添加一个属性,只需在标记名或其属性后按下“空格”键,就会出现下拉框,其中列出了该标记具有的所有属性和事件,如图 2-7 所示,按“↓”键就可选取所需的属性。实际上,通过查看列出的所有属性,还可以帮助我们学习该标记具有哪些属性。

如果列出的属性特别多,那么可以继续输入所需属性的第一个字母,这时属性提示框中的内容会发生变化,仅列出以这个字母开头的属性,就大大缩小了选择范围。

选择某个属性后,按 Enter 键,DW 的代码提示功能就会自动输入(=""),并会弹出备选的属性值,如图 2-8 所示。这时按“↓”键就可选取属性值,再按 Enter 键即完成了属性值的输入。如果要修改属性值,只需把属性值连同引号一起删掉,然后再输入一个双引号,就会再次弹出属性值提示框。

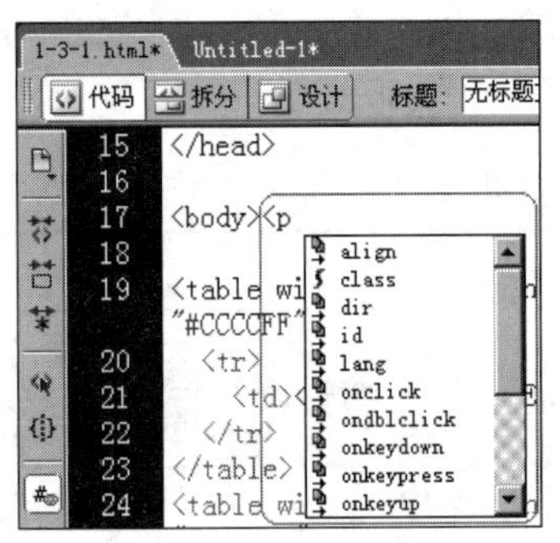

图 2-7 输入空格后弹出属性提示

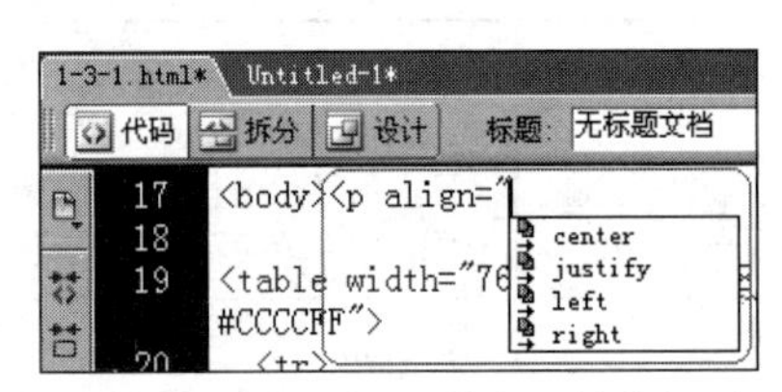

图 2-8 选中属性后弹出属性值提示

2.3.2 代码快速定位

当页面很复杂、代码很长时,如果想快速找到某个网页元素对应的代码,也是很容易的。只需在设计视图中单击某个网页元素,切换到代码视图后,光标也会自动定位到这个元素对应的代码处。

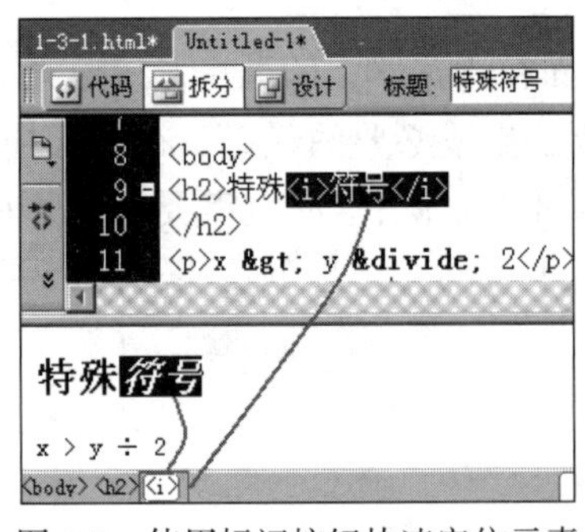

图 2-9 使用标记按钮快速定位元素

如果要选中某个元素的整个代码,可以使用图 2-9中的“标记按钮”功能,单击标记按钮,就会把该元素对应的代码选中。而且,从标记按钮中,还能看出元素之间的嵌套关系。例如,把光标停留在 i 元素中的内容时,左下角的标记按钮依次为“<body><h2><i>”,表示 i 元素是嵌套在 h2 元素中的,而 h2 元素又是嵌套在 body 元素中的。用户可方便地单击相应的标记按钮,选中各个元素对应的代码范围及在设计视图中的位置。

2.3.3 DW 中的常用快捷键

表 2-5 列出了 DW 的一些常用快捷键,这些快捷键也是很多软件通用的快捷键。

表 2-5 DW 的一些常用快捷键

快捷键	功 能	快捷键	功 能
Ctrl+Z	撤销操作	Ctrl+C	复制
Ctrl+S	保存文档	Ctrl+V	粘贴
F12	预览网页	Ctrl+X	剪切
Ctrl+A	全选	Ctrl+N	新建文档

- Ctrl+Z：在制作网页过程中，为了调试网页，经常会把网页修改得很乱，此时如果想回退到原来的状态，只需按快捷键 Ctrl+Z 进行撤销操作，若连续按该快捷键则能撤销多步操作。需要注意的是，即使保存过文档，但没有关闭文档，仍然能进行撤销。
- Ctrl+S：由于调试网页时经常需要预览网页，而预览之前必须先保存网页，因此 Ctrl+S（保存）也是用得很频繁的快捷键，调试过程通常是先按快捷键 Ctrl+S，再按 F12 键预览。预览网页后，建议不要关闭网页，下次修改并保存网页后，直接按 F5 键刷新浏览器，就能快速看到修改后的效果了。
- Ctrl+A、Ctrl+C、Ctrl+V、Ctrl+X：这几个快捷键是文本编辑中最常用的快捷键，在制作网页过程中经常需要使用。例如，在网上找到一个完整的 HTML 源代码，想在 DW 中调试，那么最快捷的方式就是先在网上复制这段代码，然后在 DW 中按快捷键 Ctrl+N 新建网页，切换到代码视图，按快捷键 Ctrl+A 全选代码视图中的代码，按快捷键 Ctrl+V 粘贴就能用网上的代码替换 DW 中原来的代码。

2.4 创建超链接

超链接是组成网站的基本元素，通过超链接可以将很多网页链接成一个网站，并将 Internet 上的各个网站联系在一起，浏览者可以方便地从一个网页跳转到另一个网页。

超链接是通过 URL（统一资源定位器）定位目标信息的。URL 主要包括以下 4 部分：网络协议（如 http://）、域名或 IP 地址、文件路径、文件名。

2.4.1 超链接标记

HTML 中，带有 href 属性的<a>标记表示超链接，当光标移到超链接上时会变成手形。

【例 2-4】 在网页中插入超链接，运行结果如图 2-10 所示。

```
<html><body>
<a href="/index.html" target="_blank">网站首页</a>
<a href="mailto:xia@ qq.com" title="欢迎给我来信">联系我们</a>
</body></html>
```

<a>标记的属性及其取值如表 2-6 所示。

图 2-10　网页中的超链接

表 2-6　<a>标记的属性及其取值

属性名	说　　明	属　性　值
href	超链接的 URL 路径	相对路径或绝对路径、Email、#锚点名
target	超链接的打开方式	_blank：在新窗口打开； _self：在当前窗口打开，默认值； _parent：在当前窗口的父窗口打开； _top：在整个浏览器窗口打开链接； 窗口或框架名：在指定名称的窗口或框架中打开
title	超链接上的提示文字	属性值是任何字符串
id、name	锚点的 id 或名称	自定义的名称，如 id="ch1"。<a>标记作为锚点使用时，不能设置 href 属性

超链接的源对象是指可以设置链接的网页对象，主要有文本、图像或文本图像的混合体，它们对应<a>标记的内容，另外还有热区链接。在 DW 中，这些网页对象的属性面板中都有“链接”设置项，可以很方便地为它们建立超链接。

1. 用文本做超链接

在 DW 中，可以先输入文本，然后选中文本，在属性面板的“链接”框中输入链接的地址并按 Enter 键；也可以单击“常用”工具栏中的“超级链接”图标，在对话框中输入“文本”和链接地址；还可以在代码视图中直接写代码。无论使用何种方式，生成的超链接代码都类似于下面这种形式：

```
<a href="index.htm" target="_blank">首页</a>
```

2. 用图像做超链接

首先需要插入一幅图像，然后选中图像，在属性面板的“链接”文本框中设置图像链接的地址。生成的代码如下：

```
<a href="index.htm"><img src="images/info.gif" title="返回首页" border=
"0" /></a>
```

用图像做超链接，最好设置<img>标记的 border 属性为 0，否则在 IE8 中，图像周围会出现一个蓝色的 2 像素粗的边框，很不美观。

3. 热区链接

用图像做超链接只能让整幅图像指向一个链接，那么能否在一幅图像上创建多个超链接呢？这就需要热区链接。所谓热区链接，就是在图像上划出若干区域，让每个区域分别链接到不同的网页。比如一幅中国地图,单击不同的省份会链接到不同的网页,就是通过热区链接实现的。

制作热区链接首先要插入一幅图像,然后选中图像,在展开的图像“属性”面板上有“地图”选项,它的下方有 3 个小按钮,分别是绘制矩形、圆形、多边形热区的工具,如图 2-11 所示。可以使用它们在图像上拖动绘制热区,也可以使用箭头按钮调整热区的位置。

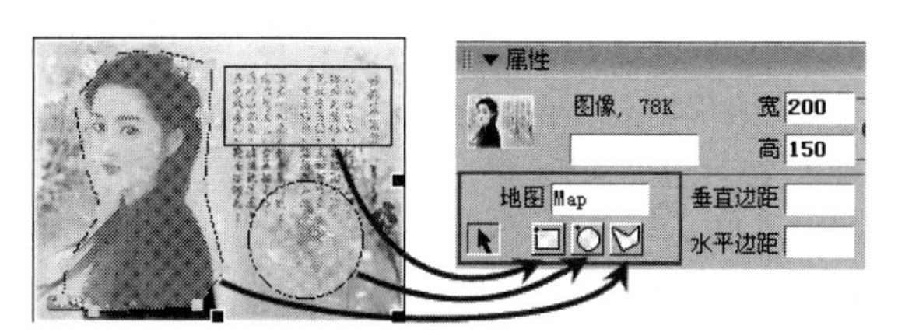

图 2-11 图像属性面板中的地图工具

绘制热区后,可看到 HTML 代码中增加了<map>标记,表示在图像上定义了一幅地图。地图就是热区的集合,每个热区用<area>单标记定义,因此<map>和<area>是成组出现的标记对。

【例 2-5】 在图像上定义热区链接,运行结果如图 2-11 所示。

```
<img src="images/xf.jpg" alt="说明文字" border="0" usemap="#Map"/>
<map name="Map" id="Map">
    <area shape="rect" coords="51,131,188,183" href="title.htm" alt="说
    明文字" />
    <area shape="rect" coords="313,129,450,180" href="#h3" />
</map>
```

其中,<img>标记会增加 usemap 属性,与它上面定义的地图(热区)建立关联。

<area>标记的 shape 属性定义了热区的形状,coords 属性定义了热区的坐标点,href 属性定义了热区链接的文件;alt 属性可设置光标移动到热区上时显示的提示文字。

2.4.2 绝对 URL 与相对 URL

URL 是统一资源定位器的意思。在网页中,URL 用来描述链接的文件或引用的图像的地址。网页中的 URL 可分为绝对 URL 和相对 URL。

1. 绝对 URL(绝对路径)

绝对 URL 是采用完整的 URL 规定文件在 Internet 上的精确地点,包括完整的协议类型、计算机域名或 IP 地址、包含路径信息的文档名。书写格式为:协议://计算机域名或 IP 地址[/文档路径][/文档名]。例如:

```
<a href="http://www.hynu.cn/index.htm">学院首页</a>     <!--链接文件-->
<img src=" http://www.hynu.cn/images/bg.jpg" />        <!--调用图像-->
```

2. 相对 URL(相对路径)

相对 URL 是相对于当前页的地点规定文件的地点。应尽量使用相对 URL 创建链

接,使用相对路径创建的链接可根据目标文件与当前文件的目录关系,分为 5 种情况。

- 链接到同一目录内的其他文件,直接写目标文件名即可。
- 链接到下一级目录中的文件,则先写"下一级目录名/",再写目标文件名。
- 链接到上一级目录中的文件,则在目标文件名前添加"../",因为".."表示上级目录,而"."表示本级目录。
- 链接到上一级目录中其他子目录中的网页文件,则可先用"../"退回到上一级目录,再进入目标文件所在的目录。
- 链接到网站根目录下的网页文件,由于"/"表示网站根目录,因此 href 的属性值可写成"/file.htm"。但是必须将 Web 服务器的根目录配置好之后才能使用这种方式,而制作静态网页时可能并没有安装 Web 服务器。

下面是前 4 种情况对应的实例。

```
<a href="目标文件名">链接文本</a>                <!--同一级目录内的链接-->
<a href="子目录名/目标文件名">链接文本</a>        <!--到下一级目录内的链接-->
<a href="../目标文件名">链接文本</a>              <!--到上一级目录内的链接-->
<a href="../子目录名/目标文件名">链接文本</a>
```

3. 相对 URL 使用举例

下面举例说明相对路径的使用方法。网站的文件目录结构如图 2-12 所示。图中的矩形表示文件夹,圆角矩形表示文件。

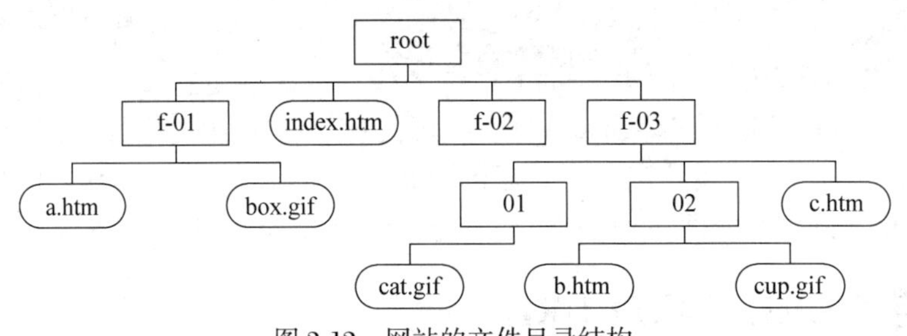

图 2-12　网站的文件目录结构

- 如果 f-01 目录下的 a.htm 需要显示同目录下的 box.gif 图像,因为在当前目录下可以直接找到 box.gif 文件,所以相对路径是"box.gif"或者"./ box.gif"。
- 如果根目录下的 index.htm 需要显示 f-01 目录下的 box.gif 图像,则应先进入 f-01 目录,再找到 box.gif 文件,因此相对路径是"f-01/box.gif"。
- 如果 f-03/02 目录下的 b.htm 需要显示 01 目录下的 cat.gif 图像,则应从 02 目录退一级到 f-03 目录,再进入 01 目录,所以相对路径是"../01/cat.gif"。
- 如果 b.htm 需要显示 box.gif 图像,应该写成"../ ../f-01/box.gif"。
- 如果 a.htm 需要显示 cup.gif 图像,应该写成"../ f-03/02/cup.gif"。

可见,相对路径比较简便,不需输入完整的 URL。另外,相对路径还有一个很明显的优点:可以毫无顾忌地修改网站的域名或网站目前在服务器硬盘中的存放位置。

提示: 如果在 DW 中制作网页时看到代码中 URL 为 file 协议的格式,例如 file:///E:/网页制作上课/DEMO/bg.png,说明网页中引用的资源是本机上的,出现这种情况的原因是引用的文件没在网站目录内,或根本没创建网站目录,或网页文件尚未保存到网站目录内。当网页上传到服务器后,由于该资源在服务器上的存放路径和本机上的路径一般不相同,就会出现找不到文件的情况,因此应避免这种情况出现。

2.4.3 超链接的种类

超链接有很多种类,如网页链接、电子邮件链接、锚链接等,它们的区别在于其 href 属性的取值不同。因此,可以根据 href 属性的取值划分超链接的类型。

1. 链接到其他网页或文件

因为超链接本身就是为了把 Internet 上各种网页或文件链接在一起,所以链接到文件的链接是最重要的一类超链接,它可分为以下 3 种。

- 内部链接:链接地址是相对 URL,如<a href="../index.htm">首页</a>;
- 外部链接:链接地址是绝对 URL,如<a href="http://www.qq.com">腾讯</a>;
- 下载链接:链接地址是一个浏览器不能打开的文件类型,如 rar、doc、apk 等,单击链接会弹出文件下载框,例如<a href="inc/test.rar">单击下载</a>。

2. 电子邮件链接

如果在链接的 URL 地址前面有"mailto:",就表示是电子邮件链接,单击电子邮件链接后,浏览器会自动打开默认的电子邮件客户端程序(如 Outlook)。

```
<a href="mailto:xiaoli@163.com"> xiaoli@163.com </a>
```

由于我国用户大多不喜欢使用客户端程序发送邮件,所以也可以不建立电子邮件链接,直接把 Email 地址作为文本写在网页上,这样还可以防止垃圾邮件的侵扰。

3. 锚链接

当网页中的内容很长时,可以定义锚点和锚链接,用户单击锚链接会跳转到网页上指定的锚点处。锚点用带有 id(或 name)属性的 a 标记定义,锚链接需要和锚点配合使用。

【例 2-6】 锚点和锚链接示例。

```
<a id="ch4"></a>                    <!-- 定义锚点,锚点名为 ch4 -->
<a href="#ch4">…</a>                <!--链接到当前网页的锚点 ch4 处-->
<a href="intro.htm#ch4">…</a>       <!--链接到 intro.htm 网页的锚点 ch4 处 -->
```

注意: 定义锚点时,锚点名前面不要加#号,链接到锚点时锚点名前要加#号。

4. 空链接和脚本链接

还有一些有特殊用途的链接,例如测试网页时用的空链接和脚本链接等。

```
<a href="#">…</a>      <!-- 空链接,网页会返回页面顶端-->
<a href="JavaScript:self.close(); ">关闭窗口</a>      <!-- 脚本链接-->
```

5. HTML 5 中新增的超链接

HTML 5 为了增强手机网站功能,超链接的 href 属性有了更多的取值,例如:

- 拨打电话号码的链接：<a href="tel:13335418888"></a>;
- 发短信的链接：<a href="sms:18688888888">发短信</a>。

2.4.4 超链接目标的打开方式

<a>标记具有"target"属性,用于设置超链接目标的打开方式。在属性面板的"目标"下拉列表框中可设置"target"的属性的取值,如图2-13所示。其常用的取值有4种。

图2-13 "目标"下拉框

- _self：默认值,在原窗口或框架打开链接的网页;
- _blank：在一个新窗口(或新标签页)打开所链接的网页,这个很有用,可防止打开新网页后把原来的网页覆盖掉,例如

```
<a href="http://www.rongshu.com" target= "_blank">榕树下</a>
```

- _parent：将链接的文件载入父框架打开,如果包含的链接不是嵌套框架,则所链接的文档将载入整个浏览器窗口;
- _top：在整个浏览器窗口载入所链接的文档,因而会删除所有框架;

在这4种取值中,"_parent""_top"仅在网页被嵌入其他网页中有效,如框架中的网页,所以它们用得很少。用得最多的还是通过"_blank"属性值使网页在新窗口中打开,如target="_blank",注意,不要漏写取值名称前的下画线"_"。

2.4.5 超链接制作的原则

1. 可以使用相对链接,尽量不要使用绝对链接

相对链接的好处在前面已经详细介绍过,原则上,同一网站内的文件之间的链接都应使用相对链接方式,只有在链接到其他网站的资源时才使用绝对链接。例如,和首页在同一级目录下的其他网页要链接到首页,有如下3种方法。

① <a href=".">首 页</a>　　<!--链接到本级目录,则自动打开本级目录的主页-->

② <a href="index.html">首 页</a>　　<!--链接到首页文件名-->

③ <a href="http://www.hynu.cn">首 页</a>　　<!--链接到网站名-->

通常,应尽量采用前两种方法,而不采用第三种方法。但第一种方法需要在Web服务器上设置网站的首页为index.html后才能正确链接,这给在文件夹中预览网页带来不便。

2. 链接目标尽可能简单

假如我们要链接到其他网站的主页,那么有如下两种写法：

① <a href="http://www.hynu.cn">首 页</a>

② <a href="http://www.hynu.cn/index.html">首 页</a>

写法①比写法②要好,因为写法②不仅简单,还可以防止以后该网站将首页改名(如将index.html改成index.jsp)导致链接不上的问题。

3. 超链接的综合应用实例

【例 2-7】 各种超链接和锚点的用法。

```
<html><body>
<p><a href="dance.html">红舞鞋</a></p>
<p><a href="#xrh">雪绒花</a></p>
<p><a href=mailto:xiali@ 163.net title="欢迎给我来信"><img src="mail.
gif"/></a></p>
<p>好站推荐:<a href="http://www.baidu.com"target="_blank">百度</a></p>
<p><a id="xrh"></a>雪绒花的介绍……</p>
<p align="right"><a href="JavaScript:self.close(); ">关闭窗口</a></p>
</body></html>
```

2.4.6 DW 中超链接属性面板的使用

DW 中建立链接的选项框如图 2-14 所示,文字、链接、图像和热区的属性面板中都有“链接”这一项。其中,“链接”对应标记的 href 属性,“目标”对应 target 属性。利用超链接属性面板可快速建立超链接,首先选中要建立超链接的文字或图像,然后在“链接”选项框中输入要链接的 URL 地址。

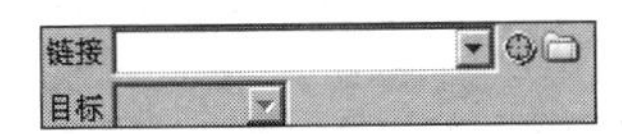

图 2-14 DW 中建立链接的选项框

其中,在链接地址栏输入 URL 有 3 种方法:一是直接在文本框输入 URL;二是单击“文件夹”图标浏览找到要链接的文件;三是按住拖动链接定位图标( )不放,将其拖动到锚点处或文件面板中要链接的文件上,如图 2-15 所示。使用以上任何一种方法使“链接”框中出现内容后,“目标”下拉列表框将变为可用,可选择超链接的打开方式。

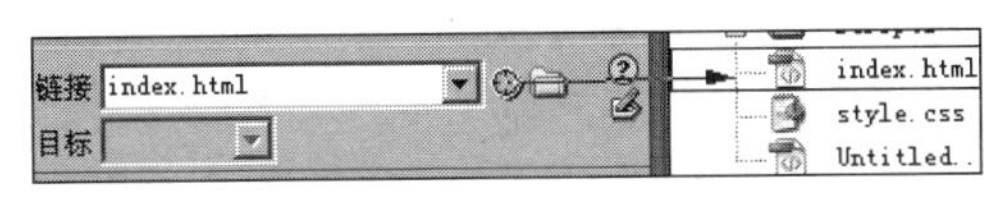

图 2-15 使用拖动链接定位图标方式建立链接

2.5 插入多媒体元素及嵌入网页

网页上还可以播放视频,可以使用 HTML 5 提供的专门的音视频标记插入视频。网页上可以插入动画,过去 Flash 是网络上传输的矢量动画,是网页动画标准,但 HTML 5 提供了强大的动画绘制功能,HTML 5 标准已经不推荐在网页中使用 Flash 动画了。

2.5.1 HTML 5 的视音频功能

在 HTML4 中,<embed>和<object>标记虽然可以插入视频,但支持的视频格式非常有限,这已不能满足网络上播放各种视频文件的需要了。为此,HTML 5 新增了<video>标记用来插入视频文件,<audio>标记用于插入音频文件,并不建议使用 HTML4 中的相关标记。

1. <video>标记

【例 2-8】 用<video>标记插入视频,运行效果如图 2-16 所示。

```
<video src="sintel.mp4" width="480" height="270" controls preload>
    你的浏览器不支持<video>标记
</video>
```

图 2-16 用<video>标记插入视频效果

<video>标记具有如下属性:

- controls: 设置是否显示控制条。如果不写 controls,则没有控制条;
- preload: 如果有该属性,则媒体文件会在页面加载时进行缓冲,建议写该属性;
- autoplay: 打开网页时是否自动播放,如果写该属性,则 preload 会不起作用;
- loop: 是否循环播放;
- src: 指定视频文件的路径和文件名;
- poster: 为视频指定一张片头图像,会在视频播放前拉伸到视频大小显示;
- width、height: 设置视频的显示大小,如果不写,则是视频的默认大小。

<video>与</video>之间的内容用于在不支持该标记的浏览器中显示替代信息。

不同浏览器支持的视频文件格式可能不同,例如,IE 9 只支持 mp4 格式,Firefox 支持 Ogg 和 WebM 格式,chrome 支持 mp4、Ogg 和 WebM 这 3 种格式。

为此,<video>标记提供了设置多个备选视频文件的功能,此时应使用<source>标记而非 src 属性设置视频文件的地址。对于不支持的浏览器,只需要把后备内容放在第 2 个 source 标记中,允许使用多个<source>标记指定多个后备内容格式。如果连<video>标记都不支持,还可在其中嵌入<object>或<embed>标记。

【例 2-9】 设置<video>标记的各种属性示例。

```
<video width="480" height="270" poster="piantou.jpg" controls preload>
    <source src="sintel.mp4">
    <source src="movie.ogv">                <!--后备视频格式-->
    <object data="acl.wmv">                 <!--IE 8 会播放该视频-->
        <a href="sintel.mp4">download</a>
    </object>
</video>
```

上述代码中,如果浏览器支持<video>标记,也支持 mp4,则会播放第 1 个视频。如果浏览器支持<video>标记,也支持 Ogg,则会播放第 2 个视频。如果浏览器不支持<video>标记,则会播放<object>标记中的 WMV 视频。如果浏览器都不支持,则会显示下载视频文件的链接。可见,通过<video>标记,就能为各种浏览器提供支持的视频格式。

2. <audio>标记

<audio>标记用于插入音频,其用法与<video>标记类似。

【例 2-10】 用<audio>标记插入音频。

```
<audio src="song.ogg" controls preload>
    你的浏览器不支持<audio>标记
</audio>
```

<audio>标记也提供了设置多个备选音频文件的功能,此时应使用<source>标记而非 src 属性设置音频文件的地址。<audio>标记具有的属性和<video>标记基本相同,只是不具有 width、height 和 poster 这 3 个属性。

【例 2-11】 设置<audio>标记的各种属性示例。

```
<audio controls preload>
    <source src="song.ogg" type="audio/ogg">
    <source src="song.mp3" type="audio/mpeg">
    你的浏览器不支持<audio>标记
</audio>
```

在实际的视频网站开发中,在网页中播放视频还存在很多技术难题。如需要在服务器端设置视频文件的 MIME 类型等。对各种不同视频文件如何自动进行兼容播放,如何兼容各种浏览器,这时可考虑在网页中嵌入第三方视频播放插件,如"酷播"等。

2.5.2 嵌入式框架标记<iframe>

如果要在网页中间某个矩形区域内显示其他网页,则可使用嵌入式框架标记<iframe>,通过<iframe>标记可以很方便地在一个网页中显示另一个网页的内容,如图 2-17 所示网页中的天气预报就是通过<iframe>标记调用了另一个网页的内容。

下面是嵌入式框架的属性举例。

```
<iframe src="url" width="x" height="x" scrolling="[option]" frameborder
="x" name="main"></iframe>
```

<iframe>标记中各属性的含义如下。

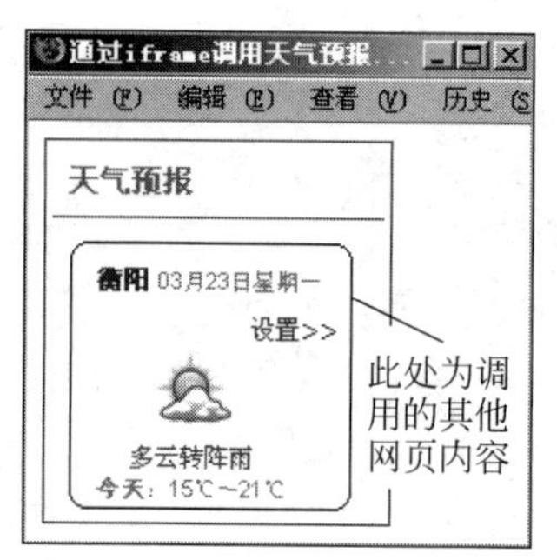

图 2-17 通过<iframe>标记调用天气预报网页

- src：文件的 URL 路径；
- width、height：iframe 框架的宽和高；
- scrolling：当"src"指定的网页在区域中显示不完全时，是否出现滚动条选项，如果设置为 no，则不出现滚动条；如为 auto：则自动出现滚动条；如为 yes，则显示；
- frameborder：iframe 边框的宽度，为了让框架与邻近内容相融合，常设置为 0；
- name：框架的名字，用来标识某个框架。

【例 2-12】 用 iframe 框架嵌入网页示例。

```
<iframe src="http://www.baidu.com" width="250" height="200" scrolling="
auto" frameborder="0" name="main"></iframe>
```

嵌入式框架常用于将其他网页的内容导入自己网页的某个区域，如把天气预报网站的天气导入自己做的网页的某个区域显示。但某些木马或病毒程序利用 iframe 的这一特点，通过修改网站的网页源代码，在网页尾部添加 iframe 代码，导入其他带病毒的恶意网站的网页，并将 iframe 框架的宽和高都设置为 0，使 iframe 框架看不到。这样，用户打开某网站网页的同时，就不知不觉打开了恶意网站的网页，从而感染病毒，这就是所谓的 iframe 挂木马的原理。不过，可留意浏览器的状态栏看打开网页时是否提示正在打开某个可疑网站的网址而发现网页被挂木马。

为了防止 iframe 造成的不安全问题，很多 Web 服务器软件都能设置是否允许本网站被嵌入其他网页中访问。如果设置为拒绝，则 iframe 将无法显示嵌入网页的内容。

2.6 创建表格

在 HTML 中，表格(table)和表单(form)都是由成组的标记定义的，因此其结构代码相对复杂。同样，表格和表单也需要 CSS 对其美化样式，以便提供更友好的操作界面。

在网页中使用表格的原因是：在表格中排列数据，从而用来呈现数据间的关系。

表格标记的基本用法

2.6.1 表格标记

网页中的表格由<table>标记定义，一个表格由若干行<tr>组成，每行又被分成若干单元格<td>，因此<table>、<tr>、<td>是表格中 3 个最基本的标记，必须同时出现才有意义。表格中的单元格能容纳网页中的任何元素，如图像、文本、列表、表单、表格等。

1. <table>标记

【例 2-13】 一个最简单的表格,它的显示效果如图 2-18 所示。

```
<table border="1">
    <tr><td>CELL 1</td><td>CELL 2</td>
    </tr>
    <tr><td>CELL 3</td><td>CELL 4</td>
    </tr>
</table>
```

从图 2-18 可知,一个<tr>标记表示一行,<tr>标记中有两个<td>标记,表示 1 行中有 2 个单元格,因此显示为 2 行 2 列的表格。注意,在表格中行比列大,总是一行<tr>中包含若干单元格<td>。

<table>标记中还可设置边框宽度(border="1"),它表示表格的边框是 1 像素宽。下面将边框宽度调整为 10 像素,即<table border="10">,这时显示效果如图 2-19 所示。

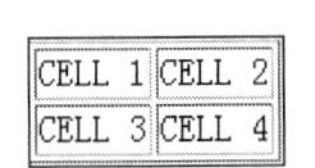

图 2-18 例 2-13 表格效果

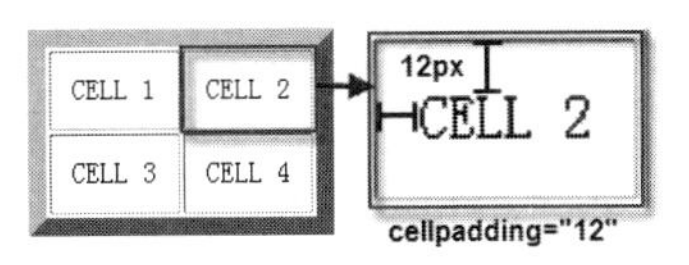

图 2-19 border 和 cellpadding 属性

此时虽然表格的边框宽度变成了 10 像素,但表格中每个单元格的边框宽度仍然是 1 像素,从这里可看出设置表格边框宽度不会影响单元格的边框宽度。

但有一个例外,如果将表格的边框宽度设置为 0,即<table border="0">,(由于 border 属性的默认值就是 0,因此也可不设置),则单元格的边框宽度也跟着变为 0。此时表格边框和单元格边框都消失,在用表格进行网页布局时通常需要这样设置。

由此可得出结论:设置表格边框为 0 时,会使单元格边框也变为 0;而设置表格边框为其他数值时,单元格边框宽度保持不变,始终为 1。

2. 填充(cellpadding)和间距(cellspacing)

cellpadding 和 cellspacing 是<table>标记的两个重要属性,cellpadding 表示单元格中的内容到单元格边框之间的距离,默认值为 0;而 cellspacing 表示相邻单元格之间的距离,默认值为 1。

合理设置填充和间距属性可美化表格。例如,将表格填充设置为 12,即<table border="10" cellpadding="12">,则显示效果如图 2-19 所示。

把表格填充设置为 12,间距设置为 15,即<table border="10" cellpadding="12" cellspacing="15">,则显示效果如图 2-20 所示。

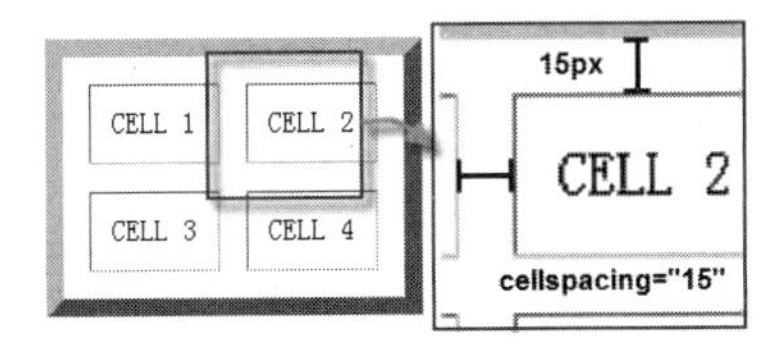

图 2-20 cellspacing 属性

此外,表格<table>标记还具有宽(width)、高(height)、水平对齐(align)、背景颜色(bgcolor)等属性,表2-7列出了<table>标记的常见属性。

表2-7 <table>标记的常见属性

<table>的属性	含义
border	表格边框的宽度,默认值为0
bgcolor	表格的背景色(HTML 5不建议使用)
cellspacing	表格的间距,默认值为1
cellpadding	表格的填充,默认值为0
width,height	表格的宽和高,可以使用像素或百分比作为单位
rules	只显示表格的行边框(rows)或列边框(cols)
align	表格的对齐属性,可以让表格左右或居中对齐

2.6.2 行和单元格标记

<tr>表示表格中的一行,该标记的常用属性有align:统一设置该行中所有单元格中内容的水平对齐方式;valign:统一设置该行中所有单元格内容的垂直对齐方式。

表头标记<th>相当于一个特殊的单元格<td>标记,唯一区别是<th>中的字符会以粗体居中方式显示。可以将表格第一行(第一个<tr>)中的<td>换成<th>,表示表格的表头。

单元格标记<td>、<th>具有一些共同的属性:width、height、align、valign、nowrap(不换行)、bordercolor、bgcolor和background。这些属性对于行标记<tr>来说,大部分也具有,只是没有width和background属性。

1. 单元格标记的对齐属性

单元格标记<td>或<th>具有align和valign属性,其含义如下。

- align:单元格中内容的水平对齐属性,取值有left(默认值)、center、right。
- valign:单元格中内容的垂直对齐属性,取值有middle(默认值)、top、bottom。即单元格中的内容默认是水平左对齐,垂直居中对齐。由于默认情况下单元格是以能容纳内容的最小宽度和高度定义大小的,所以必须设置单元格的宽和高,使其大于最小宽高值时,才能看到对齐的效果。

【例2-14】 align和valign属性的使用,其显示效果如图2-21所示。

```
<table width="256" border="4" cellpadding="2">
    <tr valign="bottom" height="58">
        <td width="82">底端对齐</td>
        <td width="96" valign="top">顶端对齐</td>
    </tr>
    <tr align="center" height="54">
        <td valign="top">水平居中顶端</td>
        <td>水平居中</td>
    </tr>
</table>
```

2. bgcolor 属性

bgcolor 属性是<table>、<tr>、<td>都具有的属性，用来对表格或单元格设置背景色。在实际应用中，常将所有单元格的背景色设置为一种颜色，将表格的背景色设置为另一种颜色。此时如果 cellspacing 不为 0，则表格的背景色会环绕单元格，使间距看起来像边框一样。

图 2-21　align 属性和 valign 属性

【例 2-15】　设置表格的背景色和单元格的背景色，其显示效果如图 2-22 所示。

```
<table border="1" cellpadding="12" cellspacing="5" bordercolor="#
333333" bgcolor="#cccccc">
<tr bgcolor="#ffffff"><td>CELL 1</td><td>CELL 2</td></tr>
<tr bgcolor="#ffffff"><td>CELL 3</td><td>CELL 4</td></tr>
</table>
```

如果在此基础上将表格的 border 属性设置为 0，则显示效果如图 2-23 所示，可看出此时间距像边框一样了，而这个由间距形成的“边框”实际上是表格的背景色。

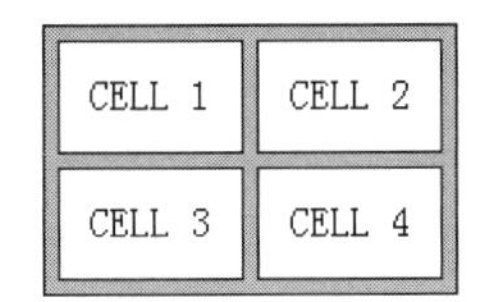

图 2-22　设置表格背景色和单元格背景色的效果

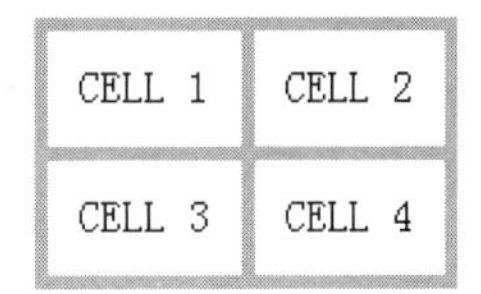

图 2-23　将表格边框设置为 0

如果要减少 bgcolor 属性的书写次数，可以使用<tbody>标记，在所有<tr>标记的外面嵌套一个<tbody>标记，再设置<tbody>的背景色为白色即可，<tbody>是表格体标记，它包含表格中所有的行或单元格。如果所有单元格或行都有某个相同的属性，则可以将该属性写在<tbody>标记中。

【例 2-16】　使用<tbody>标记统一设置所有单元格的背景色等属性。

```
<table cellpadding="12" cellspacing="5" bordercolor="#333333" bgcolor="
#cccccc">
    <tbody bgcolor="#ffffff">
      <tr><td>CELL 1</td><td>CELL 2</td></tr>
      <tr><td>CELL 3</td><td>CELL 4</td></tr>
    </tbody>
</table>
```

3. 单元格的合并属性

如果要合并某些单元格制作出如图 2-24 所示的表格，则必须使用单元格的合并属性，单元格<td>标记的合并属性有 colspan（跨多列属性）和 rowspan（跨多行属性），这两个属性是<td>标记特有的属性，分别用于合并列和合并行。

【例 2-17】　colspan 和 rowspan 属性的应用。

```
<td rowspan="3">课程表</td>          <!--合并上下 3 行单元格-->
<td colspan="2">星期一</td>          <!--合并左右 2 列单元格-->
```

可见,合并3行单元格将使该行下的两行,两个<tr>标记中分别减少一个<td>标记,而合并2列单元格,将使该行<tr>标记中减少一个<td>标记。如果一个单元格由3行3列共9个单元格合并而成,则需要同时使用colspan和rowspan属性。

课程表	星期一	
	上午	下午
	语文	数学

图2-24　单元格合并后的效果

提示:设置单元格合并属性后,再对单元格的宽或高进行精确设置会发现不容易了,因此,在用表格布局时不推荐使用单元格合并属性,使用表格嵌套更合适一些。

4. <caption>标记

<caption>标记用来为表格添加标题,这个标题固然可以用普通的文本实现,但是使用<caption>标记可以更好地描述这个表格的含义。例如:

```
<table cellpadding="12" cellspacing="5">
    <caption>2017年课程表</caption>  <!--<caption>必须位于<table>标记内-->
    <tr><td>…</td></tr>…
</table>
```

2.6.3　特殊效果表格的制作

1. 制作1像素(细线)边框的表格

一般来说,1像素边框的表格在网页中显得更美观,特别是用表格做栏目框时,1像素边框的栏目框是大部分网站的选择,因此,制作1像素边框的表格已成为网页设计的一项基本要求。

但是,把表格的边框定义为1像素时(border="1"),其实际宽度是2像素。这样的表格边框显得很粗,而且不美观。要制作1像素的细线边框,可用如下任意一种方法实现。

(1) 用间距做边框。原理是通过把表格的背景色和单元格的背景色调整成不同的颜色,使间距看起来像一个边框一样,再将表格的边框设为0,间距设为1,即实现1像素“边框”表格。

【例2-18】 用间距制作1像素“边框”表格:

```
<table border="0" cellspacing="1" bgcolor="#000000">
    <tr><td bgcolor="#ffffff">1像素边框表格</td></tr>
</table>
```

(2) 用CSS属性border-collapse做1像素边框的表格。先把表格的边框(border)设为1,间距(cellspacing)设为0,此时表格边框和单元格边框紧挨在一起,所以边框的宽度为1+1=2像素。这是因为border-collapse的默认值是separate,即表格边框和单元格边框不重叠。如果把border-collapse的值设为collapse(重叠),则表格边框和单元格边框将发生重叠,因此边框的宽度为1像素。

【例2-19】 用CSS属性border-collapse做1像素边框的表格。

```
<table border="1" cellspacing="0" bordercolor="#ff0000" style="border-collapse: collapse">…</table>
```

2. 用单元格制作水平线或占位表格

如果需要水平或竖直的线段,可以使用表格的行或列来制作。例如,若在表格中需要一条黑色的水平线段,则可以这样制作: 先把某一行的行高设为 1;再把该行的背景色设为黑色;最后在“代码”视图中去掉此行单元格中的“ ”占位符空格。因为“ ”是 DW 在插入表格时自动往每个单元格中添加的一个字符,如果不去掉,IE 默认一个字符占据 12 像素的高度,这样就制作了一条 1 像素粗的水平黑线。

【例 2-20】 用单元格制作水平线。

```
<table width="200" border="0" cellpadding="0" cellspacing="0">
    <tr><td height="1" bgcolor="#000000"></td><!-- 单元格中的“ ”已去
    掉-->
    </tr>
</table>
```

如果要制作 1 像素粗的竖直黑线,可在上述代码中将表格的宽修改为 1 像素,将单元格的高修改为竖直黑线的长度。

默认情况下,网页中两个相邻的表格上下会紧挨在一起,这时可以在这两个表格中插入一个占位表格使它们之间有一些间隙。例如,把占位表格的高度设置为 7 像素,边框、填充、间距设为 0,并去掉单元格中的“ ”,则在两个表格间就插入了一个 7 像素高的占位表格,这样就避免了表格紧挨的情况出现,因为我们通常都不希望两个栏目框上下紧挨在一起。当然,为表格设置 CSS 属性 margin 能更容易地实现留空隙(推荐使用)。

3. 用表格制作圆角栏目框

【例 2-21】 用表格制作固定宽度的圆角栏目框,如图 2-25 所示。推荐使用 CSS 3 制作圆角框,本例只是为了帮助读者运用表格的各种属性。制作步骤如下。

① 准备两幅圆角图像,分别是上圆角和下圆角的图像。

② 插入一个 3 行 1 列的表格,把表格的填充、间距和边框设为 0,宽设置成 190 像素(圆角图像的宽),高不设置。

③ 分别设置表格内 3 个单元格的高。第一个单元格的高设置为 38 像素(上圆角图像的高);第二个单元格的高设置为 100 像素;第三个单元格高设置为 17 像素(下圆角图像的高)。在第 1、3 个单元格内分别插入上圆角和下圆角的图像。

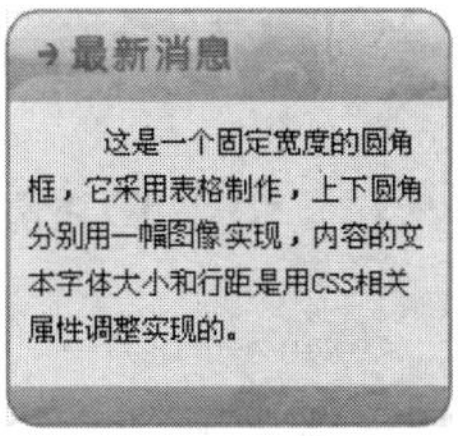

图 2-25 用表格制作的圆角栏目框

④ 把第 2 个单元格内容的水平对齐方式设置为居中(align="center"),单元格的背景颜色设置为圆角图像边框的颜色(bgcolor="#E78BB2")。

⑤ 在第 2 个单元格中再插入一个 1 行 1 列的表格,把该表格的间距和边框设为 0,填充设为 8 像素(让栏目框中的内容和边框之间有一些间隔),宽设为 186 像素,高设置为 100 像素。背景颜色设置为比边框浅的颜色(bgcolor="#FAE4E6")。

说明: 步骤⑤中也可以不插入表格,而是把第二个单元格拆分成 3 列,把 3 列对应的

3 个单元格的宽分别设置为 2 像素、186 像素和 2 像素,并在代码视图把这 3 个单元格中的“ ”去掉,然后把第 1、3 列的背景色设置为圆角边框的颜色,把第 2 列的背景色设为圆角背景的颜色,并用 CSS 属性设置它的填充为 8 像素(style="padding:8px")。

2.7 创建表单

表单是浏览器与服务器之间交互的重要手段,利用表单可以收集客户端提交的信息。图 2-26 是一个用户注册表单,用户单击“提交”按钮后,表单中的信息就会发送到服务器。

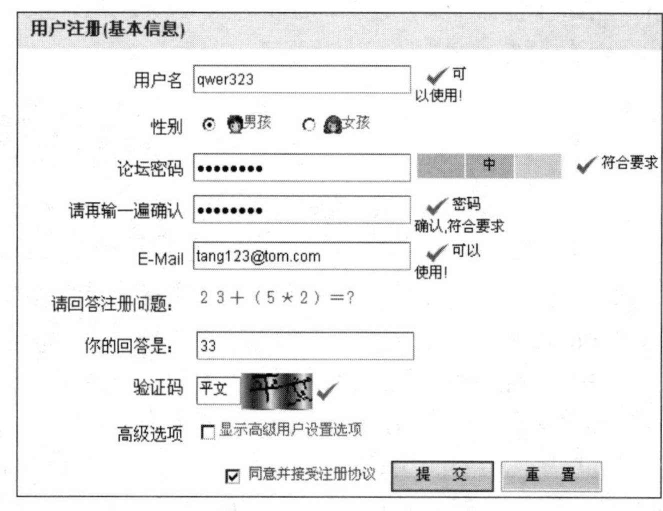

图 2-26 用户注册表单

表单由表单界面和服务器端程序(如 PHP)两部分构成。表单界面由 HTML 代码编写,服务器端程序用来收集用户通过表单提交的数据。本节只讨论表单界面的制作。在 HTML 代码中,可以用表单标记定义表单,并且指定接收表单数据的服务器端程序文件。

表单处理信息的过程为:当单击表单中的“提交”按钮时,在表单中填写的信息就会发送到服务器,然后由服务器端的有关应用程序进行处理,处理后或者将用户提交的信息存储在服务器端的数据库中,或者将有关信息返回到客户端浏览器。

2.7.1 <form>标记及其属性

<form>标记用来创建一个表单,即定义表单的开始和结束位置,这一标记有几方面的作用。首先,限定表单的范围,一个表单中的所有表单域标记,都要写在<form>与</form>之间(HTML 5 对表单已无此要求),单击“提交”按钮时,提交的也是该表单范围内的内容。其次,携带表单的相关信息,例如处理表单的脚本程序的位置(action)、提交表单的方法(method)等。这些信息对于浏览者是不可见的,但对于处理表单却起着决定性的作用。

<form>标记中包含的表单元素通常有<input>、<select>和<textarea>等,图 2-27 展示了 DW 的表单工具栏中各种表单元素与标记的对应关系。

在图 2-27 中,单击表单按钮(▢),会在网页中插入一个表单<form>标记,此时会在

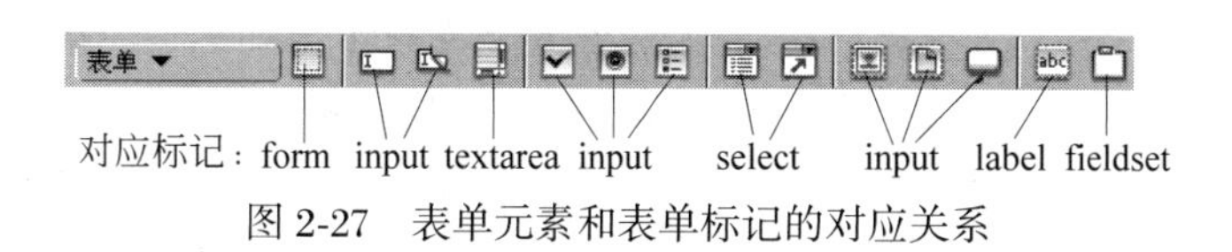

图 2-27　表单元素和表单标记的对应关系

属性面板中显示<form>标记的属性设置，如图 2-28 所示。

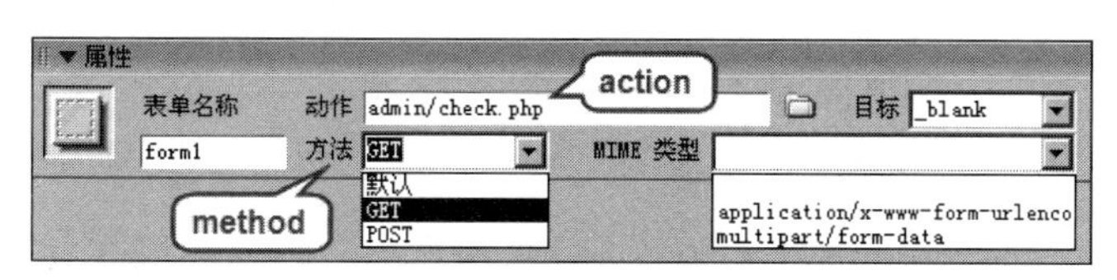

图 2-28　<form>标记的属性面板

<form>标记具有如下属性。

1. name 属性

图 2-28 中，“表单名称”对应 name 属性，可设置唯一的名称以标识该表单，如<form name= "form1">，该名称仅供 JavaScript 代码调用表单中的元素。

2. action 属性

“动作”对应表单的 action 属性。action 属性用来设置接收表单内容的程序文件的 URL。例如：<form action="admin/check.php">，表示当用户提交表单后，将转到 admin 目录下的 check.php 页面，并由 check.php 接收发送来的表单数据，该文件执行完毕后（通常是对表单数据进行处理），将返回执行结果（生成的静态页）给浏览器。

在“动作”文本框中可输入相对 URL 或绝对 URL。如果不设置 action 属性（即 action =""），表单中的数据将提交给表单自身所在的文件，这种情况常见于将表单代码和处理表单的程序写在同一动态网页中，否则将没有接收和处理表单内容的程序。

3. method 属性

“方法”对应<form>的 method 属性，定义浏览器将表单数据传递到服务器的方式，取值只能是 GET 或 POST（默认值是 GET）。例如：<form method="post">。

（1）GET 方式：Web 浏览器将各表单字段名称及其值按照 URL 参数格式的形式，附在 action 属性指定的 URL 地址后一起发送给服务器。例如，一个使用 GET 方式的 form 表单提交时，在浏览器地址栏中生成的 URL 具有类似下面的形式：

```
http://ec.hynu.cn/admin/check.php? name=alice&password=123
```

GET 方式生成的 URL 格式为：每个表单域元素名称与取值之间用等号“=”分隔，形成一个参数；各个参数之间用“&”分隔；而 action 属性所指定的 URL 与参数之间用问号“?”分隔。

（2）POST 方式：浏览器将把各表单域元素名称及其值作为 HTTP 消息的实体内容发送给 Web 服务器，而不是作为 URL 参数传递。因此，使用 POST 方式传送的数据不会显示在地址栏中。

需要指出,不要使用 GET 方式发送大数据量的表单(例如,表单中有文件上传域)。因为 URL 长度最多只能有 8192 个字符,如果发送的数据量太大,数据将被截断,从而导致发送的数据不完整。另外,在发送机密信息时(如用户名和口令、信用卡号等),不要使用 GET 方式。否则,浏览者输入的口令将作为 URL 显示在地址栏上,而且还将保存在浏览器的历史记录文件和服务器的日志文件中。因此,GET 方式不适于发送有机密性要求的数据和发送大数据量数据的场合。

4. enctype 属性

"MIME 类型"对应<form>的 enctype 属性,用来指定表单数据在发送到服务器之前应该如何编码。默认值为"application/x-www-form-urlencode",表示表单中的数据被编码成"名=值"对的形式,因此,一般情况下无须设置该属性。但如果表单中含有文件上传域,则须设置该属性为"multipart/form-data",并设置提交方式为 POST。

5. target 属性

"目标"对应<form>的 target 属性,指当提交表单时,action 属性所指定的网页以何种方式打开(在新窗口还是原窗口)。target 属性的取值有 4 种,含义和<a>标记的 target 属性相同(见表 2-6)。

2.7.2 <input>标记

<input>标记是用来收集用户输入信息的标记,它是一个单标记。<input>至少应具有两个属性,一是 type 属性,用来决定这个<input>标记的含义,其共有 10 种取值,各种取值的含义如表 2-8 所示;二是 name 属性,用来定义该表单元素的名称,如果没有该属性,虽然不会影响表单的界面,但服务器将无法获取该表单元素提交的数据。

表 2-8 <input>标记的 type 属性取值及含义

type 属性值	含 义	type 属性值	含 义	type 属性值	含 义
text	单行文本框	file	文件上传域	submit	提交按钮
password	密码框	hidden	隐藏域	reset	重置按钮
radio	单选按钮			button	普通按钮
checkbox	复选框			image	图像按钮

1. 单行文本框

当<input>的 type 属性为 text 时,即<input type="text" …>,将在表单中创建一个单行文本框。单行文本框用来收集用户输入的少量文本信息。例如:

```
姓名:<input type="text" name="user" size="20">
```

表示该单行文本框的宽度为 20 个字符,名称属性为 user。文本框和密码框的常用属性如表 2-9 所示。

表 2-9　文本框和密码框的常用属性

属性名	功　　能	示　　例
value	表示文本框中的内容,如不设置,则文本框显示的内容为空。用户输入的内容将会作为 value 属性的最终值	value="请在此输入"
size	指定文本框的宽度,以字符个数为度量单位	size="16"
maxlength	设置用户最多能够输入的字符个数	maxlength="11"
readonly	文本框为只读,用户不能改变文本框中的值,但用户仍能选中或复制其文本,其内容也会发送给服务器	readonly="readonly"
disabled	禁用文本框,文本框将不能获得焦点,提交表单时,也不会将文本框的名称和值发送给服务器	disabled="disabled"

如果用户在该文本框中输入了内容(假设输入的是 Tom),那么提交表单时,提交给服务器的数据就是“user=Tom”,即表单提交的数据总是“name=value”对的形式。由于 name 属性值为 user,而文本框的 value 属性值为文本框中的内容,因此有以上结果。如果用户没有在该文本框中输入内容,那么提交表单时,提交给服务器的数据就是“user=”。

如果文本框没有设置 value 属性,则打开网页时文本框是空的,如果设置了 value 属性,则 value 属性值将作为文本框的初始内容显示。如果希望单击文本框时清空文本框中的值(见图 2-29),可对 onfocus 事件编写 JavaScript 代码(单击文本框时会触发 onfocus 事件)。

查询 [请输入关键字]　　查询 [　　]

图 2-29　设置了 value 属性值的单行文本框在网页载入时(左)和单击后(右)的情况

【例 2-22】　单行文本框与 onfocus 事件示例。

```
查询 <input type="text" name="search" value="请输入关键字" onfocus="this.
value=''">
```

提示：readonly 可防止用户对值进行修改,直到满足某些条件为止(比如选中了一个复选框),此时需要使用 JavaScript 清除 readonly 属性。disabled 可应用于所有表单元素。

2. 密码框

当<input>的 type 属性为 password 时,表示该<input>是一个密码框。密码框和文本框基本相同,只是用户输入的字符会以圆点显示,以防被旁人看到。但表单发送数据时仍然会把用户输入的真实字符作为其 value 值以不加密的形式发送给服务器。示例代码如下,显示效果如图 2-30 所示。

密码：[●●●●●●]

图 2-30　密码框

```
密码: <input type="password" name="pw" size="15">
```

3. 单选按钮

<input type="radio">表示一个单选按钮。单选按钮必须成组出现。将多个单选按

钮的 name 属性值设置为相同,它们就会形成一组单选按钮。一组单选按钮只允许一个被选中。当用户提交表单时,在一组单选按钮中,只有被选中的那个单选按钮的名称和值(即 name/value 对)才会被发送到服务器。

因此,同组的每个单选按钮的 value 属性值不能相同,这样,选中不同的单选项,就能发送同一 name 值,不同 value 值。下面是一组单选按钮的代码,效果如图 2-31 所示。

```
性别: 男<input type="radio" name="sex" value="1" checked>
     女<input type="radio" name="sex" value="2">
```

其中,checked 属性用于设定初始时单选按钮的哪一项处于选定状态,若不设定该属性,则表示都不选中。

4. 复选框

<input type="checkbox">表示一个复选框。将多个复选框的 name 属性值设置为相同,它们就会形成一组复选框。一组复选框允许选中多个复选框。提交表单时,在一组复选框中,只有被选中的那些复选框的值(形式为 name/value1, value2, value3…)才会被发送到服务器。

复选框和单选按钮都具有 checked 属性,用来设置初始状态时是否被选中。下面是一个复选框的例子,其显示效果如图 2-32 所示。

```
爱好: <input name="fav1" type="checkbox" value="1" /> 跳舞
      <input name="fav2" type="checkbox" value="2" /> 散步
      <input name="fav3" type="checkbox" value="3" /> 唱歌
```

性别: 男 ⊙ 女 ○

图 2-31 单选按钮

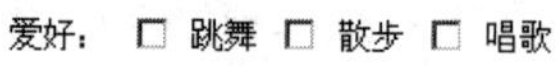

爱好: □ 跳舞 □ 散步 □ 唱歌

图 2-32 复选框

提示: 选择类表单标记(单选按钮、复选框或下拉列表框等)和输入类表单标记(单行文本框、密码框、多行文本域等)的重要区别是: 选择类表单标记必须事先设定每个元素的 value 属性值,而输入类表单标记的 value 属性值一般由用户输入,可以不设定。

5. 文件上传域

<input type="file">是文件上传域,用于浏览器通过表单向服务器上传文件。使用<input type="file">元素,浏览器会自动生成一个文本框和一个"浏览…"按钮,供用户选择上传到服务器的文件,示例代码如下,效果如图 2-33 所示。

```
<input type="file" name="upfile">
```

[ ] 浏览...

图 2-33 文件上传域

注意: 如果<form>标记中含有文件上传域,则<form>标记的 enctype 属性必须设置为"multipart/form-data",并且 method 属性必须是 POST。

6. 隐藏域

<input type="hidden">是表单的隐藏域,隐藏域不会显示在网页中,但是当提交表单

时,浏览器会将这个隐藏域元素的 name/value 属性值对发送给服务器。因此,隐藏域必须具有 name 属性和 value 属性,否则毫无作用。例如:

```
<input type="hidden" name="user" value="Alice">
```

隐藏域是网页之间传递信息的一种方法。例如,假设网站的用户注册过程由两个步骤完成,每个步骤对应一个网页文件。用户在第一步的表单中输入了用户名,接着进入第二步的网页中,在这个网页中填写爱好和特长等信息。在第二个网页提交时,要将第一个网页中收集到的用户名也传送给服务器,就需要在第二个网页的表单中加入一个隐藏域,让它的 value 值等于接收到的用户名。

2.7.3　<select>和<option>标记

<select>标记表示下拉列表框或列表框,是一个标记的含义由其 size 属性决定的元素。如果该标记没有 size 属性,就表示下拉列表框。如果该标记有 size 属性,则变成了列表框,列表的行数由 size 属性值决定。如果再设置 multiple 属性,则表示列表框允许多选。

下拉列表框中的每一项由<option>标记定义,还可使用<optgroup>标记添加一个不可选中的选项,用于给选项进行分组。例如,下面代码的显示效果如图 2-34 所示。

```
所在地: <select name="addr">             <!--添加属性 size="5",则为列表框-->
    <option value="1">湖南</option>……
    <option value="4">四川</option></select>
```

提交表单时,<select>标记的 name 值将与选中项的 value 值一起作为 name/value 信息对传送给服务器。如果<option>标记没有设置 value 属性,那么提交表单时,将把选中项中的文本(例如"湖南")作为 value 部分发送给服务器。

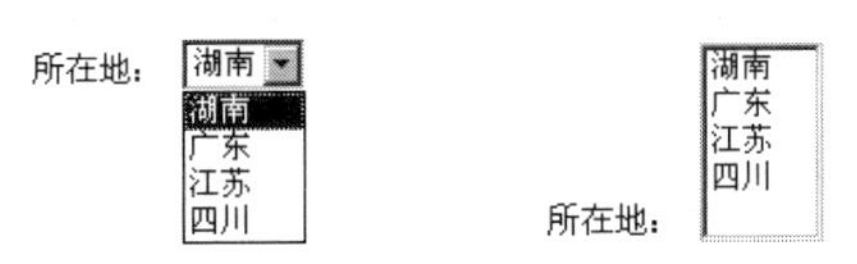

图 2-34　下拉列表框(左)和列表框(右)

2.7.4　多行文本域标记<textarea>

<textarea>是多行文本域标记,用于让浏览者输入多行文本,如发表评论或留言等。<textarea>是一个双标记,它没有 value 属性,而是将标记中的内容显示在多行文本域中,提交表单时也是将多行文本域中的内容作为 value 值提交。例如:

```
<textarea name="comments" cols="40" rows="4" wrap="virtual">表示是一个有
4 行,每行可容纳 40 个字符,换行方式为虚拟换行的多行文本域。</textarea>
```

<textarea>的属性有以下 3 个。

cols: 用来设置多行文本域的宽度,单位是字符。

rows: 用来设置多行文本域的高度(行数)。

wrap: 设置多行文本的换行方式,默认值为 virtual,其取值有 3 种,含义如下。

- 关(off):不让文本换行。当用户输入的内容超过文本区域的右边界时,文本将向左侧滚动,不会换行。用户必须按 Return 键才能将插入点移动到文本区域的下一行。
- 虚拟(virtual):表示在文本区域中设置自动换行。当用户输入的内容超过文本区域的右边界时,文本换行到下一行。当提交数据进行处理时,换行符并不会添加到数据中。
- 实体(physical):文本在文本域中也会自动换行,但是当提交数据进行处理时,会把这些自动换行符转换为
标记添加到数据中。

2.7.5 表单数据的传递过程

1. 表单向服务器提交的信息内容

当单击表单的“提交”按钮后,表单将向服务器发送表单中填写的信息,发送形式是各个表单元素的“name= value &name= value &name= value…”。下面以图 2-35 中的表单为例,分析表单向服务器提交的内容(输入的密码是 123)。

【例 2-23】 图 2-35 对应的表单代码。

图 2-35 一个输入了数据的表单

```
<form action="login.php" method="post">
  <p>用户名:<input name="user" id="xm" type="text" size="15" /></p>
  <p>密码:<input name="pw" type="password" size="15" /></p>
  <p>性别:男<input type="radio" name="sex" value="1" />
    女<input type="radio" name="sex" value="2" /></p>
  <p>爱好:<input name="fav1" type="checkbox"  value="1" />跳舞
            <input name="fav2" type="checkbox" value="2" />散步
            <input name="fav3" type="checkbox" value="3" />唱歌</p>
    <p>所在地:<select name="addr">
      <option value="1">长沙</option>
      <option value="2">湘潭</option>
      <option value="3">衡阳</option>
    </select></p>
  <p>个性签名:<br/><textarea name="sign"></textarea></p>
  <p><input type="submit" name="Submit" value="提交" /></p>
</form>
```

表单向服务器提交的内容总是 name/value 信息对，对于文本类输入框来说，value 值是用户在文本框中输入的字符。对于选择框（单选按钮、复选框和列表菜单）来说，value 的值必须事先设定，只有某个选项被选中后，它的 value 值才会提交。因此，图 2-35 提交的数据是

```
user=tang&pw=123&sex=1&fav2=2&fav3=3&addr=3&sign=wo&Submit=提交
```

提示：

- 如果表单只有一个“提交”按钮，可去掉它的 name 属性（如 name="Submit"），防止“提交”按钮的 name/value 属性对也一起发送给服务器，因为这些是多余的。
- <form>标记的 name 属性通常是为 JavaScript 调用该 form 元素提供方便的，没有其他用途。如果没有 JavaScript 调用该 form，则可省略其 name 属性。

2. 表单的三要素

一个最简单的表单必须具有以下 3 部分内容：

- <form>标记，没有它，表单中的数据不知道提交到哪里去，并且不能确定这个表单的范围；
- 至少有一个输入域（如 input 文本域或选择框等），这样才能收集到用户的信息，否则没有信息提交给服务器；
- 提交按钮，没有它，表单中的信息无法提交。（当然，如果使用 Ajax 等高级技术提交表单，表单也可以不具有<form>标记和“提交”按钮，但本书不讨论这些）。

下面是“百度”首页中表单的源代码，这算是一个最简单的表单了，它的源代码如下，可见它具有上述的表单三要素，因此是一个完整的表单。

```
<form name=f action=s>
    <input type=text name=wd id=kw size=42 maxlength=100>
    <input type=submit value=百度一下 id=sb>……
</form>
```

2.7.6 表单中的按钮

<input>标记可创建 4 种类型的按钮，当它的 type 属性为 submit 时，表示提交按钮；type 属性为 image 时，表示图像按钮，这两种按钮都具有提交表单的功能；type 属性为 reset 时，表示重置按钮；type 属性为 button 时，表示普通按钮，这种按钮需要编写 JavaScript 脚本使其具有相应的功能，如表 2-10 所示。

表 2-10 用<input>标记创建按钮时的 type 属性类型设置

type 属性类型	功 能	作 用
<input type="submit" />	提交按钮	提交表单信息
<input type="image" />	图像按钮	用图像做的提交按钮，也是提交表单信息
<input type="reset" />	重置按钮	将表单中的用户输入全部清空
<input type="button" />	普通按钮	需要配合 JavaScript 脚本使其具有相应的功能

但是,<input type=" submit" />标记创建的按钮默认效果是没有图片的,而图像按钮虽然有图像但是不能添加文字。实际上,在 HTML 中有一个<button>标记,它可以创建既有图片又有文字的按钮,效果如图 2-36 所示。

登 录　　注 册　　登录

图 2-36　提交按钮、图像按钮与用<button>标记创建的按钮比较

使用<button>标记创建按钮时的代码如下:

```
<button type="submit"><img src="check.png" align="absmiddle"/>登录
</button>
```

当然,还有一种思路是用 a 元素模拟按钮,但那样需要 CSS 和 JavaScript 的配合。通过 CSS 使 a 元素具有边框,再添加 JavaScript 脚本使其具有提交表单的功能。

2.7.7　表单的辅助标记

1. < label>标记

<label>标记用来为控件定义一个标签,它通过 for 属性绑定控件。如果表单控件的 id 属性值和<label>标记的 for 属性值相同,那么<label>标记就会和表单控件关联起来。通过在 DW 中插入表单控件时选择“使用 for 属性附加标签标记”可快捷地插入<label>标记。

【例 2-24】　<label>标记使用示例。

```
<input type="radio" name="sex" value="radiobutton" id="male" />
    <label for="male">男</label><br />
<input type="radio" name="sex" value="radiobutton" id="female" />
    <label for="female">女</label>
```

添加了带有 for 属性的<label>标记后,单击 label 标签就相当于单击表单控件了。

2. 字段集标记<fieldset>、<legend>

<fieldset>是字段集标记,它必须包含一个<legend>标记,表示是字段集的标题。如果表单中的控件较多,可以将逻辑上是一组的控件放在一个字段集内,这样显得有条理一些。

2.7.8　HTML 5 新增的表单标记和属性

HTML 5 在表单方面做了很大的改进,包括使用 type 属性增强表单,表单元素可以出现在 form 标记之外,input 元素新增了很多可用属性等。

1. input 标记的新增类型值

在 HTML 5 中,<input>标记在原有类型(type 属性值)的基础上,新增了许多新的类型成员,如表 2-11 所示。

表 2-11　<input>标记新增的类型

类型名称	type 属性	功能描述
网址输入框	<input type="url">	用来输入网址的文本框
Email 输入框	<input type="email">	用来输入 Email 地址的文本框
数字输入框	<input type="number">	输入数字的文本框,并可设置输入值的范围
范围滑动条	<input type="range">	可拖动滑动条,用于改变一定范围内的数字
日期选择框	<input type="date">	可选择日期的文本框
搜索输入框	<input type="search">	输入搜索关键字的文本框

其中,网址输入框与 Email 输入框虽然从外观上看与普通文本框相同,但是它会检测用户输入的文本是否为一个合法的网址或 Email 地址,从而不需要再使用 JavaScript 脚本验证用户输入内容的有效性。

【例 2-25】 数字输入框示例,其显示效果如图 2-37(a)所示。

```
<input type="number" min="1960" max="1990" step="1" value="1980" />
```

相对于普通文本框,数字文本框会检验输入的内容是否为数字,并且可以设置数字的最小值(min)、最大值(max)和步进值(step)。当单击数字输入框右侧的上、下箭头时,就会递增或递减当前值。

范围滑动条的示例代码如下,在 Chrome 浏览器中的外观如图 2-37(b)所示。

```
0<input type="range" min="0" max="20" value="10" />20
```

搜索输入框专门用于关键字查询,该类型输入框和普通文本框在功能和外观上没有太大区别,唯一区别是,当用户在输入框中填写内容时,输入框右侧将会出现“×”按钮,单击该按钮,就会清空输入框中的内容。示例代码如下,运行结果如图 2-37(c)所示。

```
<input name="keyword" type="search" />
```

(a)　(b)　(c)

图 2-37　数字输入框(a)、范围滑动条(b)和搜索输入框(c)的效果

日期选择框的示例代码如下,在 Chrome 浏览器中的外观如图 2-38 所示。

```
<input name="birth" type="date" value="2013-06-10" />
```

可见,日期选择框能够弹出日期界面供用户选择,如果对其设置 value 属性,则会显示该属性中的值作为默认日期。type 属性除了 date 外,将 type 属性设置为 time、month、week、datetime、datetime-local 均表示日期选择框,只不过此时能选择时间、月份、星期等值。

提示: 如果浏览器不支持这些 HTML 5 中的 type 属性值,则会取 type 属性的默认值 text,从而将 input 元素解释为文本框。

图 2-38　日期选择框

2. input标记新增的公共属性

在HTML 5中,input标记新增了很多公共属性,如表2-12所示。除此之外,还新增了一些特有属性,如range类型中的min、max、step等。

表2-12 input标记新增的公共属性

属　性	HTML代码	功能说明
autofocus	<inputautofocus="true">	设置元素自动获得焦点
pattern	<input pattern="正则表达式">	使用正则表达式验证input元素的内容
placeholder	<input placeholder="请输入">	设置文本输入框中的默认内容
required	<input required="true">	是否检测文本输入框中的内容为空
novalidate	<input novalidate="true">	是否验证文本输入框中的内容
autocomplete	<input autocomplete="on">	使form或input具有自动完成功能

<input>标记这些公共属性的含义如下。

- autofocus:当input元素具有autofocus属性时,会使页面加载完成后,该元素自动获得焦点(即光标位于该输入框内)。
- pattern:对于比较复杂的规则验证,如验证用户名“是否以字母开头,包含字符或数字和下画线,长度为6~8”,则需要使用pattern属性设置正则表达式验证,例如pattern="^[a-zA-Z]\w(5,7)$"。
- placeholder:该属性可在文本框中放置一些提示文本(以灰色显示),当输入文本时,提示文本消失。示例代码如下,其效果类似于图2-29。

```
<input name="keyword" type="search" placeholder="请输入关键字" />
```

- required:该属性用来验证输入框的内容是否为空,如果为空,在表单提交时,会显示错误提示信息。
- novalidate:该属性表示提交表单时不验证表单或输入框的内容,该属性适用于<form>以及以下类型的<input>标记,如text,search,url,telephone,email,password,date pickers,range以及color。
- autocomplete:该属性用来设置表单或输入框是否具有自动完成功能,其属性值是on或off。开启自动完成功能后,当用户成功提交一次表单后,以后每次再提交表单时,都会在输入框下方出现以前输入过的内容供用户选择。

这些属性的功能过去一般是用JavaScript脚本实现的,而用HTML 5属性实现后,可以大大减少对JavaScript代码的使用。

3. 新增的表单元素

在HTML 5中,除新增了input标记的类型外,还新增了许多新的表单元素,如datalist、output、keygen等。这些元素的加入,极大地丰富了表单数据的操作,优化了用户体验。

1）datalist 元素

<datalist>标记的功能是辅助表单中文本框的数据输入。datalist 元素本身是隐藏的，它需要与文本框的 list 属性绑定，只要将 list 属性值设置为 datalist 元素的 ID 属性即可。绑定成功后，用户在文本框输入内容时，datalist 元素将以列表的形式显示在文本框底部，提示输入的内容，与自动完成的功能类似。

【例 2-26】 datalist 元素示例，显示效果如图 2-39 所示。

```
<input type="text" id="zhiye" list="career" />
<datalist id="career">
    <option value="工人"></option><option value="医生"></option>
    <option value="公务员"></option>
</datalist>
```

2）output 元素

output 元素的功能是在页面中显示各种不同类型表单元素的内容或运算后的结果，如输入框的值。output 元素需要配合 onFormInput 事件使用，在表单输入框中输入内容时，将触发该事件，从而可方便地获取到表单中各个元素的输入内容。

【例 2-27】 output 元素示例，当改变表单中两个文本框的值时，output 元素的值也随之改变。显示效果如图 2-40 所示。

```
<form oninput="x.value=parseInt(a.value)+parseInt(b.value)">
0<input type="range" id="a" value="50">100
  +<input type="number" id="b" value="50">
  =<output name="x" for="a b"></output>
</form>
```

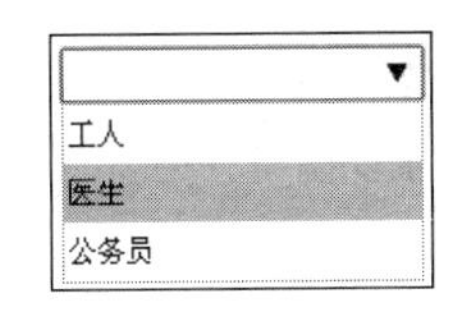

图 2-39　datalist 元素示例

图 2-40　output 元素示例

3）keygen 元素

keygen 元素用于生成页面的密钥。如果在表单中添加该元素，那么当表单提交时，该元素将生成一对密钥：一个称为私钥，将保存在客户端；另一个称为公钥，将发送给服务器，由服务器进行保存。公钥可用于客户端证书的验证。

在表单中，插入一个 name 值为 userinfor 的 keygen 元素，代码如下：

```
<keygen name="userinfor" keytype="rsa" />
```

则会在页面中显示一个如图 2-41 所示的选择密钥位数的下拉框，当选择列表框中的密钥长度值后，提交表单，将根据所选择的密钥位数生成一对公私钥，并将公钥发送给服务器。

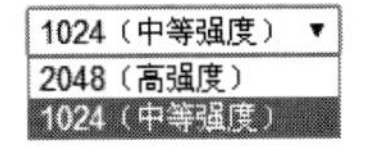

图 2-41　keygen 元素示例

需要指出的是，所有版本的 IE 浏览器都不支持 keygen 元素，因此，如果将 keygen 作为客户端安全保护的一种有效措施，则需要考虑浏览器兼容问题。

2.8 HTML 5的改进

HTML 5是HTML的最新版本,其前身是由网页超文本应用技术工作小组WHATWG(Web Hypertext Application Technology Working Group)于2004年提出的Web Applications 1.0。该标准在2007年被W3C接纳,并成立了新的HTML工作团队。HTML 5的正式版本于2010年9月向公众推荐。

目前,Edge浏览器对HTML 5的支持率达到100%,Safari和Chrome的支持率分别达到98%和92%,Firefox浏览器的支持率为89%。对于不支持HTML 5的旧版浏览器,HTML 5也能让这些浏览器安全地忽略掉HTML 5代码。

HTML 5的新特性

2.8.1 HTML 5新增的标记

与HTML 4.01相比,HTML 5提供了一些新的标记和属性,这些新增的标记主要可分为:①文档结构标记,例如<nav>(导航条区域)和<footer>(网页底部)等。这些标记将有利于搜索引擎的索引整理,同时更好地帮助小屏幕装置和视障人士使用;②媒体元素标记,如<audio>和<video>标记;③新的表单标记等,具体如表2-13所示。

表2-13 HTML 5新增的标记

标记名	格 式	用 法
<video>	<video>…</video>	插入视频
<audio>	<audio> … </audio>	插入音频
<canvas>	<canvas id="" width="" …>… </canvas>	画布标记,用来绘制图形
<command>	<command type="">…</command>	定义命令按钮
<datalist>	<datalist id=" ">…</datalist>	定义输入框的附带下拉列表
<meter>	<meter >…</meter>	定义数值条
<progress>	<progress>…</progress>	定义进度条
<time>	<time datetime=""></time>	定义机器可读的日期或时间
<summary>	<summary>…</summary>	定义元素的摘要
<details>	<details>…</details>	定义元素的细节,常与<summary>标记配合
<figure>	<figure>…</figure>	定义一种媒体内容(如图像、图表、照片、代码等)
<figcaption>	< figcaption >…</figcaption>	定义figure元素的标题
<mark>	<mark>突出的文本</mark>	给文本加背景色以突出显示
<ruby>	<ruby>ruby注释<rt>解释</rt></ruby>	定义ruby语言的注释

下面给出一些HTML 5标记的使用示例。

1. <meter>与<progress>标记

<meter>与<progress>属于状态交互元素,类似于进度条。这两个标记的属性中,

value 用于设置元素展示的实际值,默认为 0;min 和 max 用于设置元素展示的最小值和最大值;low 和 high 用于设置元素展示的最低值和最高值,其范围应在 min 和 max 值的范围内。

【例 2-28】 <meter>与<progress>进度条使用示例,其显示效果如图 2-42 所示。

```
<p>速度: <meter value="120" min="0" max="220" low="0" high="160">
120</meter>km</p>
<p>剩余油量: <progress value="30" max="100">30/100</progress></p>
```

2. <details>与<summary>标记

<details>初始时只会显示其中 summary 元素的内容,当用户单击 summary 元素时,会展开显示 details 元素的所有内容。例 2-29 为示例代码。

【例 2-29】 <details>与<summary>示例,单击 summary 元素后,显示效果如图 2-43 所示。

```
<details>
    <summary>衡阳师范学院</summary>
        <p>湖南省直属的一所普通全日制公办本科院校</p>
</details>
```

图 2-42 <meter>与<progress>标记示例

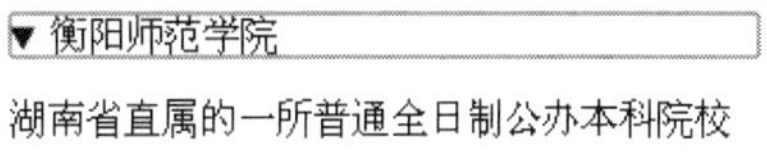

图 2-43 <details>与<summary>标记示例

提示: 在 HTML 5 中,已经取消了一些过时的 HTML 4 标记。这主要包括: ①字体标记,如<font>、<b>、<center>、<marquee>等,它们已经被 CSS 取代; ②Java 小程序嵌入标记<applet>; ③框架标记<frameset>、<frame>等。

2.8.2 HTML 5 语法的改进

1. 文档类型声明的改进

HTML 4.01 中的文档类型声明 DOCTYPE 需要对 DTD 进行引用,因为 HTML 4.01 基于 SGML。而 HTML 5 不是基于 SGML,不需要对 DTD 进行引用。

在 HTML 5 中声明文档类型(DOCTYPE)的代码如下,已经变得非常简洁。

```
<!DOCTYPE html>
```

2. 指定字符编码

HTML 5 仍然使用 meta 属性指定文档的字符编码,但代码已经简化如下。

```
<meta charset="utf-8">
```

3. 属性书写的简化

HTML 5 对标记和属性的写法又回归到简化的风格,这包括: 属性如果只有唯一值

(如checked),则可省略属性值;属性值两边的引号也可省略。下面的写法都是正确的:

```
<input type="text" name="pwd" required>
<img src=foo alt=bar>
<p class=foo>Hello world</p>
```

4. 超链接可以包含块级元素

过去,想给很多块级元素添加超链接,只能在每个块级元素内嵌入a标记。在HTML 5中,只要简单地把所有内容写在一个链接元素中就可以了。示例代码如下:

```
<a href="#">
    <h2>标题文本</h2>
    <p>段落文本</p>
</a>
```

5. 支持自定义属性data-＊

HTML 5中添加了自定义属性data-＊,用于保存自定义的数据,同时还添加了获取自定义属性的API:dataset。

【例2-30】 用data-＊设置自定义属性并使用JavaScript获取属性值。

```
<div id="content" data-edit="张三">…</div>  <!--设置自定义属性data-edit-->
<script>
    var content=document.getElementById("content");     //获取content元素
    alert(content.dataset['edit']);            //获取data-edit属性中的数据
</script>
```

2.8.3 HTML 5的绘图功能

HTML 5的<canvas>标记提供了画布功能,<svg>标记提供了绘制矢量图形的功能。

1. <canvas>标记

<canvas>标记称为画布标记,用于在网页上绘制图形。canvas本身没有绘制图形的能力,所有的绘制工作必须借助JavaScript程序完成。画布是一个矩形区域,在画布上可绘制图形、添加文字、填充颜色和插入图片。

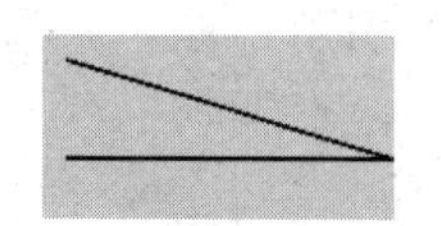
图2-44 使用canvas绘制图形

【例2-31】 <canvas>标记的使用步骤示例,其运行效果如图2-44所示。

(1) 创建canvas元素,并定义元素的ID,设置元素的宽度和高度:

```
<canvas id="myCanvas" width="200" height="100"></canvas>
```

(2) 通过JavaScript获取canvas元素,并绘制图形。canvas的坐标起始点为左上角。

```
<script>
var c=document.getElementById("myCanvas");     //获取myCanvas元素
```

```
var cxt=c.getContext("2d");
cxt.fillStyle="#ffff00";                  //设置填充颜色
cxt.fillRect(0,0,150,75);                 //绘制矩形
cxt.moveTo(10,10);                        //将画笔移动到坐标位置
cxt.lineTo(150,50);                       //产生线条
cxt.lineTo(10,50);
cxt.stroke();                             //绘制路径
</script>
```

其中,getContext( )方法返回一个用于在画布上绘图的环境。该方法的参数目前只能是 2d,它指定是进行二维绘图(目前 canvas 标记不支持 3D 绘图),该方法返回一个环境对象,该对象导出一个二维绘图的 API。

【例 2-32】　用 canvas 标记把一个图像文件展示在画布上。

```
<canvas id="myCanvas" width="600" height="500">
<script>
var c=document.getElementById("myCanvas");
var cxt=c.getContext("2d");
var img=new Image()
img.src="images/car.jpg"                       //指定图像文件的 URL
img.onload = function (){                      //确保图片已经加载完毕
    cxt.drawImage(img, 10,10,540,460); }  //从坐标点(10,10)开始装载图片
</script>
```

其中,drawImage( )方法用于在画布上定位图像,并规定图像的宽度和高度。

2. <svg>标记

SVG(Scalable Vector Graphics)是一种使用 XML 描述 2D 图形的语言,用于定义用于网页的基于矢量的图形,因此 SVG 图像在放大时其质量不会发生改变。SVG 基于 XML,这意味着 SVG DOM 中的每个元素都是可用的,可以为这些元素附加 JavaScript 事件。

【例 2-33】　使用 SVG 绘制五角星的示例,效果如图 2-45 所示。

```
<!DOCTYPE html>
<html><body>
<svg xmlns="http://www.w3.org/2000/svg" version="1.1" height="190">
  <polygon points="100,5 40,180 190,60 10,60 160,180"
  style="fill:lime;stroke:purple;stroke-width:5;fill-rule:evenodd;" />
</svg>          <!--points 属性的值是 5 个顶点的 x、y 坐标-->
</body></html>
```

图 2-45　使用 SVG 绘制五角星

SVG 还支持矢量动画,其动画功能比 CSS 3 动画功能更加强大,比如能让动画沿着一条指定的路径运动,能通过其他元素触发动画播放等。

【例 2-34】 SVG 动画的示例,单击圆(circle 元素),“船”字就会向右匀速移动。

```
<svg id="svg" width="720" height="200" xmlns="http://www.w3.org/2000/
svg">
    <circle id="circle" cx="100" cy="100" r="50"></circle>
    <text font-family="microsoft yahei" font-size="120" y="160"
        x="160">船
        <animate attributeName="x" to="360" begin="circle.click"
            dur="3s" />
    </text>
</svg>
```

SVG 的图形绘制功能已被 IE 9+浏览器支持,但所有 IE 浏览器(包括 IE 11)都不支持 SVG 的动画功能,而 Chrome、Firefox 浏览器能支持 SVG 的动画功能。

提示:SVG 和 canvas 的区别:SVG 绘制的是矢量图形,而 canvas 绘制的是位图图像;SVG 是行内元素,而 canvas 是块级元素;SVG 基于 XML 绘制,而 canvas 基于 JavaScript 绘制。

2.8.4 HTML 元素的分类

HTML 文档是由各种 HTML 元素组成的,网页中文字、图像、链接等所有内容都是以元素的形式定义在 HTML 代码中的,因此元素是构成 HTML 文档的基本部件。元素是用标记表现的,一般起始标记表示元素的开始,结束标记表示元素的结束。通常把 HTML 标记(如<p>…</p>)和标记之间的内容组合称为元素。

HTML 元素可分为“有内容的元素”和“空元素”两种。“有内容的元素”由起始标记、结束标记和两者之间的内容组成,其中元素内容既可以是文字内容,也可以是其他元素。例如,图 2-3 中,起始标记<p>和结束标记</p>定义元素的开始和结束,它的元素内容是文字“标记中的内容”;而起始标记<html>与结束标记</html>组成的元素,它的元素内容是另外两个元素 head 和 body。“空元素”则只有起始标记,而没有结束标记和元素内容。例如,
就是空元素,可见“空元素”对应单标记。

标记相同而标记中的内容不同应视为不同的元素,同一网页中标记和标记的内容都相同的元素如果出现两次,也应视为两个不同的元素,因为浏览器在解释 HTML 中每个元素时都会为它自动分配一个内部 id,不存在两个元素的 id 也相同的情况。

想一想:在如下代码中,<body>标记内共有多少个元素?

```
<html><body>
<a href="box.html"><img src="cup.gif" border="0" align="left" /></a>
<p>图片的说明内容</p><br>
<p>图片的说明内容</p>
</body></html>
```

答案:5 个,即 1 个 a 元素、1 个 img 元素、2 个 p 元素和 1 个 br 元素。

1. 行内元素和块级元素

HTML 元素又可分为“行内元素”和“块级元素”。例 2-35 的显示效果如图 2-46 所示,注意这些元素在浏览器中是如何排列的。

【例 2-35】 行内元素和块级元素示例。

```
<html><body>
    <h2>Web 标准</h2><a href="#">W3C 主页</a>
    <img src="arrow.gif" width="16" height="16" /><b>结构</b>
    <font>表现</font><span>行为</span>
    <p>结构标准语言 XHTML</p><ul><li>表现标准语言 CSS</li></ul>
    <div>行为标准语言 JavaScript</div>
</body></html>
```

在图 2-46 中,h2、p、div 这些元素会占满一整行,而 a、img、span 这些元素在一行中从左到右排列,它们占据的宽度是刚好能容纳元素中内容的最小宽度。

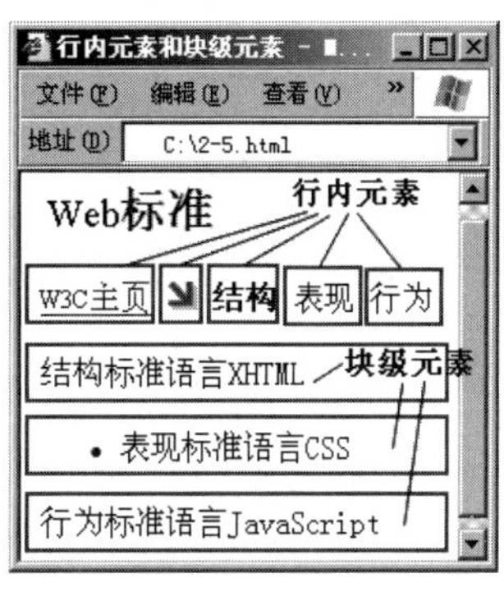

图 2-46 行内元素和块级元素

根据元素是否会占据一整行,HTML 元素可分为行内元素和块级元素。

行内(inline)元素是指元素与元素之间从左到右并排排列,只有当浏览器窗口容纳不下,才会转到下一行,块级(block)元素是指每个元素占据浏览器一整行位置,块级元素与块级元素之间自动换行,从上到下排列。块级元素内部可包含行内元素或块级元素,行内元素内部可包含行内元素,但不得包含块级元素。另外,p 元素内部也不能包含其他块级元素。

常见的块级元素有 div、h1~h6、ol、ul、li、dl、td、dd、table、tr、th、td、p、br、form;常见的行内元素有 span、a、img、em、strong、textarea、select、option、input。行内元素的大小由其内容决定,不可以设置宽和高,但 img、input 元素除外。

2. <div>和<span>标记

<div>和<span>是不含语义的标记,用来在标记中放置任何网页元素(如文本、图像等)。就像一个容器一样,当把内容放入后,内容的外观不会发生任何改变,这样有利于内容和表现分离。应用容器标记的主要作用是通过引入 CSS 属性对容器内的内容进行设置。div 和 span 唯一的区别是: div 是块级元素,span 是行内元素。

【例 2-36】 div 元素和 span 元素示例,其显示效果如图 2-47 所示。

```
<html><body>
    <div>div 元素 1</div>    <div>div 元素 2</div>
    <span>span 元素 1</span><span>span 元素 2</span>
</body></html>
```

可见,div 元素作为块级元素,会占满整行,两个元素间上下排列;而 span 元素的宽度

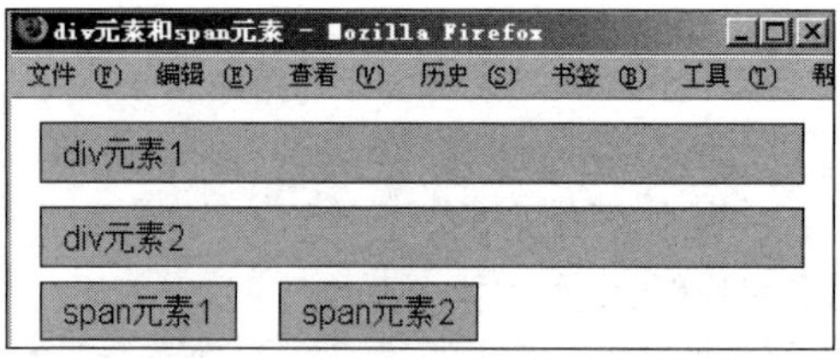

图 2-47　div 元素和 span 元素的区别(利用 CSS 为每个元素添加背景和边框)

不会自动伸展,以能包含它的内容的最小宽度为准,两个元素之间从左到右依次排列。

2.9　HTML 头部标记

网页由 head 和 body 两部分构成,在网页的 head 部分,除 title 标记外,还有其他几个标记,这些标记虽然不常用,但是需要对其有一定的了解。

1. <meta> 标记

meta 是元信息的意思,即描述信息的信息。<meta>标记提供网页文档的描述信息等,如描述文档的编码方式、文档的摘要或关键字、文档的刷新,这些都不会显示在网页上。

<meta>标记可分为两类:如果它具有 name 属性,则表示它的作用是提供页面描述信息;如果它具有 http-equiv 属性,则其作用就变成回应给浏览器一些有用的信息,以帮助正确和精确地显示网页内容。下面是几个例子。

(1) 描述文档的编码方式,用来防止网页变成乱码,例如 gb2312 表示简体中文字库,utf-8 表示国际通用字库。在 DW 的“修改→页面属性→标题/编码”中可更改页面编码方式。如果页面编码方式与<meta>标记声明的编码不一致,那么网页将显示乱码。HTML 5 的文档编码方式声明如下:

```
<meta charset=" utf-8">
```

(2) 描述摘要或关键字,网页的摘要、关键字是为了让搜索引擎能对网页内容的主题进行识别和分类,例如:

```
<meta name="Keywords" content="网页设计,学习" />          <!--设置关键字-->
<meta name="Description" content="学习网页设计的网站" /> <!--设置摘要-->
```

(3) 设置文档刷新,用来让网页经过几秒后自动刷新或转到其他 URL。例如:

```
<meta http-equiv="refresh" content="30">     <!--30s 后自动刷新-->
<meta http-equiv="refresh" content="5; Url=de.htm"><!-- 5s 后自动转到 de.
htm-->
```

2. <link>、<style>和<script>标记

<link>标记用来链接外部 CSS 文件。<style>标记用来在网页头部嵌入 CSS 代码。<script>标记用来链接或嵌入 JavaScript 代码。

【例 2-37】 各种头部标记用法示例。

```
<link href="css/style.css" rel="stylesheet" />  <!--链接一个 CSS 文件-->
<style>h1{font-size:12px;}</style>       <!--嵌入 CSS 代码-->
<script src="js/jquery.js"></script>    <!--链接一个外部 JS 文件-->
<script> function msg() {alert("Hello")}</script>
                                            <!--嵌入 JavaScript 代码-->
```

习　　题

1. HTML 5 的文档对象声明是(　　)。
   A. <!DOCTYPE HTML 5.01>　　B. <!DOCTYPE html5>
   C. <!DOCTYPE HTML 5>　　D. <!DOCTYPE html>
2. 关于 HTML 5,下列说法错误的是(　　)。
   A. HTML 5 是 XHTML 的改进版
   B. HTML 5 需要有文档类型声明
   C. HTML 5 的属性值可以不要引号
   D. HTML 5 需要设置页面编码类型
3. HTML 中最大的标题元素是(　　)。
   A. <head>　　B. <title>　　C. <h1>　　D. <h6>
4. <title>标记应该放在(　　)标记中。
   A. <head>　　B. <table>　　C. <body>　　D. <meta>
5. align 属性的可取值不包括(　　)。
   A. left　　B. center　　C. middle　　D. right
6. (　　)表示表图像元素。
   A. <img>image.gif</img>　　B. <img href="image.gif" />
   C. <img src="image.gif" />　　D. <image src="image.gif" />
7. 要在新窗口打开一个链接指向的网页,需用到(　　)。
   A. href="_blank"　　B. name="_blank"
   C. target="_blank"　　D. href="#blank"
8. 要链接到当前目录上一级目录中的文件,href 的属性值应写成(　　)。
   A. ../文件名　　B. ./文件名　　C. /../文件名　　D. /文件名
9. 相对 URL 不能用来链接(　　)。
   A. 同一目录下的文件　　B. 同一网站下的文件
   C. 上级目录中的文件　　D. 其他网站中的文件
10. 要定义一个锚点,应对 a 标记设置________属性。
11. 如果要在一张图片上添加多个超链接,应使用________。
12. 无序列表标记是________,列表项标记是________。

13. 网页中表示空格的特殊字符是________。

14. 写出至少3个HTML 5中新增的标记：________、________和________。

15. 在HTML 5中,用于播放视频文件的标记是________,要使播放视频时有控制条,应添加________属性。

16. 写出4个常见的行内元素：________、________、________、________。

17. 用于在画布canvas上创建绘图环境的内置函数是________。

18. 简述SVG和canvas的区别。

第3章 CSS语法基础

CSS(Cascading Styles Sheets,层叠样式表),是用于控制网页样式并允许将样式信息与网页内容分离的一种标记性语言。HTML 和 CSS 就是“内容”和“形式”的关系,由 HTML 组织网页内容的结构,而通过 CSS 决定页面的表现形式。

CSS 的主要用途包括两大方面:① 页面元素美化,由于 HTML 的主要功能是描述网页的结构,所以控制网页元素外观的能力很差,如无法精确调整文字大小、行距等,而且不能对多个网页元素进行统一的样式设置,只能一个一个元素地设置。使用 CSS 可实现对网页的外观进行更灵活、丰富的控制,使网页更美观;② 页面布局,利用 CSS 的盒子模型和相关属性可以将网页分栏分块,从而搭建出页面的版式。

3.1 CSS 基础

CSS 基础

CSS 样式表是由一系列样式规则组成,浏览器将这些规则应用到相应的元素上,CSS 语言实际上是一种描述 HTML 元素外观(样式)的语言。

3.1.1 CSS 的语法

CSS 代码包含很多条 CSS 样式规则。一条 CSS 样式规则由选择器(selector,也称选择符)和声明(declarations)组成,如图 3-1 所示。

网页一般由很多 HTML 元素组成,CSS 要将样式规则应用到特定的元素上,就必须先选中这些元素。选择器是为了选中网页中的特定元素,也就是告诉浏览器,这段 CSS 样式规则将应用到哪组(或哪个)元素上。

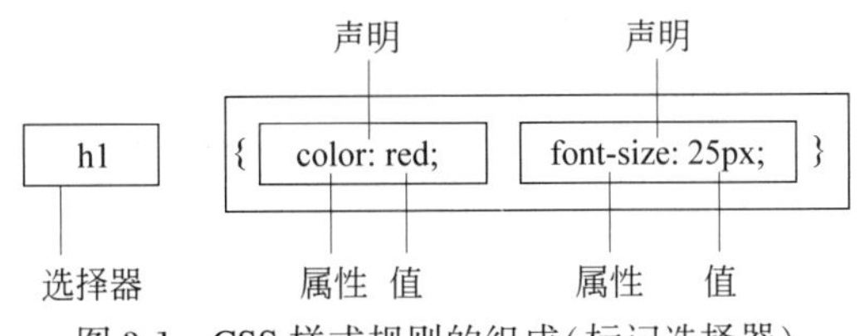

图 3-1　CSS 样式规则的组成(标记选择器)

选择器用来定义 CSS 规则的作用范围,它可以是一个标记名,表示将网页中所有该标记的元素全部选中。图3-1中的h1就是一个标记选择器,它会将网页中所有<h1>标记的元素全部选中,选择器还可以是".类名"或"#id名",它们的作用范围如图3-2所示。

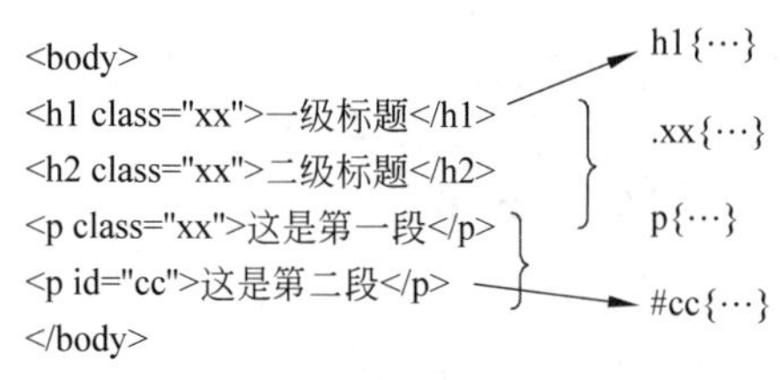

图3-2　选择器的作用范围

而声明则用于定义选中元素的样式。介于大括号{}的所有内容都是声明,声明又分为属性(property)和值(value),图3-1中为<h1>标记的元素定义了两个属性,作用是使所有h1元素的文本变为红色、25像素大小。

属性是CSS样式控制的核心,CSS提供了丰富的样式属性,如颜色、大小、背景等,绝大多数CSS属性都是公共属性,任何HTML元素都可以使用。表3-1列出了一些常用的CSS属性。

表3-1　一些常用的CSS属性

CSS属性	含　义	举　例
font-size	字体大小	font-size:14px;
color	字体颜色(仅能设置字体的颜色)	color:red;
line-height	行高	line-height:160%;
text-decoration	文本修饰(如增、删下画线)	text-decoration:none;
text-indent	文本缩进	text-indent:2em;
background-color	背景颜色	background-color:#ffeeaa;

CSS的属性和值之间用冒号隔开(注意CSS属性和值的写法与HTML属性的区别)。如果要设置多个属性,可以书写多条声明,每条声明之间用分号隔开。

对于属性值的书写,有以下规则:

- 如果属性的某个值是多个单词或者是中文,则值要用引号引起来,如p{font-family:"sans serif"};
- 如果一个属性有多个值,则每个值之间要用空格隔开,如a{padding:6px 0 3px};
- 如果要为某个属性设置多个候选值,则每个值之间用逗号隔开,如p{font-family:"Times New Roman",Times,serif}。

引入CSS的方法

3.1.2　在HTML中引入CSS的方法

HTML和CSS是两种作用不同的语言,它们同时对一个网页产生作用,必须通过一些方法,将CSS与HTML挂接在一起,才能正常工作。

在HTML中,引入CSS的方法有行内式、嵌入式、链接式和导入式4种。

1. 行内式

所有HTML标记都有一个通用的属性style,行内式就是将元素的CSS规则作为style属性的属性值写在元素的标记内,例如:

```
<p style="color: red; line-height:160% ;" width="92% ">一段</p>
```

行内式引入的优点是：由于 CSS 规则就写在标记内，其作用对象就是该元素，所以无须书写 CSS 选择器。如果需要做测试或对个别元素设置 CSS 属性时，可以使用这种方式，只需要书写属性和值，但它没有体现出 CSS 统一设置许多元素样式的优势。

2. 嵌入式

嵌入式将页面中各种元素的 CSS 样式设置集中写在<style>和</style>之间，<style>标记是专用于引入嵌入式 CSS 的一个 HTML 标记，它只能放置在文档头部，即<style>…</style>只能放置在文档的<head>和</head>之间，例如：

```
<head>
<style>                    <!--<style>标记用来嵌入 CSS 代码-->
h1{    color: red;
       font-size: 25px;    }
</style>
</head>
```

为单一的网页设置样式，嵌入式使用更方便，本书接下来的 CSS 代码一般都采用这种方式，但是，对于一个包含很多网页的网站来说，如果每个网页都以嵌入式的方式设置各自的样式，不仅麻烦，冗余代码多，而且网站中各个页面的风格不好统一。因此，对于一个网站来说，通常都是编写独立的 CSS 文件，使用以下两种方式之一，引入网站的所有 HTML 网页文档中。

3. 链接式和导入式

当样式需要应用于很多页面时，外部样式表（外部 CSS 文件）将是理想的选择。所谓外部样式表，就是将 CSS 代码保存成一个单独的文本文件，并将文件的后缀名命名为 .css。链接式和导入式的目的都是将外部 CSS 文件引入 HTML 文件中，其优点是可以让很多网页共享同一个 CSS 文件。

链接式是在网页头部通过<link>标记引入外部 CSS 文件，例如：

```
<link href="style1.css" rel="stylesheet" />
```

而导入式是通过 CSS 规则中的@import 指令导入外部 CSS 文件，例如：

```
<style>@ import url("style2.css");
</style>
```

链接式和导入式最大的区别在于，链接式使用 HTML 的标记引入外部 CSS 文件，而导入式则是用 CSS 的规则引入外部 CSS 文件，因此它们的语法不同。

此外，这两种方式的显示效果也略有不同。使用链接式时，会在装载页面主体部分之前装载 CSS 文件，这样显示出来的网页一开始就带有样式效果；而使用导入式时，则在整个页面装载完之后再载入 CSS 文件，如果页面文件比较大，则开始装载时会显示无样式的页面。从浏览者的感受来说，这是使用导入式的一个缺陷。

提示：*在初学 CSS 或制作单个网页时，为了方便，可采取行内式或嵌入式方法引入*

CSS。但若要制作网站,则主要采用链接式引入外部CSS文件,以便能对网站内的所有页面统一设置风格,且能通过改变一个外部CSS文件,改变整个网站所有页面的样式。

选择器的分类

3.1.3 选择器的分类

选择器是为了定义CSS规则的作用范围,为了能够灵活选中网页中的某个或某些元素。CSS定义了很多种选择器,其中基本的CSS选择器有标记选择器、类选择器、id选择器3种。

1. 标记选择器

标记是元素的固有特征,标记选择器用来声明哪种标记采用哪种CSS样式。因此,每个HTML标记名都可以作为相应的标记选择器的名称。标记选择器形式如图3-1所示,它将具有该标记名的所有元素全部选中。

【例3-1】 标记选择器使用示例。

```
<style>
p{                          /*标记选择器*/
    color:blue;    font-size:18px;    }
</style>
    <p>选择器之标记选择器 1</p>         <!--蓝色,18 像素大-->
    <p>选择器之标记选择器 2</p>         <!--蓝色,18 像素大-->
    <p>选择器之标记选择器 3</p>         <!--蓝色,18 像素大-->
    <h3>h3 则不适用</h3>
```

以上所有p元素都会应用p标记选择器定义的样式,h3元素不会受到影响。

提示: 本书对代码采用了简略写法,书中CSS代码均采用嵌入式方式引入HTML文档中。因此,读者只要将代码中的<style>…</style>部分放置在文档的<head>和</head>之间,将其他HTML代码放置在<body>和</body>之间,就能还原成可运行的原始代码。

2. 类选择器

标记选择器一旦声明,页面中所有该标记的元素都会产生相应的变化。例如,当声明<p>标记为红色时,页面中所有的p元素都将显示为红色。如果希望其中某些p元素不是红色,而是蓝色,就需要将这些p元素自定义为一类,用类选择器选中它们;或者希望不同标记的元素属于同一类,应用同一样式,如希望某些p元素和h3元素都是蓝色,则可以将这些不同标记的元素定义为同一类。

也就是说,标记选择器根据元素的固有特征(标记名)分类,好比人可以根据固有特征"肤色"分为黄种人、黑种人和白种人,而类选择器是人为地对元素分类,比如人又可以分为教师、医生、公务员等这些社会自定义的类别。

要应用类选择器,首先应给相应的元素添加一个HTML属性:class,为元素定义类名。如果对不同的元素定义相同的类名,那么这些元素将被划分成同一类,例如:

```
<h3 class="test">将该元素划入 test 类</h3>
<p class="test">将该元素划入 test 类</p>
```

再根据类名定义类选择器来选中该类元素,类选择器以半角“.”开头,格式如下:

```
.test{color: red; font-size:20px;}
```

【例 3-2】 类选择器使用示例,运行效果如图 3-3 所示。

```
<style>
.one{                 /*类选择器.one*/
   background-color: red;      }     /*背景颜色为红色*/
.two{                 /*类选择器.two*/
   font-size:12px;      }           /*字体为 12 像素大*/
</style>
   <p>无类名,作为对比</p>
   <p class="one">应用.one 样式</p>
   <p class="two">应用.two 样式</p>
   <p class="one  two">同时应用.one 和.two 样式</p>
   <h3 class="two">h3 也应用.two 样式</h3>
```

其中两个 p 元素和 h3 元素被定义成同一类,而第四行通过 class=" one two" 将同时应用两种类选择器的样式,得到红色 12 像素的大字体。对一个元素定义多个类名是允许的,就好像一个人既属于教师又属于作家一样。第一行的 p 元素因未定义类别名则不受影响,仅作为对比。

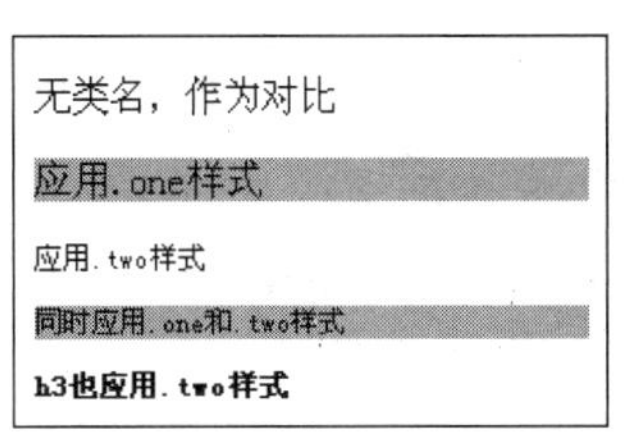

图 3-3 类选择器示例

3. id 选择器

id 选择器的使用方法与类选择器基本相同。不同之处在于,一个 id 选择器只能应用于一个元素,而类选择器可应用于多个元素。id 选择器以半角“#”开头,例如:

```
#one {color: blue; font-size:18px;}
```

要应用 id 选择器定义的样式,首先必须给元素添加 id 属性,如<img id=" pic1" >。

【例 3-3】 id 选择器使用示例,运行效果如图 3-4 所示。

```
<style>
#one{
   font-weight:bold;    }                    /*粗体*/
#two{
   font-size:24px;                           /*字体大小*/
   background-color:#ff9;     }              /*背景颜色*/
</style>
   <p id="one">ID 值为 one</p>               <!--第 1 行粗体-->
   <p id="two">ID 值为 two</p>               <!--第 2 行字体、背景颜色改变 -->
   <p id="two">ID 值为 two</p>               <!--错误用法-->
   <p id="one two">ID 值为 one two</p>       <!--错误用法-->
```

本例中,第 1 行应用了#one 定义的样式。而第 2 行和第 3 行将同一个 id 选择器应用到两个元素上,显然违反了一个 id 选择器只能应用在一个元素上的规定,但浏览器却也应用了 CSS 样式且没有报错。

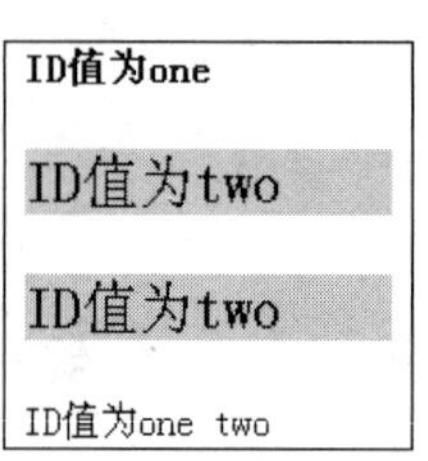

图3-4 id选择器示例

尽管如此,在编写CSS代码时,还是应该养成良好的编码习惯,一个id最多只能赋予一个HTML元素,因为每个元素定义的id不只是CSS可以调用,JavaScript等脚本语言也可以调用,如果一个HTML文档中有两个相同id属性的元素,那么将导致JavaScript在查找id时出错(如getElementById()函数)。

第4行在浏览器中没有任何CSS样式风格显示,这意味着id选择器不支持像class选择器那样的多个id名同时使用。因为每个元素和它的id是一一对应的关系,不能为一个元素指定多个id,也不能将多个元素定义为一个id。类似id="one two"这样的写法是错误的。

关于类名和id名是否区分大小写,CSS大体上是不区分大小写的语言,但类名和id名是否区分大小写取决于标记语言是否区分大小写,如果使用HTML 5或XHTML文档类型声明,那么类名和id名是区分大小写的。另外,id名或类名的第一个字符不能为数字。

3.1.4 CSS文本修饰

文本的美化是网页美观的一个基本要求。通过CSS强大的文本修饰功能,可以对文本样式进行更加精细的控制,其功能远比HTML中的<font>标记强大。

CSS中控制文本样式的属性主要有font-属性类和text-属性类,再加上修改文本颜色的color属性和行高line-height属性,DW中这些属性的设置是放在CSS规则定义面板的"类型"和"区块"中的。

【例3-4】 利用CSS文本属性修饰文本,其显示效果如图3-5所示。

```
<style>
    h1 {font-size: 16px;  text-align: center;  letter-spacing: 0.3em;}
    p {font-size: 14px;  line-height: 160% ;  text-indent: 2em;margin:0;}
    .source {color: #999; font-size:13px;  text-align: right;}
</style>
<h1>思考的权利</h1>
<p class="source">2022年5月11日 灯下随笔</p>
<p>目前家长热衷于给孩子上各种各样的培训班、补习班。</p>
<p>在学习遇到难题时,不妨出去散步,刚才理解不了的问题往往散步时突然就想明白了。</
p>
```

例3-4中用到的CSS属性说明如下。

- text-indent：首行缩进,段前空两格就是用text-indent：2em实现的。
- line-height：行距,160%表示行距为字体高度的1.6倍。
- letter-spacing：设置字符间的水平间距。
- text-align：设置文本的水平对齐方式。
- color：设置字体颜色(只能设置字体颜色,不能设置其他颜色)。

大多数HTML元素在浏览器中的默认行距是单倍行距,显得过窄。因此,制作网页时一般要对CSS文本属性进行调整,网页中常用的字体大小有16px和18px,目前网页文

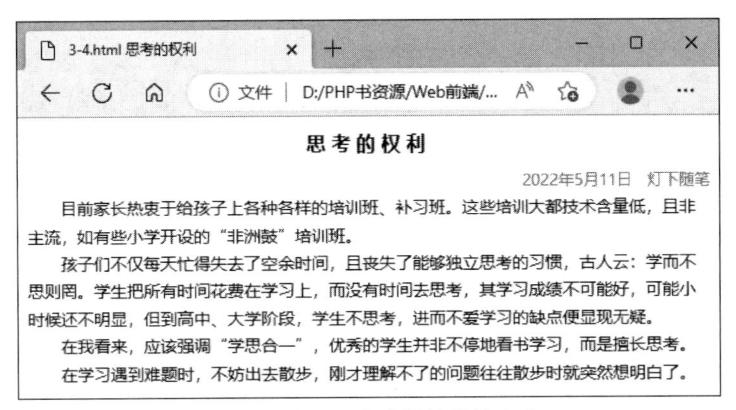

图 3-5　用 CSS 文本属性修饰文本

本样式设计的趋势是采用大字体、大行距。

如果要设置的字体属性过多，可以使用字体缩写属性：font，例如“font：12px/1.6 Arial；”表示 12 像素字体大小、1.6 倍行距，但必须同时定义字体和字号才有效，因此这条规则中定义的字体“Arial”是不能省略的。

3.2　CSS 的特性

CSS 的特性

CSS 具有两大特性：层叠性和继承性。利用这两大特性可大大减少 CSS 代码的编写。

3.2.1　CSS 的层叠性

所谓层叠性，是指多个 CSS 选择器的作用范围发生了叠加，比如页面中某些元素同时被多个选择器选中（就好像同一案例适用于多个法律条文一样）。层叠性讨论的问题是：当有多个选择器都作用于同一元素时，CSS 该如何处理？

CSS 的处理原则是：

（1）如果多个选择器定义的规则未发生冲突，则元素将应用所有选择器定义的样式。

【例 3-5】　选择器层叠不冲突时的样式，其显示效果如图 3-6 所示。

```
<style>
p{                                      /*标记选择器*/
   color:blue;    font-size:14px;}
.extra{                                 /*类别选择器*/
   font-weight: bold; text-decoration:underline; }
#bb1{                                   /*id 选择器*/
   background-color:#FF9; }             /*背景颜色为黄色*/
</style>
<p>标记选择器选中</p><p>标记选择器 2</p>
<p class="extra">标记选择器、类选择器均选中</p>
<p id="bb1" class="extra">标记选择器、类选择器和 id 选择器均选中</p>
```

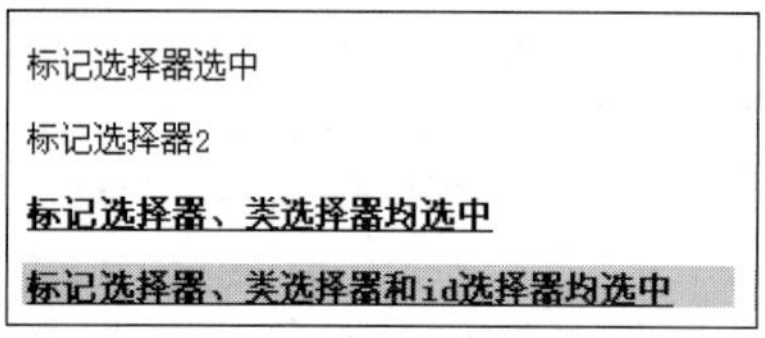

标记选择器选中

标记选择器2

标记选择器、类选择器均选中

标记选择器、类选择器和id选择器均选中

图 3-6　选择器层叠不冲突时的样式

在代码中,所有 p 元素都被标记选择器 p 选中,同时第 3、4 个 p 元素又被类选择器.special 选中,第 4 个 p 元素还被 id 选择器 underline 选中,由于这些选择器定义的规则没有发生冲突,因此被多个选择器同时选中的第 3、4 个元素将应用多个选择器定义的样式。

(2) 如果多个选择器定义的规则发生了冲突,则 CSS 按选择器的优先级让元素应用优先级高的选择器定义的样式。CSS 规定选择器的优先级从高到低依次为

```
行内样式 > ID 选择器 > 类选择器 > 标记选择器
```

总的原则是:越特殊的样式,优先级越高。

【例 3-6】 选择器层叠冲突时的样式。

```
<style>
p{                                /*标记选择器*/
   color:blue;                    /*蓝色*/
   font-style: italic;            /*斜体*/      }
.green{                           /*类选择器*/
   color:green;                   /*绿色*/      }
.purple{
   color:purple;                  /*紫色*/      }
#red{                             /*id 选择器*/
   color:red;                     /*红色*/      }
</style>
   <p>这是第 1 行文本</p>         <!-- 蓝色,所有行都以斜体显示 -->
   <p class="green">这是第 2 行文本</p>                     <!-- 绿色 -->
   <p class=" green" id="red">这是第 3 行文本</p>           <!-- 红色 -->
   <p id="red" style="color:orange;">这是第 4 行文本</p>    <!-- 黄橙 -->
   <p class="purple green">这是第 5 行文本</p>              <!-- 紫色 -->
```

由于类选择器的优先级比标记选择器的优先级高,而类选择器中定义的文字颜色规则和标记选择器中定义的发生了冲突,因此被两个选择器都选中的第 2 行 p 元素将应用.green 类选择器定义的样式,而忽略 p 选择器定义的规则,但 p 选择器定义的其他样式还是有效的。因此,第 2 行 p 元素显示为绿色斜体的文字;同理,第 3 行 p 元素将按优先级高低应用 ID 选择器的样式,显示为红色斜体;第 4 行 p 元素将应用行内样式,显示为橙色斜体;第 5 行 p 元素同时应用了两个类选择器 class="purple green",两个选择器的优先级相同,这时会以 CSS 代码中后出现的选择器(.purple)为准,显示为紫色斜体。

(3) !important 关键字。

!important 关键字用来强制提升某条声明的重要性。如果在不同选择器中定义的声明发生冲突,而且某条声明后带有!important,则优先级规则为"!important >行内样式 > ID 选择器 > 类选择器 > 标记选择器"。对于例 3-6,如果给.green 选择器中的声明后添加!important,则第三行和第五行文本都会变为绿色,在任何浏览器中都是这种效果。

```
.green{                                    /＊类选择器＊/
    color:green!important;     }    /＊通过!important 提升该选择器的优先级＊/
```

如果在同一选择器中定义了两条相冲突的规则，那么 IE 6 总是以最后一条规则为准，不认!important，而 Chrome/IE 7+以定义了!important 的为准。

```
#box {
    color:red!important;           /＊除 IE 6 外的其他浏览器以这条规则为准＊/
    color:blue;       }            /＊IE 6 总是以最后一条规则为准＊/
```

!important 用法总结：①若在同一选择器中定义的多条样式发生冲突，则 IE 6 会忽略样式后的!important 关键字，总是以最后定义的那条样式为准；②如果在不同选择器中定义的样式发生冲突，那么所有浏览器都以!important 样式的优先级为最高。

3.2.2　CSS 的继承性

CSS 的继承性是指如果子元素定义的样式没有和父元素定义的样式发生冲突，那么子元素将继承父元素的样式风格，并可以在父元素样式的基础上再添加新的样式，而子元素的样式风格不会影响父元素。

【例 3-7】　CSS 的继承性示例，显示效果如图 3-7 所示。

```
<style>
body {
    text-align: center;  font-size: 14px;  text-decoration: underline;   }
p {    background-color:#FF9; }        /＊背景为黄色＊/
.write{    text-align: right; }
</style>
    <h2>十二星座传说</h2><!--蓝色-->
    <p><em>白羊座</em>的传说</p>
    <p>天蝎座的传说</p>
    <p class="write">作者：莫某某</p>
```

本例中，body 标记选择器定义的文本居中，14px 字体、带下画线等属性都被所有子元素（h2 和 p）所继承，因此前 3 行完全应用了 body 定义的样式，而且 p 元素还把它继承的样式传递给了子元素 em，但第四行的 p 元素由于通过“.write”类选择器重新定义了右对齐的样式，因此将覆盖父元素 body 的居中对齐，显示为右对齐。

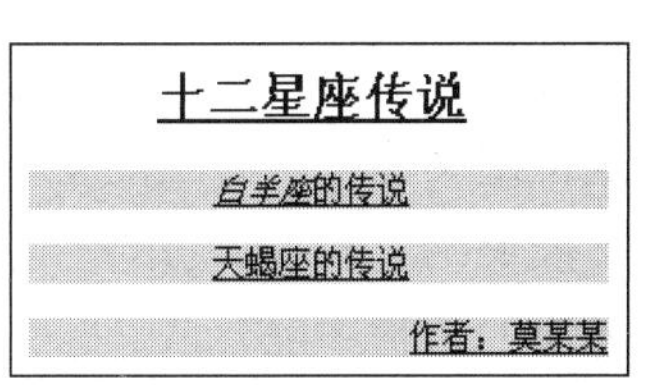

图 3-7　CSS 的继承性示例

由于浏览器对 h2 标题元素预定义了默认样式，该样式覆盖了 h2 元素继承的 body 标记选择器定义的 14px 字体样式，结果显示为 h2 元素的字体大小，粗体。可见，继承的样式比元素的浏览器默认样式的优先级还要低。如果要使 h2 元素显示为 14px 大小，需要对该元素直接定义字体大小，以覆盖浏览器默认样式。

CSS 的继承贯穿整个 CSS 设计的始终，每个标记都遵循 CSS 继承的概念。可以利用这种巧妙的继承关系，大大缩减代码的编写量，并提高可读性，尤其在页面内容很多且关系复杂的情况下。例如，如果网页中大部分文字的字体大小都是 14px，则可以对 body 元素定义字体大小为12像素。这样,其他元素都会继承这一样式,就不需要对这么多的子元素分别定义样式了,有些特殊的地方如果字体大小要求是18px,则可再利用类选择器或id选择器对它们单独定义。

实际上,HTML文档是一个如图3-8所示的树状结构(称为文档对象模型(DOM)),因此HTML中的元素都存在继承关系,CSS的继承性正是基于元素的这种继承关系。

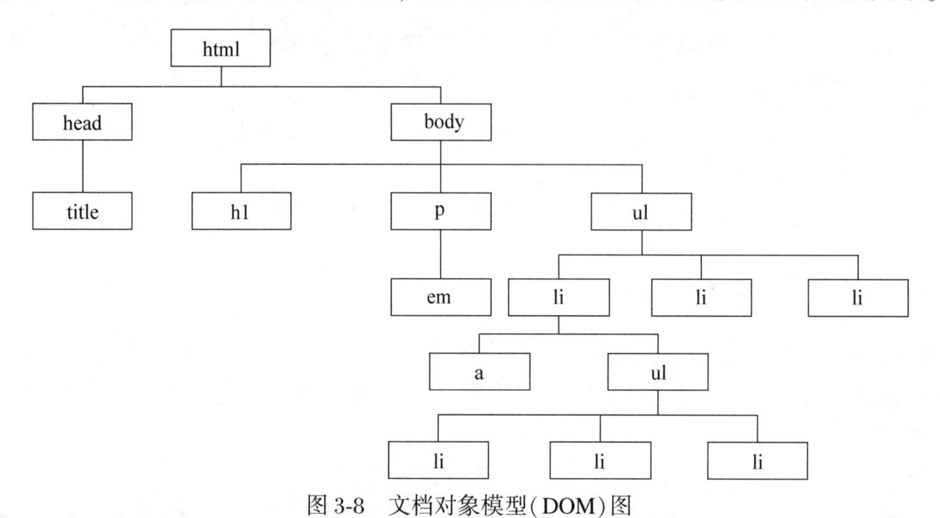

图3-8 文档对象模型(DOM)图

需要指出,并不是所有的CSS属性都具有继承性,一般CSS的文本属性具有继承性,而其他属性(如背景属性、布局属性等)则不具有继承性。

具有继承性的属性大致有:color、font-(以font开头的属性)、text-indent、text-align、line-height、letter-spacing、border-collapse、opacity等。无继承性的属性有text-decoration,所有盒子属性(边框、边界、填充),布局属性(如float)等。

3.2.3 选择器的组合

每个选择器都有它的作用范围,前面介绍的各种基本选择器,其作用范围都是一个单独的集合,如标记选择器的作用范围是具有该标记的所有元素的集合,类选择器的作用范围是自定义的一类元素的集合。如果希望对几种选择器的作用范围取交集、并集、子集以选中需要的元素,就要用到复合选择器了,它是通过对几种基本选择器的组合,实现更强、更方便的选择功能。

复合选择器就是两个或多个基本选择器,通过不同方式组合形成的选择器,主要有交集选择器、并集选择器和后代选择器。

1. 交集选择器

交集选择器由两个选择器直接连接构成,其结果是选中两者各自作用范围的交集。其中第一个必须是标记选择器,第二个必须是类选择器或id选择器。例如,h1.clas1和p#intro这两个选择器之间不能有空格,格式如下。

```
h1.clas1 {color: green; font-size:24px;}
```

交集选择器将选中同时满足前后二者定义的元素,也就是前者定义的标记类型,并且指定了后者类名或 id 的元素。

【例 3-8】 交集选择器应用示例。

```
<style>
p {      color: blue;    }
.special {    color: green;    }
p.special {    color: red;    }
</style>
<p>普通段落文本</p>                                       <!--蓝色-->
<h3>普通 h3 标题文本</h3>
<p class="special">指定了 special 类别的段落</p>           <!--红色-->
<h3 class="special">指定了 special 类别的 h3 标题</h3>     <!--绿色-->
```

例 3-8 中,p 标记选择器选中了第一、三行文本;.special 类选择器选中了第三、四行文本,p.special 选择器选中了第三行文本,是两者的交集,用于对段落文本中的第三行进行特殊控制。第二行未被任何选择器选中,仅作对比。

2. 并集选择器

所谓并集选择器,其实就是对多个选择器进行集体声明,多个选择器之间用","隔开,其中每个选择器都可以是任意类型的选择器。如果某些选择器定义的样式完全相同,或者部分相同,就可以用并集选择器同时声明这些选择器完全相同或部分相同的样式。

【例 3-9】 并集选择器应用示例,其显示效果如图 3-9 所示。

```
<style>
   *{ text-align:center;}          /*通配符选择器*/
   h1,h2,h3,p {font-size: 14px;    background-color:#fcd;}  /*加背景色*/
   h2.extra,#one {text-decoration: underline;}              /*加下画线*/
</style>
   <h1>h1 元素</h1>
   <h2 class="extra">h2 元素</h2>
   <h3>h3 元素</h3>
   <h4 id="one">h4 元素</h4>
   <p class="extra">段落 p 元素</p>
```

代码通过集体声明 h1、h2、h3、p 的样式,为选中的第 1、2、3、5 行的元素添加了背景色,然后对需要特殊设置的第 2、4 行添加了下画线。

上述代码中还使用了通配符选择器"*",网页中的任何元素都会被通配符"*"选中。

h1元素

h2元素

h3元素

h4元素

段落p元素

图 3-9 并集选择器示例

3. 后代选择器

在 CSS 选择器中,还可以通过嵌套的方式,对内层的元素进行控制。例如,当<b>标记被包含在<a>标记中时,就可以使用后代选择器 a b{…}选中出现在 a 元素中的 b 元素。后代选择器的写法是把外层的标记写在前面,内层的标记写在后面,之间用空格隔开。

【例3-10】 后代选择器应用示例,其显示效果如图3-10所示。

```
<style>
a {    font-size: 16px;    color: red;}
a b {background-color:#fcd;}
</style
<b>这是b标记中的文字</b><br />
<a href="#">这是<b>a标记中的b<span>标记</span></b></a>
```

图3-10 后代选择器示例

其中a元素被标记选择器a选中,显示为16px红色字体;而a元素中的b元素被后代选择器a b选中,背景色被定义为淡紫色;第一行的b元素未被任何选择器选中。

同其他CSS选择器一样,后代选择器定义的样式同样也能被其子元素继承。例如,在本例中,b元素内又包含了span元素,那么span元素也将显示为淡紫色。这说明子元素(span)继承了父元素(a b)的颜色样式。

后代选择器的使用非常广泛,实际上不仅标记选择器可以用这种方式组合,类选择器和ID选择器也都可以进行嵌套,而且后代选择器还能进行多层嵌套。例如:

```
.special b { color : red }          /*应用了类special的元素里包含的<b>*/
#menu li { padding : 0 6px ; }      /*ID为menu的元素里包含的<li>*/
td.top .banl strong{ font-size : 16px ; }    /*多层嵌套,同样适用*/
#menu a:hover b        /*ID为menu的元素里的a :hover伪类里包含的<b>*/
```

提示:选择器的嵌套在CSS的编写中可大大减少对class或id的定义。因为在构建HTML框架时,通常只需给父元素定义class或id,子元素能通过后代选择器选择的,则利用这种方式,而不需要再定义新的class或id。

4. 复合选择器的优先级

复合选择器的优先级比组成它的单个选择器的优先级都要高。我们知道基本选择器的优先级是"ID选择器 > 类选择器 > 标记选择器",所以不妨设ID选择器的优先级权重是100,类选择器的优先级权重是10,标记选择器的优先级权重是1,那么复合选择器的优先级就是组成它的各个选择器权重值的和。例如:

```
h1{color:red;}                  /*权重=1*/
p em{color:blue;}               /*权重=2*/
.warning{color:yellow;}         /*权重=10*/
p.note em.dark{color:gray;}     /*权重=22*/
#main{color:black;}             /*权重=100*/
```

当权重值一样时,会采用"层叠原则",一般后定义的会被应用。

【例3-11】 复合选择器优先级计算的例子。

```
<style>
    #aa ul li {color:red  }
    .aa {color:blue  }
</style>
```

```
<div id="aa">
    <ul><li class="aa">
        CSS 常见问题之<em class="aa">复合选择器</em>的优先级
        </li>
    </ul></div>
```

对于<li>标记中的内容,它同时被“#aa ul li”和“.aa”两个选择器选中,由于#aa ul li 的优先级为 102,而.aa 的优先级为 10,所以 li 中的内容将应用#aa ul li 定义的规则,文字为红色,如果希望文字为蓝色,可提高.aa 的特殊性,将其改写成“#aa ul li.aa”。

另外,代码中 em 元素内的文字颜色为蓝色,因为直接作用于 em 元素的选择器只有“.aa”,虽然 em 也会继承“#aa ul li”选择器的样式,但是继承的样式优先级最低,会被类选择器“.aa”定义的样式所覆盖。

综上所述,CSS 样式的优先级如图 3-11 所示。

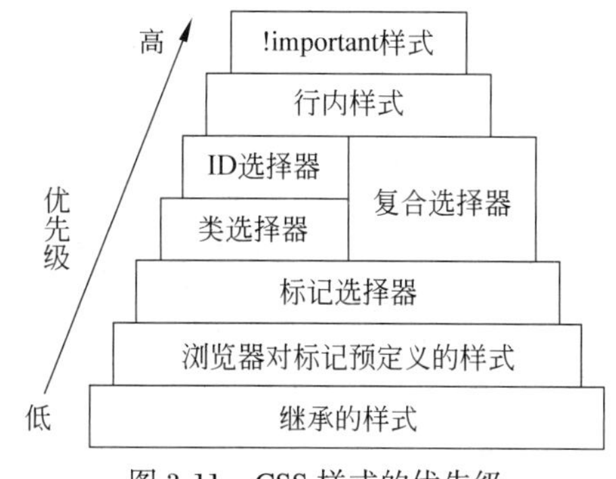

图 3-11　CSS 样式的优先级

其中,浏览器对标记预定义的样式是指对于某些 HTML 标记,浏览器预先对其定义了默认的 CSS 样式,如果用户没有重新定义样式,那么浏览器将按其定义的默认样式显示。常见的 HTML 标记在标准浏览器(如 Chrome)中默认样式如下。

```
body{ margin: 8px; line-height: 1.12em }
h1 { font-size: 2em; margin: .67em 0 }
h2 { font-size: 1.5em; margin: .75em 0 }
h3 { font-size: 1.17em; margin: .83em 0 }
h4, p,blockquote, ul,fieldset, form,ol, dl, dir,menu { margin: 1.12em 0 }
h5 { font-size: .83em; margin: 1.5em 0 }
h6 { font-size: .75em; margin: 1.67em 0 }
h1, h2, h3, h4,h5, h6, b,strong { font-weight: bolder }
```

有些元素的预定义(默认)的样式在不同的浏览器中区别很大,例如 ul、ol 和 dd 等列表元素,IE 中的默认样式是 ul,ol,dd{margin-left:40px;},而 Firefox 中的默认样式定义为 ul,ol,dd {padding-left:40px;}。因此,要清除列表的默认样式,一般可以如下设置:

```
ul, ol, dd {
    list-style-type:none;          /*清除列表项目符号*/
    margin:0;                      /*清除 IE 左缩进*/
    padding:0;                     /*清除非 IE 左缩进*/
}
```

3.3　CSS 高级选择器

为了能够更加灵活地选中网页中的各类元素,CSS 提供了各种高级选择器。

3.3.1 关系选择器

关系选择器用来选中指定元素的儿子、兄弟、后代等元素,它们能给CSS设计带来方便,而且对以后学习jQuery的选择器也是很有帮助的。

1. 子选择器

子选择器用于选中元素的直接后代(即儿子),它的定义符号是大于号(>)。

【例3-12】 子选择器的应用示例。

```
body>p {    color: green;    }
<body>
    <p>这一段文字是绿色</p>
    <div><p>这一段文字不是绿色</p></div>
    <p>这一段文字是绿色</p>
</body>
```

只有第一个和第三个段落的文字会变为绿色,因为它们是body元素的直接后代,所以被选中。而第二个p元素是body的间接后代,不会被选中,如果把(body>p)改为后代选择器(body p),那么三个段落都会被选中。这就是子选择器和后代选择器的区别。后代选择器可选中任何后代。

2. 相邻选择器

相邻(adjacent-sibling)选择器的语法是"E+F",用于选中元素E后面紧邻的一个兄弟(弟弟)F元素(这两个元素具有共同的父元素,并且紧邻在一起)。

【例3-13】 相邻选择器的应用示例。

```
h2+p {    color: red;    }
<h2>下面哪些文字是红色的呢</h2>
<p>第一段</p>                    <!--红色-->
<p>第二段</p>
<h2>下面有文字是红色的吗</h2>
<div><p>第一段</p></div>         <!--该p元素和h2不同级,不会被选中-->
<p>第二段</p>                    <!--没有紧跟在h2后,不会被选中-->
<h2>下面哪些文字是红色的呢</h2>
这一段文字不是红色
<p>第一段</p>                    <!--红色-->
<p>第二段</p>
```

可见,共有两行被选中。其中,在最后一个h2元素后,尽管紧接的是一段文字,但那些文字不属于任何标记,因此紧随这些文字之后的第一个p元素也会被选中。

如果希望紧跟在h2后面的任何元素都变成红色,则可使用如下方法,那么第二个h2后的div元素也会被选中。

```
h2+* {  color: red;  }
```

3. 兄弟选择器

兄弟选择器的语法是“E~F”,用于选中元素E后面的所有兄弟F元素。

【例3-14】 兄弟选择器的应用示例。

```
h2~p {  color: red;  }
<h2>下面哪些文字是红色的呢</h2>
<p>第一段</p>                          <!--红色-->
<p>第二段</p>                          <!--红色-->
<h2>下面有文字是红色的吗</h2>
<div><p>第一段</p></div>               <!--该p元素和h2不同级,不会被选中-->
<p>第二段</p>                          <!--红色-->
<h2>下面哪些文字是红色的呢</h2>
这一段文字不是红色
<p>第一段</p>                          <!--红色-->
<p>第二段</p>                          <!--红色-->
```

可见,兄弟选择器选中了所有的弟弟元素,其选择范围比相邻选择器更广。

3.3.2 属性选择器

引入属性选择器后,CSS变得更加复杂、准确、功能强大。属性选择器主要有3种形式,分别是:匹配属性、匹配属性和值、匹配部分属性值。属性选择器的定义方式是将属性和值写在“[ ]”内,“[ ]”前面可以加标记名、类名等基本选择器。

1. 匹配属性 E[att]

属性选择器选中具有某个指定属性的元素,例如:

```
a[name] {color:purple; }                    /*选中具有name属性的a元素*/
img[border] {border-color:gray;}            /*选中具有border属性的img元素*/
[special]  {color:red;}                     /*选中具有special属性的任何元素*/
```

这些情况下,只要给定属性在元素中出现(无论属性值是什么),便会匹配该属性选择器,还可给元素自定义一个它没有的属性名,如<img special="">,那么这个img元素会被[special]属性选择器选中,这时属性选择器就相当于类选择器或ID选择器的作用了。

2. 匹配属性和值 E[att="val"]

属性选择器也可根据元素具有的属性和值匹配,例如:

```
a[href="http://www.hynu.cn"]  {color:yellow; }
                                            /*选中指向www.hynu.cn的链接*/
input[type="submit"]  {background:purple; }       /*选中表单中的提交按钮*/
img[alt="Sony Logo"][class="pic"] {margin:20px;}/*同时匹配两个属性和值*/
```

这样,用属性选择器就能很容易地选中某个特定的元素,而不用为这个特定的元素定义一个 id 或类,再用 id 或类选择器匹配它了。

3. 匹配部分属性值

CSS 提供了 5 种匹配部分属性值的属性选择器,如表 3-2 所示。

表 3-2 匹配部分属性值的属性选择器

选 择 器	功 能
E[att~="val"]	选择 att 属性值为一用空格分隔的词列表,其中一个词是 val 的 E 元素
E[att*="val"]	选择 att 属性值中包含字符串 val 的 E 元素
E[att|="val"]	选择 att 属性值以“val-”开头或属性值为 val 的 E 元素
E[att^="val"]	选择 att 属性值为以 val 开头的 E 元素
E[att$="val"]	选择 att 属性值为以 val 结尾的 E 元素

其中,E[att~="val"]能匹配属性值列表中的单个属性值,由于对一个元素可指定多个类名,因此匹配单个属性值的选择器就可以选中具有某个类名的元素,这才是它的主要用途。

【例 3-15】 属性选择器的应用示例。

```
h2[class~="two"] { color: red;}        /*匹配具有类名为 two 的 h2 元素*/
h2[class*="wo"]{ font-style:italic;}
h2[class$="ree"]{ text-decoration:underline;}
h2[class^="on"]{ background-color:#fcc;}
p[data|="a"] { color:green; font-weight:bold; }
<h2 class="one two three">文字是红色</h2>
<p data="a-test">这一段文字是绿色</p>
```

:hover 伪类选择器

3.3.3 伪类选择器

伪类(pseudo-class)是用来表示动态事件、状态改变或者在文档中以其他方法不能轻易实现的情况——例如用户的光标悬停或单击某元素。总的来说,伪类可以对目标元素出现某种特殊的状态应用样式。这种状态可以是光标停留在某个元素上,或者是访问一个超链接。伪类允许设计者自由指定元素在一种状态下的外观。

1. 常见的伪类选择器

常见的伪类有 4 个,分别是:link(链接)、:visited(已访问的链接)、:hover(光标悬停状态)和:active(激活状态)。其中前面两个称为**链接伪类**,只能应用于链接(a)元素,后两种称为**动态伪类**,理论上可以应用于任何元素。其他的一些伪类如:focus,表示获得焦点时的状态,一般用在表单元素上。

伪类选择器前面必须是标记名(或类名、id 名等选择器名),后面是以“:”开头的伪类名,如图 3-12 所示。

图 3-12 中的伪类选择器的作用是定义所有 a 元素在光标悬停(hover)状态下的样式。

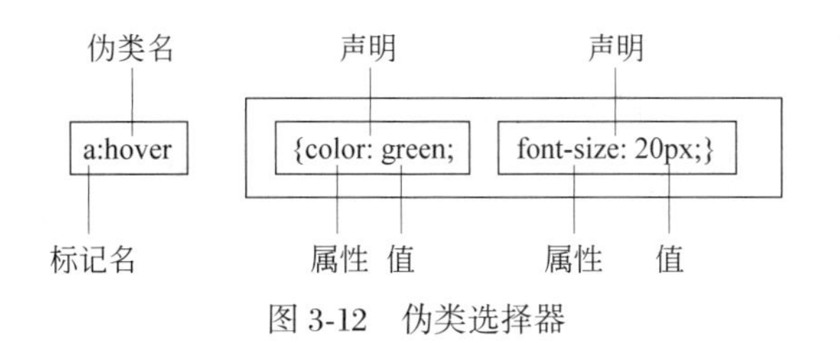

图 3-12 伪类选择器

2. 制作动态超链接

在 HTML 中,超链接默认都是统一的蓝色带下画线,被单击过的超链接则为紫色带下画线,这种传统的超链接样式看上去过于呆板。

在 CSS 中,去掉文本下画线的方法是设置 text-decoration: none;添加下画线则是 text-decoration: underline; text-decoration 属性的其他值还有 line-through(中画线), overline(上画线)等。

为了让网页中的超链接具有动态效果,例如,超链接初始时没有下画线,而当光标经过超链接上时,超链接会变色并添加下画线等,以提示用户可以单击。CSS 伪类选择器可实现这种动态超链接效果。

因为伪类可以描述超链接元素在各种状态下的样式,所以通过定义 a 元素的各种伪类具有不同的样式,就能制作出千变万化的动态超链接效果。具体来说,a 元素可定义的伪类有 4 种,用来描述链接的 4 种状态,如表 3-3 所示。

表 3-3 超链接<a>标记的 4 个伪类

伪 类	作 用
a:link	超链接的普通样式风格,即正常浏览状态时的样式
a:visited	被单击过的超链接的样式风格
a:hover	光标悬停在超链接上时的样式风格
a:active	当前激活(在鼠标单击与释放之间发生)的样式风格

只要分别定义上述 4 种状态(或其中几种)的样式代码,就能实现动态超链接效果,如图 3-13 所示。

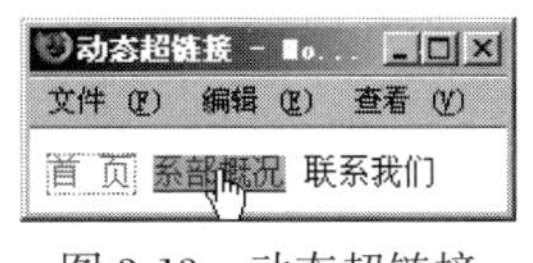

图 3-13 动态超链接

【例 3-16】 动态超链接效果,其显示效果如图 3-13 所示。

```
<style>
a {font-size: 14px;  text-decoration: none; }    /*设置链接的默认状态*/
a:link {color: #666;}
a:visited {color: #000; }                        /*单击后的样式*/
a:hover {color: #900; text-decoration: underline; background:#9CF;}
a:active {color: #FF3399;}    </style>
<a href="#">首页</a><a href="#">系部概况</a><a href="#">联系我们</a>
```

例 3-16 中分别定义了链接在四种不同的状态下具有不同的颜色,在光标悬停时还将添加下画线并改变背景颜色。需要注意的是:

- 链接伪类选择器的书写应遵循 LVHA 的顺序,即 CSS 代码中 4 个选择器出现的顺序应为 a:link→ a:visited→ a:hover→ a:active,若违反这种顺序,某些样式可能不起作用。
- 各种 a 的伪类选择器将继承 a 标记选择器定义的样式。
- a:link 选择器只能选中具有 href 属性的 a 标记,而 a 选择器能选中所有 a 标记,包括用作锚点的 a 标记。

3. 制作动态图片边框效果

在 CSS 2.0+规范中,任何元素都支持动态伪类,像 li:hover、img:hover、div:hover 和 p:hover 这些伪类都是合法的,并且使用伪类还能控制元素的后代或兄弟元素的动态效果。例如 li:hover ul(控制悬停时后代元素的样式)、img:hover ~ b(控制悬停时兄弟元素的样式)。

【例 3-17】 动态图片边框效果,如图 3-14 所示。

```
<style>
a{ display:inline-block; text-align:center; width:164px; text-decoration:
none;}
a img{ display:inline-block; padding:6px; border:1px solid transparent;}
a img:hover{border:1px solid #009;}                /*改变边框颜色*/
a img:hover~b{ color:#F00;  text-decoration:underline;}         </style>
<a href="#"><img src="images/pic1.jpg" /><b>沙漠中的石柱</b></a>
```

沙漠中的石柱

沙漠中的石柱

图 3-14　动态图片边框效果(左为默认状态,右为光标经过时状态)

4. :first-child 伪类

:first-child 伪类选择器用于匹配它的父元素的第一个子元素,也就是说,这个元素是它父元素的第一个儿子,而不管它的父元素是哪个。

【例 3-18】 :first-child 伪类应用示例。

```
p:first-child{font-weight: bold;}
<body>
<p>这一段文字是粗体</p>                 <!--第 1 行,被选中-->
<h2>下面哪些文字是粗体的呢</h2>
<p>这一段文字不是粗体</p>
```

```
<h2>下面哪些文字是粗体的呢</h2>
<div><p>这一段文字是粗体</p>                <!--第 5 行,被选中-->
<p>这一段文字不是粗体</p></div>
<div>下面哪些文字是粗体的呢
这一段文字不是
<p>这一段文字是粗体</p>                  <!--第 9 行,被选中-->
<p>这一段文字不是</p></div>
</body>
```

这段文字共有 3 行会以粗体显示。第一行 p 是其父元素 body 的第一个儿子,被选中;第 5 行 p 是父元素 div 的第一个儿子,被选中,第九行 p 也是父元素 div 的第一个儿子,也被选中,尽管它前面还有一些文字,但那不是元素。

5. :focus 伪类

:focus 用于定义元素获得焦点时的样式。例如,对于一个表单来说,当光标移动到某个文本框内时(通常是单击了该文本框或使用 Tab 键切换到了这个文本框上),这个 input 元素就获得了焦点。因此,可以通过 input:focus 伪类选中它,改变它的背景色,使它突出显示,代码如下。

```
input:focus { background: yellow; }
```

对于不支持:focus 伪类的老式浏览器,要模拟这种效果,只能使用两个事件结合 JavaScript 代码来模拟,它们是 onfocus(获得焦点)和 onblur(失去焦点)事件。

3.3.4 使用过渡属性配合动态伪类效果

CSS 的动态伪类能为网页添加一些动态效果,但动态伪类没有中间状态,当一个属性的值发生变化时,这种改变是突然发生的。比如一个元素的宽度是 100px,当光标悬停在上面时,宽度改变为 250px,这两种状态之间并没有平滑的变化,而是在这两种状态之间发生了跳跃。为此,CSS 3 引入了过渡(Transitions)模块,提供了改变这种变换方式的选项。在 CSS 中,过渡就是让一个属性在两种状态之间平滑改变的动画。

为了让过渡发生,必须满足 4 个条件:一个初始状态、一个终止状态、过渡特征(如过渡时间和过渡的属性值等)和触发器(如光标悬停)。

【例 3-19】 transition 过渡属性应用示例。

```
div{ width:100px;                    /*初始状态*/
    height:40px; background:#fcc; line-height:40px;
    transition:width 0.5s;}          /*过渡特征*/
div:hover{width:300px;}              /*终止状态,触发器为 hover*/
<div>演示过渡效果</div>
```

该例产生的动画效果是:当光标滑到 div 元素上时,div 元素的宽度会从 100 像素逐渐伸展到 300 像素,动画持续时间为 0.5s。

1. 过渡属性详解

CSS 3 的过渡使用 transition 属性定义。transition 属性的基本语法如下。

```
transition: transition-property transition-duration transition-timing-
function transition-delay;
```

transition属性实际上是4个属性的简写,其各属性值的含义如下。

(1) transition-property:指定元素的某个属性上会有动画效果。例如:

```
transition-property:width;          /*在width属性上应用过渡*/
transition-property:font-size;      /*在font-size属性上应用过渡*/
transition-property:all;            /*在所有属性上应用过渡*/
```

(2) transition-duration属性指定过渡从开始到结束的持续时间。其属性值是一个时间值(如0.5s),单位是s(秒)或者ms(毫秒)。默认值是0s,如果提供一个负值给该属性,则也会被解释为0s。例如:

```
transition-duration: 2s;          /*过渡持续时间为2s*/
```

注意:transition-duration是创建过渡的唯一必要的属性,如果其他过渡属性都省略,但声明了transition-duration,过渡也会发生,反过来则不行。

(3) transition-timing-function属性:能够让动画在过渡持续期间在速度上有变化,对动画的节奏进行控制。该属性的取值有两种不同的类型:①关键字;②cubic-bezier函数。

关键字的取值有以下5种。

- ease:默认值,平稳开始和结束,即动画开始和结束时比较慢,中途比较快。
- linear:动态效果一直都匀速进行。
- ease-in:平稳开始,动画效果开始时比较慢,然后不断加速,直到结束。
- ease-out:平稳结束,动画效果开始时比较快,然后不断减速,直到结束。
- ease-in-out:类似于ease值,但加速、减速没有那么明显。

(4) transition-delay属性用于延迟一段时间后再开启过渡效果,例如,希望在过渡开始前设置0.5s的延迟,可以使用下列代码:

```
transition-delay: 0.5s;
```

transition-delay属性也可设置负值,考虑一个3s的过渡,但延迟了-1s。当该过渡被触发时,过渡会立即开始,但看上去就像已经过去了1s一样,也就是说,整个过渡会从中途开始。

2. transition属性的简写

transition属性是4个过渡属性的简写形式,该属性可接2~4个值,因为过渡的速度变化和过渡前的延迟两个属性是可以省略的。但是,不管怎么写,transition-delay值必须写在transition-duration值的后面。下面是transition缩写的几个示例。

```
transition: color .5s ease-in .1s;        /*作用属性持续时间速度变化延迟*/
transition: color .5s .1s;                /*作用属性持续时间延迟*/
transition: color .5s;                    /*作用属性持续时间*/
```

3. 多重过渡

可以为独立属性或简写属性提供一系列用逗号分隔的值，这样就能把多种过渡效果添加到同一个元素上。例如，下面两个div选择器的代码都是多重过渡的例子。

```
div{    transition:width 2s, height 1.5s, padding-left 4s;    }
div{    transition-property:width, height, padding-left;
        transition-duration:2s, 1.5s, 4s    }
```

如果多个属性的过滤效果完全相同，则不需要使用多重过渡，设置transition-property的值为all即可。但是，值为all时将导致浏览器解析CSS代码的速度变慢。

例3-20是一个多重过渡效果的实例，分别对div元素的width、height和padding应用了过渡，使div元素逐渐变大并且文字向右移动，其运行效果如图3-15所示。

【例3-20】 多重过渡效果的实例。

```
<style>
div{ width:100px; height:40px; background:#fcc; line-height:40px;
   transition:width 2s, height 1.5s, padding-left 4s;      }
div:hover{width:300px;padding-left:140px; height:80px;}
</style>
<div>演示过渡效果</div>
```

演示过渡效果　　　　演示过渡效果

图3-15　过渡效果演示实例

4. 过渡效果综合实例

图3-16是一个过渡效果的综合实例，当光标滑到某个列表项(li元素)上时，列表项中的文字会向右移动，同时逐渐出现黄色背景，并且列表符号由方块变为圆形。例3-21是实现该实例的代码。

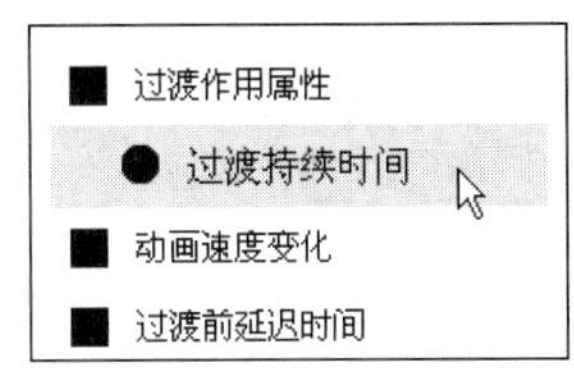

图3-16　移动的列表项

【例3-21】 过渡效果综合运用的实例。

```
ul{padding:0; margin:0; list-style:none;}
li{font-size:14px; padding:8px; transition:all .5s;}
li b{float: left; width: 16px; height: 16px; background: #900; margin-right:12px;
transition:all .5s;}        /*用作列表符号,初始为方块*/
li:hover{background-color:#FFFF99; font-size:16px; padding-left:30px;}
li:hover b{border-radius:50% ; background:#900;}      /*列表符号变为圆形*/
<ul>
    <li><b></b>过渡作用属性</li>  <li><b></b>过渡持续时间</li>
    <li><b></b>动画速度变化</li>  <li><b></b>过渡前延迟时间</li>
</ul>
```

3.3.5 伪元素选择器

在 CSS 中,伪元素选择器主要有 first-letter、:first-line 以及:before 和:after。之所以称它们为“伪元素”,是因为它们在效果上使文档中产生了一个临时的元素,这是应用“虚构标记”的一个典型实例。

1. :first-letter 和:first-line

:first-letter 用于选中元素内容中的首个字符,:first-line 用于选中元素内容中的首行文本。不管元素显示的区域是宽还是窄,样式都会准确地应用于首行。

【例 3-22】 :first-letter 和:first-line 的应用实例,其显示效果如图 3-17 所示。

```
p:first-letter{ font-size: 2em; float: left;}
p:first-line{font-weight: bold;letter-spacing: 0.3em;}
<p>春天来临,又到了播种耕种的季节,新皇后将炒熟了的麦子……</p>
```

注意:可供:first-line 使用的 CSS 属性有一些限制,它只能使用字体、文本和背景属性,不能使用盒子模型属性(如边框、背景)和布局属性。

2. :before 和:after

:before 和:after 两个伪元素必须配合 content 属性使用才有意义。它们的作用是在指定的元素内产生一个新的行内元素,该行内元素的内容是由 content 属性值决定的。

【例 3-23】 :before 和:after 的应用实例,其显示效果如图 3-18 所示。

```
<style>
   p:before,p:after{content:"--";color:red;}
</style>
<p>看这一段文字的左右</p>
<p>这一段文字左右</p>
```

图 3-17 :first-letter 和:first-line 的应用

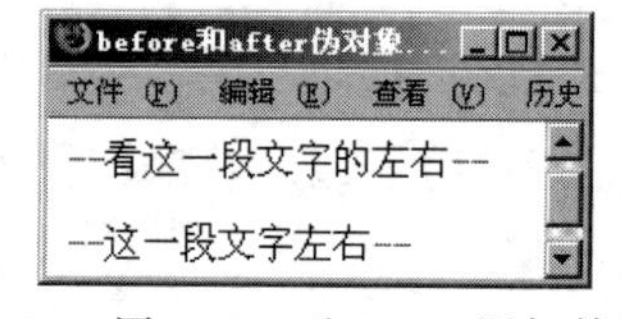

图 3-18 用:before 和:after 添加伪元素

可以看到,通过产生内容属性,p 元素的左边和右边都添加了一个新的行内元素,它们的内容是"--",并且设置伪元素内容的样式为红色。

还可以将:before 和:after 生成的伪元素转化为块级元素显示,例如将例 3-23 的选择器修改如下,则显示效果如图 3-19 所示。

```
p:before,p:after{content:"--";color:red;display:block;}
```

其中,content 属性一定要设置,否则伪元素会无效。如果不需要伪元素的内容,可设置 content 属性值为空,即 content:""。

content 属性经常配合 attr( ) 函数使用。attr( ) 函数用来获取 HTML 元素指定属性的值，例如 attr(title) 将获取元素 title 属性的值，下面是一个例子，显示效果如图 3-20 所示。

```
.wcs:before{content:attr(title); color:#f00; font-weight:bold;}
<div class="wcs" title="第 5 部分: ">王船山的美学思想</div>
```

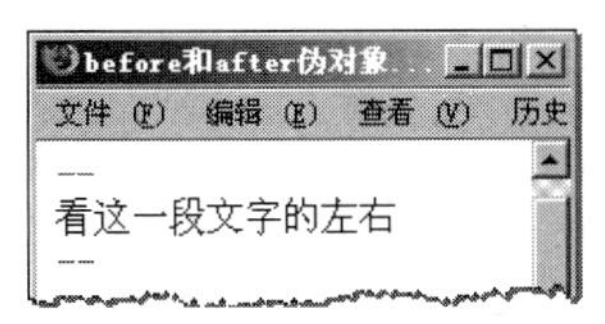

图 3-19 设置伪元素为块级元素

图 3-20 attr( ) 函数的应用

:after 产生的伪元素，可以用来做清除浮动的元素，即对浮动盒子的父元素设置:after 产生一个伪元素，用这个伪元素清除浮动，这样就不需要在浮动元素后添加一个空元素了，也能实现浮动盒子被父元素包含的效果。具体请参考 5.1.3 节。

提示:

- 在 CSS 3 中，为了区分伪类选择器和伪元素选择器，伪元素选择器改为以两个冒号开头(如::after)，伪类选择器仍使用一个冒号(如:hover)，目前较新的浏览器都能识别两种写法，但 IE 8 只支持单冒号格式，所以为了兼容 IE 8，还是写单冒号好一些。
- 目前的 CSS 标准还不支持嵌套伪元素，类似::after::after{} 的写法是无效的。

3. CSS 2.1 选择器总结

下面将常用的 CSS 2.1 选择器罗列在表 3-4 中，请读者掌握它们的用法。

表 3-4 CSS 2.1 常用的选择器

选择器名称	举 例	作 用 范 围
通配选择符	*	所有元素
标记选择器	div	所有 div 标记的元素
后代选择器	div *	div 标记中所有的子元素
	div span	包含在 div 标记中的 span 元素
	div .class	包含在 div 标记中类名属性为 class 的元素
并集选择器	div, span	div 元素和 span 元素
子选择器 *	div>span	如果 span 元素是 div 元素的直接后代，则选中 span 元素
相邻选择器 *	div+span	如果 span 元素紧跟在 div 元素后，则选中 span 元素
类选择器	.class	所有类名属性为 class 的元素
交集选择器	div.class	所有类名属性为 class 的 div 元素
id 选择器	#itemid	id 名为 itemid 的唯一元素
	div#itemid	id 名为 itemid 的唯一 div 元素

续表

选择器名称	举　　例	作 用 范 围
属性选择器 *	a[attr]	具有 attr 属性的 a 元素
	a[attr='x']	具有 attr 属性并且值为 x 的 a 元素
	a[attr~='x']	具有 attr 属性并且值的字符中含有'x'的 a 元素
伪类选择器	a:hover	所有在 hover 状态下的 a 元素
	a.class:hover	所有在 hover 状态下具有 class 类名的 a 元素
伪元素选择器 *	div:first-letter	选中 div 元素中的第一个字符

3.4　CSS 设计和书写技巧

3.4.1　CSS 样式总体设计原则

设计 CSS 样式时,应遵循“先普遍,后特别”的原则。首先对很多元素统一设置属性,然后为一些需要特别设置样式的元素添加 class 属性或 id 属性,并注意如下 3 点。

(1) 善于运用后代选择器。虽然定义标记选择器最方便(不需要在每个标记中添加 class 或 id 属性,使初学者最喜欢定义标记选择器或由标记选择器组成的后代选择器),但有些标记在网页文档的各部分出现的含义不同,从而样式风格往往也不相同,例如网页中普通的文字链接和导航链接的样式就不同。为此,虽然可以将导航条内的各个 a 标记都定义为同一个类,但这样导航条内的所有 a 标记都得添加一个 class 属性。例如:

```
<div>
    <a class="nav" href="#">首页</a>
    <a class="nav" href="#">中心简介</a>…
    <a class="nav" href="#">技术支持</a></div>
```

实际上,可以为导航条内 a 标记的父标记(如 ul)添加一个 id 属性(nav),然后用后代选择器(#nav a)就可以选中导航条内的各个 a 标记了。这时 HTML 结构代码中的 id="nav"就只写一次了,显然这样代码更简洁。

【例 3-24】　在导航条中应用后代选择器的结构代码。

```
<div id="nav">
    <a href="#">首页</a>
    <a href="#">中心简介</a>…
    <a href="#">技术支持</a></div>
```

(2) 灵活运用 class 和 id。

例如,网页中有很多栏目框,所有栏目框都有许多样式是相同的,因此可以将所有栏目框都定义为同一个类,然后再对每个栏目框定义一个 id 属性,以便对某个栏目框作特殊样式的设置。

(3) 对于几个不同的选择器,如果它们有一些共同的样式声明,就可以先用并集选择器进行集体声明,然后单独声明某些元素的特殊样式以覆盖前面的样式。如:

```
h2,h3,h4,p,form,ul{margin:0;font-size:14px;}
h2{font-size:18px;}
```

3.4.2 DW 对 CSS 的可视化编辑支持

1. 新建和编辑 CSS 样式

DW 对 CSS 代码的新建和编辑有很好的支持,对 CSS 的所有操作都集中在图 3-21 所示的"CSS 样式"面板中,单击"新建 CSS 规则"( ),就会弹出如图 3-22 所示的对话框。

图 3-21 CSS 样式面板

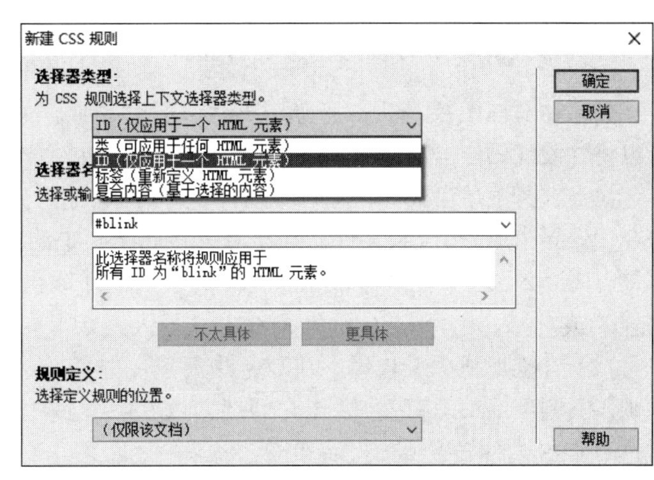

图 3-22 新建 CSS 规则

其中,"选择器类型"中的"类"对应类选择器,"标签"对应标记选择器,ID 对应 ID 选择器,复合内容对应各种复合选择器或伪类选择器。确定选择器类型后,就可以在"选择器名称"下拉框中输入或选择选择器的名称(注意,要符合选择器的命名规范,如类选择器必须以点开头),在"规则定义"选项中,可以选择将 CSS 代码写在外部 CSS 文件中(如 style.css),并通过链接式引入该 CSS 文档;"仅限该文档"表示使用嵌入式引入 CSS,即把 CSS 代码作为<style>标记的内容写在文档头部。

定义好选择器后,单击"确定"按钮,就会弹出该选择器的 CSS 属性面板,如图 3-23 所示。所有选择器的 CSS 属性面板都是相同的。

对面板中任何一项进行赋值后,都等价于往该选择器中添加一条声明,如下画线设置为"无",就相当于在代码视图内为该选择器添加了一条"text-decoration: none;"。

设置完样式属性后,单击"应用"按钮,可以在设计视图中看到样式应用后的效果,也可单击"确定"按钮,关闭规则定义面板并应用样式。这时,在"CSS 样式"面板中将出现刚才新建的 CSS 选择器名称和其属性,如图 3-21 所示。

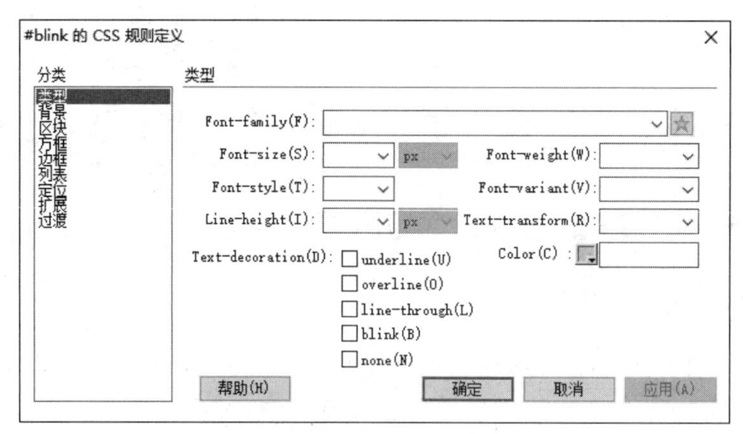

图 3-23　CSS 属性面板

2. 将嵌入式 CSS 转换为外部 CSS 文件

如果在 HTML 文档头部已经用<style>标记添加了一段嵌入式的 CSS 代码,那么我们可以将这段代码导出成一个 CSS 文件供多个 HTML 文档引用。导出方法有以下两种。

(1) 执行菜单命令"文本→CSS 样式→导出",输入文件名(如 style.css),就可将该段 CSS 代码导出成一个 css 文件。导出后可将此文档中的<style>标记部分全部删除,然后再单击图 3-21 中的"附加样式表"( ),引入刚才导出的 css 文件,引入的方法可选择"链接"或"导入",分别对应链接式 CSS 或导入式 CSS。

(2) 直接复制 CSS 代码。在 DW 中新建一个 CSS 文件,将<style>标记中的所有样式规则(不包括<style>标记和注释符)剪切到 CSS 文档中,然后再单击"附加样式表"( )将这个 CSS 文件导入。

3. DW 对 CSS 样式的代码提示功能

DW 对 CSS 同样具有很好的代码提示功能。在代码视图中编写 CSS 代码时,按 Enter 键或空格键都可以触发代码提示。

编辑 CSS 代码时,在一条声明书写结束的地方按 Enter 键,就会弹出该选择器拥有的所有 CSS 属性列表供选择,如图 3-24 所示。当在属性列表框中已选定某个 CSS 属性后,又会立刻弹出属性值列表框供选择,如图 3-25 所示。如果属性值是颜色,则会弹出颜色选取框;如果属性值是 URL,则会弹出文件选择框。

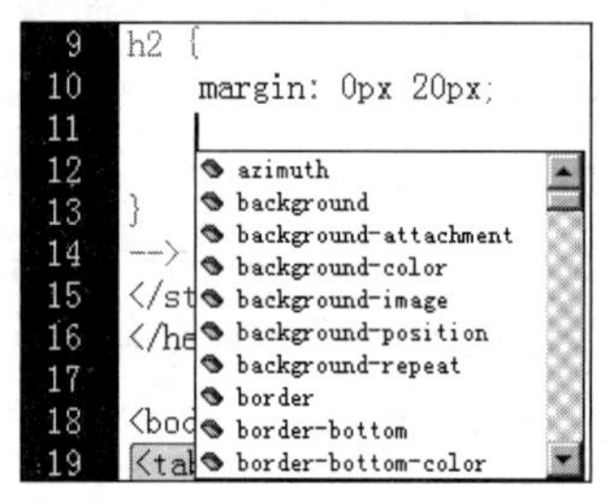

图 3-24　按 Enter 键后提示属性名称

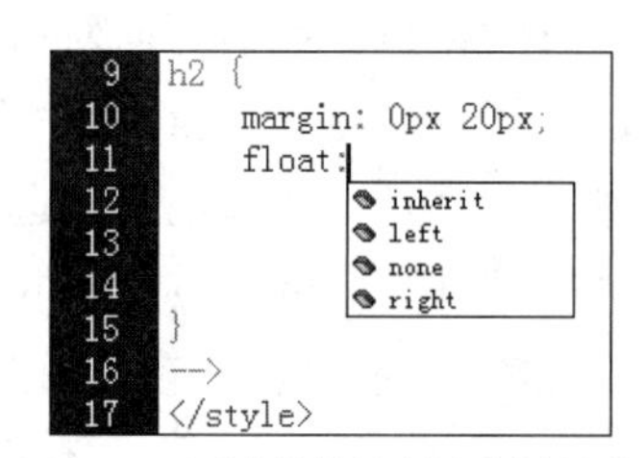

图 3-25　选择属性后提示属性值

如果要修改某个 CSS 属性的值,只需把冒号和属性值删掉,然后输入一个冒号,又会弹出如图 3-25 所示的属性值列表框。

3.4.3　CSS 的值和单位

值是对属性的具体描述,而单位是值的基础。没有单位,浏览器将不知道一个边框是 10 厘米还是 10 像素。CSS 中较复杂的值和单位有颜色取值和长度单位。

1. 颜色的值

CSS 中定义颜色的值可使用命名颜色、rgb、rgba 和十六进制颜色 4 种方法。

1）命名颜色

例如:

```
p{color: red; }
```

其中 red 就是命名颜色,能够被 CSS 识别的颜色名大约有 140 种。常见的颜色名如 red、yellow、blue、silver、teal、white、oliver、purple、green 等。

2）rgb 颜色

显示器的成像原理是红(Red)、绿(Green)、蓝(Blue)三色光的叠加形成各种各样的色彩。因此,通过设定 R、G、B 三色的值来描述颜色是最直接的方法。例如:

```
li{ color: rgb(139,31,185); }
li{ color: rgb(12% ,201,50% ); }
```

其值可以取 0~255 的整数,也可以是 0%~100%的百分数,但 Firefox 浏览器并不支持百分数值。

3）rgba 颜色

在 CSS 3 中,新增了支持透明度的 rgba 颜色值,rgba()函数有 4 个值,其中前 3 个值代表 rgb 这 3 种颜色的值,而最后一个参数 a 是 Alpha 的缩写,代表透明度,该参数的取值在 0~1,其中 0 表示完全透明,默认值 1 表示完全不透明。例如:

```
div{background:rgba(240,0,0,0.3);}
```

4）十六进制颜色

十六进制颜色同样是基于 rgb 颜色,只不过将 rgb 颜色中的十进制数转换成十六进制数,并用更加简单的方式:#RRGGBB 写出来,例如#ffcc33。

其参数取值范围为 00~FF(对应十进制数仍为 0~255),如果每个参数各自在两位上的数值相同,那么该值也可缩写成“#RGB”的方式。例如,#ffcc33 可以缩写为#fc3。

2. CSS 长度单位

为了正确显示网页中的元素,许多 CSS 属性都依赖于长度。所有长度都可以为正数或者负数加上一个单位来表示,而长度单位大致可分为 3 类:绝对单位、相对单位和百分比。

1）绝对单位

绝对单位很简单,包括英寸(in)、厘米(cm)、毫米(mm)、磅(pt)和 pica(pc)。

使用绝对单位定义的长度在任何显示器中显示的大小都是相同的,不管该显示器的分辨率或尺寸是多少。如 font-size:9pt,则该文字在任何显示器中都是 9 磅大小。在手机网页中,由于不同类型的手机分辨率相差很大,因此应尽量使用绝对单位。

2) 相对单位

顾名思义,相对单位的长短取决于某个参照物,如屏幕的分辨率、字体高度等。

常用的相对长度单位有父元素的字体高度(em)、根元素的字体高度(rem)、字母 x 的高度(ex)和像素(px)。

- em 是相对于父元素字体大小的比例,假设某个 div 的字体大小为 15px,如果设置该 div 的子元素字体大小为 2em,则子元素的实际字体大小为 30px。
- rem 是相对于 HTML 根元素字体大小的比例,假设定义了 html{font-size:24px;}或 150%,设置该页中某个元素字体大小为 0.5rem,则元素实际字体大小为 12px。
- ex 是以字体中小写 x 字母为基准的单位,不同的字体有不同的 x 高度,因此,即使 font-size 相同而字体不同,1ex 的高度也会不同。
- px 是指像素,即显示器按分辨率分割得到的小点。显示器由于分辨率或大小不同,像素点的大小是不同的,所以像素也是相对单位。

3) 百分比

百分比显得非常简单,也可看成一个相对量。如:

```
td{font-size:12px; line-height: 160% ;}       /*设定行高为字体高度的 160% */
hr{ width: 80% }     /*水平线宽度相对其父元素宽度为 80% */
```

3.4.4 网页中的字体

网页是文字的载体,字体的使用是网页设计中不可或缺的一部分。为了网页的美观,有时经常需要使用一些特殊的字体,例如:

```
h2{font-family:"方正姚体",'幼圆',"宋体";}
```

这条语句的作用是定义 h2 元素的字体为方正姚体,但前提是网页浏览者的系统中必须安装有这种字体,如果没安装,则依次定义 h2 的字体为“幼圆”或“宋体”这两种备用字体。如果都没安装,则只能显示系统默认字体,导致字体可能无法显示。

为了解决由于浏览者系统中没有安装字体导致不能显示的问题,CSS 3 提供了@font-face 规则。利用这种规则可以将服务器端字体下载到本地,从而使网页中的字体显示摆脱浏览者系统中字体的限制。@font-face 规则的用途有以下两种。

1. 字体文件名简写

@font-face 可以为字体文件名定义一个变量,例如:

```
@ font-face {
  font-family: YT;     /*声明一个名为 YT 的字体变量*/
  src:local("方正姚体"),local("幼圆"),local("宋体");
}
```

然后在任何需要使用 YT 这种字体时就可以使用如下这种简洁的写法。

```
h2{font-family:YT;}
```

说明：

- 在@font-face 规则中，font-family 属性的作用是声明字体变量，与普通选择器中的 font-family 作用明显不同。
- src 属性定义字体的下载地址，其值可以是 local(表示本机)或 url(表示网址，例如要使用服务器上下载的字体)。另外，每个 local( )或 url( )函数中只能写一种字体。
- 如果在 src 中定义了多个字体，则这些字体之间也是候选关系。
- 如果修改了 src 中定义的字体或顺序，则一定要关闭浏览器再打开才能看到修改后的效果，刷新浏览器是看不到效果的。

2. 使用服务器端字体

在@font-face 规则中，如果 src 属性定义的字体是一个 url 路径，则网页加载时会自动从服务器下载字体文件，再显示出来。例 3-25 是示例代码。

【例 3-25】 使用服务器端字体示例。

```
@ font-face {
  font-family: FZCYS;
  src: local("FZYaSongS-B-GB"), url("fonts/FZCYS.woff2"),
url("fonts/FZCYS.woff") format('woff'), url("fonts/FZCYS.ttf");}
```

这表示如果用户系统中安装了方正粗雅体，则直接使用；如果没安装，则从 url 中指定的路径下载该字体文件再使用。本例中的路径是网站目录下 fonts 目录中的文件。

说明：

- 网络字体文件主要有 woff、svg、otf、eot 等。其中 woff(Web Open Font Format)字体被所有现代浏览器支持，可以使用 Font2Web 工具将普通字体文件转换成 woff 等文件格式。
- 在字体文件 url 后可接函数，format 函数用来说明该字体文件的格式，以帮助浏览器识别。
- 必须保证 url( )中的字体文件路径正确。url( )中的路径可以是相对 url 或绝对 url。
- 对于中文字体，由于字体文件体积很大，因此可以使用 WebFont 网站提供的生成字体服务，仅输入需要的文字，再生成字体文件，这样字体文件的体积就可减少很多。

3.4.5 字体图标技术

网页中经常需要使用很多小图标，过去这些图标通常是图片文件，但图片文件的体积较大，制作起来比较烦琐。随着 CSS 3 技术的兴起，人们发现使用 CSS 3 的某些特性(如圆角、渐变等)或 svg 技术能绘制出各种各样的图标。于是有人结合@font-face 技术，创立了字体图标库，字体图标库能使用字体文件生成各种各样的图标，比起使用图片文件，

可大大缩小网页的体积。目前比较流行的字体图标库有 font-awesome 和 icomoon。本节以 icomoon 为例,介绍如何在网页中使用字体图标。

首先进入如图 3-26 所示的 icomoon 的网址 https://icomoon.io/app/#/select。在图标区单击任意图标即可选中该图标(可同时选中很多个图标,再次单击则取消选中)。选择好需要的图标之后,单击图 3-26 右下角的“Generate Font F”即可生成图标字体文件,再单击 Download 则会下载生成的字体文件。

图 3-26 icomoon 的网站界面

解压下载的字体文件,将 fonts 目录复制到网站的根目录下,在需要使用字体图标的网页中加入如下的 CSS 代码。

【例 3-26】 使用字体图标示例。

```
@ font-face{
    font-family: "myicon";                    /* 自定义的字体名称 */
    src: url("fonts/icomoon.eot");            /* IE 9 兼容模式 */
    src: url("fonts/icomoon.eot?") format("embedded-opentype")
                                              /* 兼容 IE 8 */
        ,url("fonts/icomoon.woff") format("woff")
        ,url("fonts/icomoon.ttf") format("truetype")
        ,url("fonts/icomoon.svg") format("svg");
    font-weight: normal;    font-style: normal;    }
.myicon{
    font-family: "myicon";
    font-style: normal;    font-weight: normal;
    font-size: 32px;                          /* 设置字体图标的大小 */
    -webkit-font-smoothing: antialiased; /* 在 webkit 浏览器中有抗锯齿效果 */
    -moz-osx-font-smoothing: grayscale;    }
```

然后在需要显示图标的地方插入任意一个 HTML 元素,本例中为<i>,设置其类名为 CSS 中定义的类名 myicon,并且可以设置字体颜色 color 属性来修改图标的颜色,例如:

```
<i style="color:#0fc;" class="myicon">&#xe900;</i>
```

这样就会在网页中显示如图 3-27 所示的某个字体图标了。

其中“e900”为该图标序号的十六进制编码，这个序号可以在下载的压缩文件中的 demo.html 中查找到，而网页中规定十六进制编码要在它的前面添加“&#x”前缀和“;”后缀，所以就是“”。

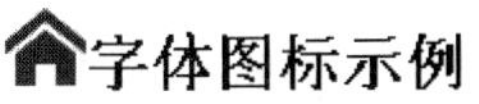

字体图标示例

图 3-27 字体图标示例

另外一种方法是在 CSS 中使用::before 伪元素插入该图标序号，这样，在 i 元素中就不需要写图标的序号了，代码如下：

```
.myicon:before{    content: "\e900";}
<i style="color:#900;" class="myicon"></i>
```

如果希望在光标滑过时，字体图标会变色，可以在 i 元素的外面包裹一个超链接标记，然后使用 hover 伪类选择器改变 i 元素的字体颜色，代码如下：

```
<a href="#"><i style="color:#0fc;" class="myicon icon-home"></i></a>
a:hover i{color: #f00 !important; }          /*通过 color 属性修改*/
```

3.5 Web 标准

HTML 最初是用来描述文档结构的，如标题、段落等标记，后来人们还想用它控制文档的外观，于是 HTML 又增加了一些控制字体、外观等方面的标记和属性，这样的结果是 HTML 既能用来描述文档的结构，又能描述文档的外观，但 HTML 描述文档表现的能力很弱，并且造成了结构代码和表现代码混杂在一起，如果页面要改变外观，就必须重新编写 HTML，代码重用性低。

3.5.1 传统 HTML 的缺点

在 CSS 还没有被引入网页设计之前，传统的 HTML 要实现网页元素外观的设计是非常麻烦的。例如，若要在一个网页中把所有<h2>标记的文字都设置为“蓝色、黑体”显示，则需要在每个<h2>标记中添加<font>标记，示例代码如下。

【例 3-27】 HTML 代码属性的冗余性。

```
<h2><font color="#0000FF" face="黑体">h2 标记 1</font></h2>
<p>CSS 标记的正文内容 1</p>
<h2><font color="#0000FF" face="黑体">h2 标记 2</font></h2>
<p>CSS 标记的正文内容 2</p>
<h2><font color="#0000FF" face="黑体">h2 标记 3</font></h2>
<p>CSS 标记的正文内容 3</p>
```

假设网页中有 100 个<h2>标记，则需要重复添加 100 个<font>标记并设置属性，如果以后要将这 100 个标记的颜色修改为红色，那么也需要一个个地改，非常麻烦。

而使用 CSS 后，情况则完全不同，CSS 实现上述功能的示例代码如下。

【例 3-28】 CSS 统一设置各元素的样式。

```
<style>
h2{                                /*选中所有 h2 标记*/
    font-family:"黑体";
    color:blue;     }              /*设置字体颜色*/
</style>
    <h2>h2 标记 1</h2>             <!--显示为蓝色黑体-->
    <p>CSS 标记的正文内容 1</p>
……
    <h2>h2 标记 3</h2>             <!--显示为蓝色黑体-->
    <p>CSS 标记的正文内容 3</p>
```

可见,用 CSS 可统一设置所有 h2 元素的样式,而不必单独为每个元素添加<font>标记。如果要修改字体颜色,只要修改上述 CSS 代码中的 color 属性值 blue,就可以改变页面中所有<h2>标记的颜色。并且,CSS 还能统一设置网站中所有页面字体的风格。

3.5.2 Web 标准的含义

为了让网页的结构和表现能够分离,W3C 提出了 Web 标准,即网页由结构、表现和行为组成。用 HTML 描述文档的结构,用 CSS 控制文档的表现,因此 HTML 和 CSS 就是内容和形式的关系,由 HTML 确定网页的内容,而通过 CSS 决定页面的表现形式。

Web 标准是指网页由结构(Structure)、表现(Presentation)和行为(Behavior)组成,为了理解 Web 标准,就需要明确下面几个概念。

(1) 内容:内容就是页面实际要传达的真正信息,包含文本或者图片等。注意,这里强调的“真正”,是指纯粹的数据信息本身。例如:

```
天仙子(1)宋.张先沙上并禽池上暝,云破月来花弄影。重重帘幕密遮灯,风不定,人初静,明日落红应满径。作者介绍张先(990—1078)字子野,乌程(今浙江湖州)人。天圣八年(1030)进士。官至尚书都官郎中。与柳永齐名,号称“张三影”。
```

(2) 结构:可以看到,上面的文本信息本身已经完整,但是混乱一团,难以阅读和理解,我们必须对它格式化,把它分成标题、作者、章、节、段落和列表等。例如:

```
标题天仙子(1)
作者宋.张先
正文
沙上并禽池上暝,云破月来花弄影。
重重帘幕密遮灯,风不定,人初静,
明日落红应满径。
节 1 作者介绍
张先(990—1078)字子野,乌程(今浙江湖州)人。天圣八年(1030)进士。官至尚书都官郎中。
与柳永齐名,号称“张三影”。
```

(3) 表现:上面的文档虽然定义了结构,但是内容还是原来的样式,没有改变,例如标题字体没有变大,正文的颜色也没有变化,没有背景,没有修饰。所有这些用来改变内容外观的东西,称为“表现”。下面对前面的文档增加这些修饰内容外观的东西,修饰后的效果如图 3-28 所示。

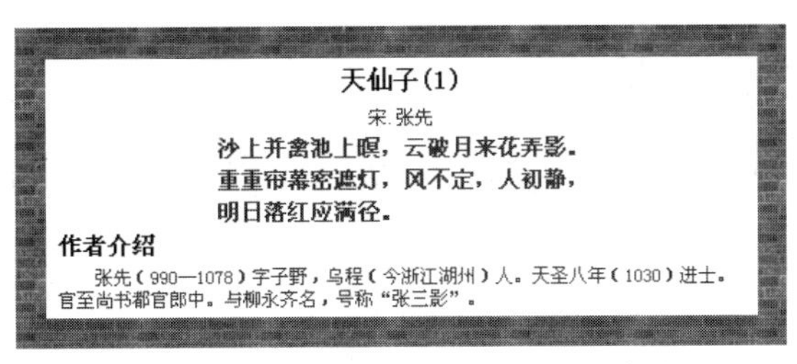

图 3-28 文档添加了“表现”后的效果

很明显,可以看到我们对文档加了两种背景,将标题字体变大并居中,将小标题加粗并变成红色,等等。所有这些,都是“表现”的作用。它使内容看上去漂亮、可爱多了！形象一点的比喻：内容是模特,结构标明头和四肢等各部位,表现则是服装,将模特打扮得漂漂亮亮。

(4) 行为：就是对内容的交互及操作效果。例如,使用 JavaScript 可以响应鼠标的点击和移动,可以判断一些表单提交,使我们的操作能够和网页进行交互。

所以说,网页就是由这四层信息构成的一个共同体,这四层的作用如图 3-29 所示。

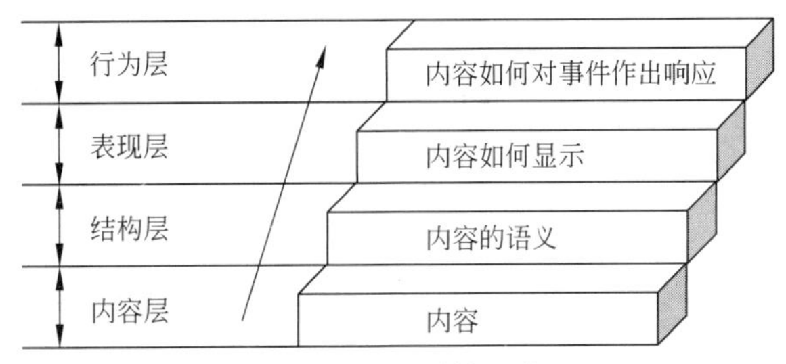

图 3-29 网页的组成

在 Web 标准中,结构标准语言是指 HTML 5,表现标准语言是指 CSS(Cascading Style Sheets,层叠样式表),行为标准语言主要指 JavaScript。但是,实际上 HTML 也有很弱的描述表现的能力,而 CSS 也有一定的响应行为的能力(如 hover 伪类),JavaScript 是专门为网页添加行为的。所以这三种语言对应的功能总体来说如图 3-30 所示,并且这三种语言是相互关联密切配合的,它们的关系如图 3-31 所示。

图 3-30 网页的组成项及实现它们的语言

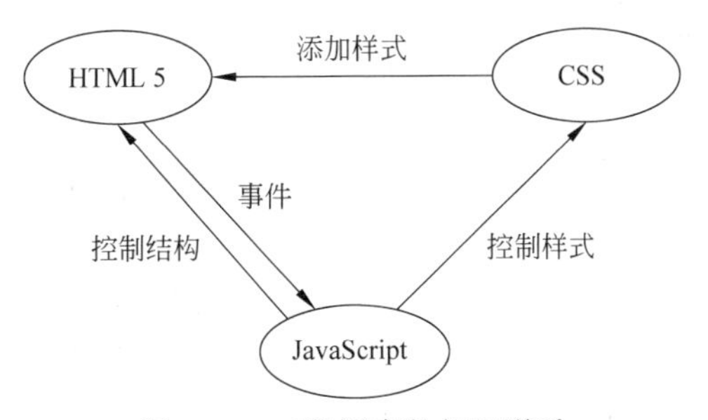

图 3-31 三种语言的相互联系

3.5.3 Web 标准的优势

Web 标准的核心思想就是“结构”和“表现”相分离,让 HTML 和 CSS 各司其职,这样做的好处有以下 4 点。

- 使用 CSS 代码统一设置元素样式,可以大量减少 HTML 代码的使用,从而减小网页文件的体积,使页面载入、速度显示更快,并降低网站流量费用;
- 使用 CSS 统一设置大量 HTML 元素的样式后,修改网页时更有效率而且代价更低;
- Web 标准中推荐使用有语义的 HTML 元素定义内容,如使用<h1>标记定义标题,这样搜索引擎就能更好地理解网页中的内容,对搜索引擎更加友好,有利于搜索引擎优化(Search Engine Optimization,SEO),从而提高网站在搜索引擎中的排名;
- 使网站对浏览器更具亲和力,遵循 Web 标准设计的网页由于具有良好的文档结构,而使不能有效解析 HTML 文档的盲人设备或手持设备也能理解网页代码内容。

习　　题

1. 下列(　　)是定义 CSS 样式规则的正确形式。

   A. body {color=black}　　B. body:color=black

   C. body {color: black}　　D. {body;color:black}

2. 下面哪种方式不是 CSS 中颜色的表示法?(　　)

   A. #ffffff　　B. rgba(255,0,0,.1)

   C. rgb(ff,ff,ff)　　D. white

3. 下列哪个 CSS 属性具有继承性?(　　)。

   A. opacity　　B. background-color

   C. display　　D. margin

4. CSS 中定义 .outer {background-color: red;} 表示的是(　　)。

   A. 网页中某一个 id 为 outer 的元素的背景色是红色的

   B. 网页中含有 class="outer" 元素的背景色是红色的

   C. 网页中元素名为 outer 元素的背景色是红色的

   D. 网页中含有 class=".outer" 元素的背景色是红色的

5. CSS 3 和 HTML 5 的关系是(　　)。

   A. 结构与行为　　B. 行为与结构

   C. 结构与表现　　D. 表现与结构

6. align 是一个(　　)。

   A. HTML 属性　　B. CSS 属性

   C. HTML 属性值　　D. CSS 属性值

7. 对于 HTML 元素:<p class="one">示例</p>,下列哪个 CSS 选择器无法选中该

元素？（　　）

A. p　　B. .one　　C. p.one　　D. p one

8. 如果要使段落中的第一行文本空 2 格显示，可设置（　　）。

A. text-align　　B. text-decoration

C. text-transform　　D. text-indent

9. 下列选择器中，优先级最高的是（　　）。

A. h1　　B. header h1.one

C. p.note em　　D. #two

10. 下列哪项与其他项不属于同一类？（　　）

A. :first-child　　B. :first-letter　　C. :first-line　　D. :before

11. Web 标准主要由一系列规范组成，目前的 Web 标准主要由三大部分组成：________、________、________。

12. CSS 中，继承是一种机制，它允许样式不仅可应用于某个特定的元素，还可应用于它的________。

13. 如果要使下面代码中的文字变为红色，则应填入：<h2 ________>课程资源</h2>。

14. 对于<p><em class="tt">什么颜色呢</em></p>，如果定义：<p>em{color:blue}.tt{color:red}，则文字的颜色是________。

15. 对于<p>垂直居中</p>，定义 p{height:40px;________}可使其文本垂直居中。

16. 简述用 DW 新建一条 CSS 样式规则的过程。

17. 如何用选择器选中一系列兄弟元素中除第一元素外的其他所有元素。

18. 有些网页中，当光标滑过时，超链接的下画线是虚线，这是怎么实现的？

19. 如何用 Chrome 浏览器的“检查”功能，为元素临时添加某条样式？

20. 写出下列选择器的类型和作用：

a:hover　　a.hover　　a:hover b　　a.hover b

第4章 CSS盒子模型

CSS 的盒子模型(box model)是实现网页元素布局和美化的基石。盒子模型用来控制元素在页面上的排列和显示方式,形成 CSS 的基本布局。盒子还具有背景和边框等属性,巧妙利用它可美化网页元素的样式。

CSS 盒子模型

4.1 盒子模型及其属性

图 4-1 所示是 4 幅镶嵌在画框中的画,可以把这 4 幅画看成 4 个元素的盒子,那么元素中的内容就是画框中的画,画(内容)和边框之间的距离称为盒子的填充(padding)或内边距,画的边框称为盒子的边框(border),画的边框周围还有一层边界(margin),用来控制元素盒子与其他元素盒子之间的距离。

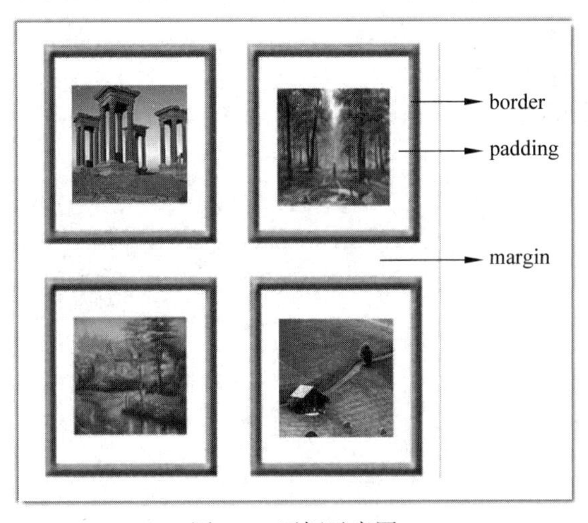

图 4-1 画框示意图

4.1.1 盒子模型概述

通过对画框中的画进行抽象,就得到一个模型——盒子模型,如图 4-2 所示。盒子模型指定元素如何显示以及(在某种程度上)如何相互交互,页面上的每个元素都被浏览器看成一个矩形的盒子,这个盒子由元素的内容、填充、边框和边界组成。网页就是由许多个盒子通过不同的排列方式(如上下排列、左右排列、嵌套排列)堆积而成。

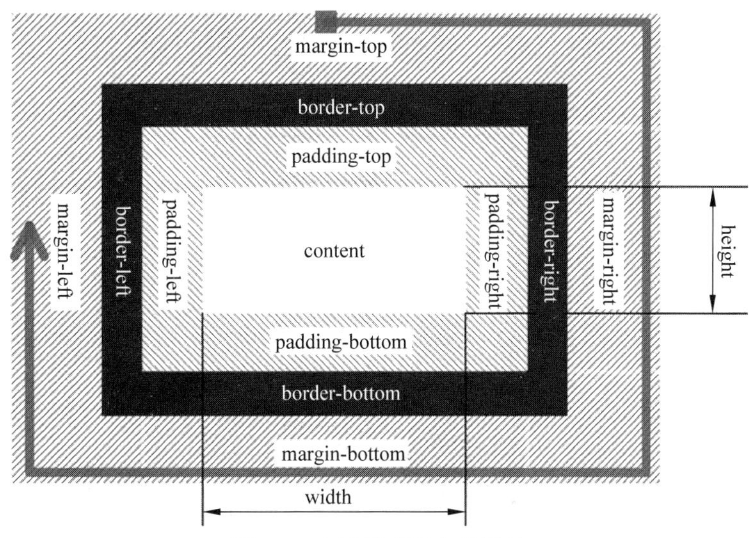

图 4-2　盒子模型及有关属性

如果要精确地利用盒子模型进行布局(1 像素都不能差),就需要非常精确地理解盒子大小的计算方法。盒子模型的填充、边框、边界宽度都可以通过相应的属性分别设置上、右、下、左 4 个距离的值,内容区域的宽度可通过 width 和 height 属性设置。增加填充、边框和边界不会影响内容区域的尺寸,但会增加盒子的总尺寸。

默认情况下,一个元素(盒子)实际占据的宽度为

```
实际宽度=左边界+左边框+左填充+内容宽度+右填充+右边框+右边界
```

例如,一个 div 元素的 CSS 样式定义如下:

```
div{    background: #9cf;
   margin: 20px;       border: 10px; solid #039;
   padding: 40px;    width: 200px;    height:88px;    }
<div>盒子模型</div>
```

则该元素占据的网页总宽度是:20+10+40+200+40+10+20=340(px)。其中,该元素内容占据的宽度是 200px,高度是 88px。

因为默认情况下绝大多数元素的盒子边框是 0,盒子的背景是透明的,所以在不设置 CSS 样式的情况下元素的盒子不会显示,但这些盒子依然是占据网页空间的。

通过重新定义元素的 CSS 样式,包括设置元素盒子的 margin、padding 和 border 的宽度值,还可以设置盒子边框和背景的颜色,使网页元素变得美观多样。

4.1.2　边框 border 属性

盒子的边框有 3 个要素:宽度(粗细)、颜色和样式(线型)。利用 border 属性可同时设置边框的三个要素,如 border: 1px solid red 表示边框为 1 像素的红色实线。

实际上,border 属性由 3 个子属性复合而成,分别是 border-width(宽度)、border-color

(颜色)和 border-style(样式)。

1. 边框样式

这里重点讲解 border-style 属性,它的属性值有实线(solid)、虚线(dashed)、点画线(dotted)、双线(double)等,效果如图 4-3 所示。例 4-1 是实现图 4-3 的代码。

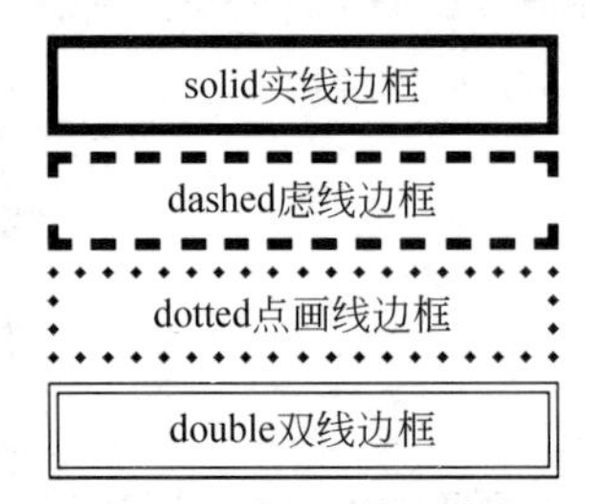

图 4-3 border-style 属性不同取值在 IE 中的效果

【例 4-1】 图 4-3 中各种边框样式的实现代码。

```
div {
        border:6px black;              /* 设置边框为 6 像素的黑色线 */
        margin:6px;     padding:6px;     text-align:center;     }
<div style="border-style:solid;">solid 实线边框</div>
<div style="border-style:dashed">dashed 虚线边框</div>
<div style="border-style:dotted">dotted 点画线边框</div>
<div style="border-style:double">double 双线边框</div>
```

实际中,也可以单独对某个边框设置样式,下面代码的显示效果如图 4-4 所示。

```
.box1{border: 4px solid red;}                      /* 同时设置 4 个边框 */
.box2{border-bottom: 6px double black; }   /* 单独设置下边框为黑色双线 */
.box3{border:3px dotted #00f;
    border-right:none;     }                       /* 设置右边无边框,其他边框为虚线 */
.box4{border:5px dashed #666;
    border-width:0 5px; }                          /* 设置上下无边框 */
```

内容 内容 内容 内容

图 4-4 边框样式的显示效果

说明:

- 当有多条规则作用于同一边框时,则后面设置的样式会覆盖前面的设置。
- border-width 的属性值只能是绝对宽度(如像素),不能为百分比等相对值。
- border-color 的属性值除了颜色外,还可以是 transparent,表示透明。

实际上,边框 border 属性有一个有趣的特点,即两条边框的交汇处是一个斜角,如果为两条边框设置不同的颜色,再利用这个斜角,就能制作出三角形等特殊形状效果。

例如,图 4-5 中,将第 1 个元素的 4 条边框设置为不同的颜色,并设置宽为 10 像素,此时可明显看到边框交汇处是斜角;第 2 个元素在第 1 个元素基础上将元素的宽和高设置为 0,并且没有内容,这样 4 条边框紧挨在一起,形成 4 个三角形的效果。

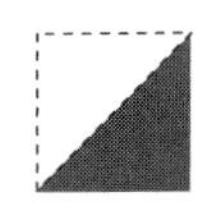
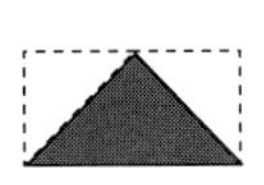

图 4-5　多个元素的边框交汇时的效果

第 3 个元素只有两条边,第 4 个元素有 3 条边,也是利用两条边交汇形成三角形效果,第 3 个元素将左边框设置为白色(或透明),下边框设置为红色(当然,也可设置上边框为白色,右边框为红色,效果一样)。第 4 个元素将左、右边框设置为白色,下边框设置为红色,并且左、右边框的宽度是下边框的一半。例 4-2 是第 3 个元素的代码实现。

【例 4-2】　利用 CSS 边框属性实现三角形效果。

```
.delta{ height:0; width:0;
border-bottom:50px solid red; border-left: 50px solid transparent;}
<p class="delta"></p>
```

2. border 属性的缩写

边框 border 是一个复杂的对象,它可以设置 4 条边的不同宽度、不同颜色以及不同样式,对整个属性的缩写形式如下。

```
border: border-width |border-style |border-color
```

例如,下面代码将所有 div 元素的 4 条边均设置为 1px 宽、实线、蓝色边框样式。

```
div{border : 1px solid blue;  }
```

border 属性不仅可以对整个属性进行缩写,也可以对单个边进行缩写。例如,要为 4 条边定义不同的样式,则可以缩写如下。

```
p{  border-width:1px 2px 3px 4px;      /*上右下左*/
border-color:white blue red;           /*上左右下*/
border-style: solid dashed;            /*上下左右*/  }
```

如果要单独对某一条边的某个属性进行设置,则可以这样写:

```
border-right-color:red;                /*设置右边框为红色*/
border-top-width:4px;                  /*设置上边框的宽度为 4 像素*/
```

4.1.3　圆角 border-radius 属性

border-radius 属性

默认情况下,元素的盒子是一个矩形。而在网页设计中,有些时候圆角或圆弧显得更加美观。过去,设计师为了实现圆角效果,只能采用把圆角做成图片背景的方法。

为了使圆角制作更加方便,CSS 3 提供了 border-radius 属性,用于设置元素盒子 4 个角的圆角效果。border-radius 属性实际上是在矩形的 4 个角上分别做内切圆,然后通过设置内切圆的半径控制圆角的弧度,如图 4-6 所示。

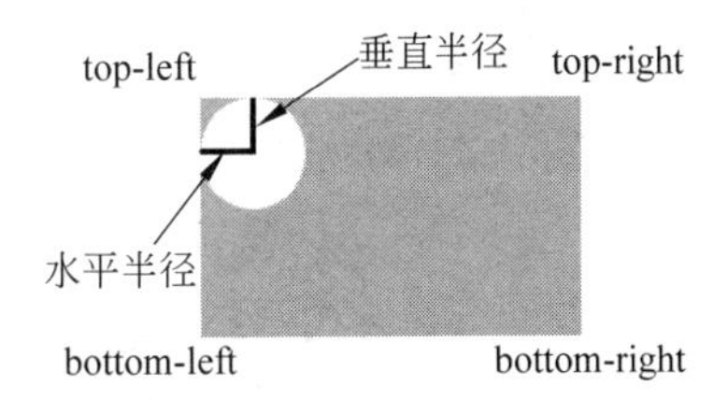

图 4-6　border-radius 圆角控制原理

border-radius 属性的语法格式如下。

```
border-radius: 1-4 length |%  / 1-4 length |% ;
```

其中,前面的“1-4”指的是水平半径的 1~4 这 4 个值,后面的“1-4”指的是垂直半径的 1~4 这 4 个值。若水平半径和垂直半径相等,则后面的“1-4”可省略,例如:

```
border-radius: 5px 10px 20px 40px;        /* 上左上右下右下左 */
border-radius: 5px 10px 20px;             /* 上右和下左都是 10px */
border-radius: 5px 10px;          /* 上左和下右都是 5px,上右和下左都是 10px */
border-radius: 10px;              /* 四个角的半径都是 10px */
```

可见,如果提供 4 个值,则从“上左”开始按顺时针方向给 4 个角赋值,如果只提供 3 个值或 2 个值,则表示省略角的值和它对角线上角的值相等。

若水平半径和垂直半径不相等,则写法如下。

```
border-radius: 20px 10px/40px 30px 20px 10px;
```

表示水平半径中,上左和下右是 20px,上右和下左是 10px,垂直半径中,上左、上右、下右、下左分别是 40px、30px、20px、10px。

【例 4-3】 border-radius 圆角效果示例,显示效果如图 4-7 所示。

```
div{ width: 100px; height: 200px; border: 50px solid #c00; display:inline-
block; }
.box1{border-radius: 100px; }     .box2{ border-radius: 100px 0; }
.box3{ border-radius: 50% ; }     .box4{ border-radius: 0 50%  50%  0; }
.box5{height:100px;border-radius: 100px; }
<div class="box1"></div>…<div class="box5"></div>
```

图 4-7 border-radius 实例效果

border-radius 是对元素的盒子设置圆角,而不是边框。因此,即使元素无边框,border-radius 也能对元素的盒子产生圆角效果。例 4-4 给出了元素的各种圆角效果。

【例 4-4】 元素盒子的圆角效果,其显示效果如图 4-8 所示。

```
div{ width: 100px; height: 100px; background:#C96; display:inline-block; }
.box1{border-radius: 100px; }.box2{ border-radius: 100px 0; }
.box3{ height:50px;border-radius: 50% ; }
.box4{ border-radius: 50% ; background:url(images/head01.jpg) no-repeat;
background-size:cover;  }
.box5{height:50px;border-radius: 50px 50px 0 0;  }
```

图 4-8 盒子的圆角效果

说明：

- border-radius 的值不能是负值，因此无法实现内凹圆角效果。
- 若 border-radius 的值比元素的宽度或高度还大，则会等比例缩小 border-radius 的值。例如：假设元素占据宽度是 200px，高度是 300px，设置 border-radius 的值为 300px，则首先会遵循小值原理，由于元素的宽度值较小，因此会将 border-radius 水平半径缩放到 200px，再根据等比例原理，因为当初设置时是 300/300，也就是 1∶1 的比例，所以将垂直半径也缩放到 200px，于是，最后得到的是一个 200×200 像素的圆弧。

4.1.4 图像边框 border-image 属性

在版面设计中，为了美观，经常需要用图片制作边框（俗称“花边”效果）。为此，CSS 3 引入了 border-image 属性，它提供了一种应用装饰性边框的简单方法。要使用 border-image，首先需要准备好用于 border-image 的图片。例如，要制作如图 4-9 所示的边框，则要准备一张如图 4-10 所示的源图片。

图 4-9 图像边框效果

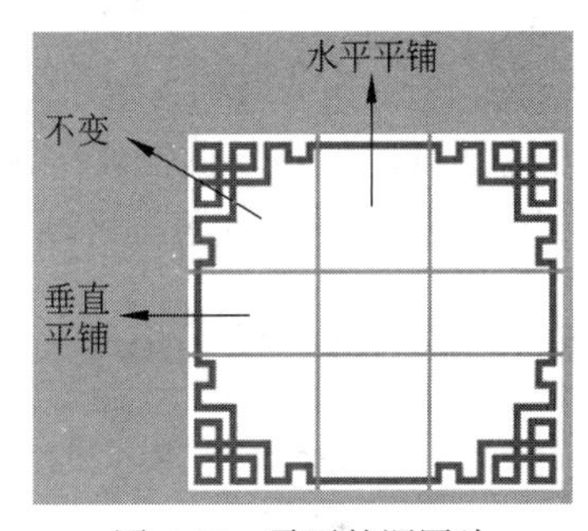

图 4-10 需要的源图片

border-image 的源图片会自动被两横两竖 4 条辅助线切割成 9 部分（俗称九宫格）。4 条辅助线的位置由其 slice 参数决定。其中，左上、右上、左下、右下四个角的区域将定位到 div 元素的 4 个角上，并保持不变。而左、右两条边的区域将垂直平铺（或拉伸），并定位到 div 元素的左、右两条边上，上、下两条边的区域将水平平铺（或拉伸），并定位到 div 元素的上、下两条边上。

border-image 属性的语法如下。

```
border-image: source slice repeat;
```

其中，source 指定所用图像的 url 地址，slice 有 1~4 这 4 个长度值（或百分比值），其取值类似于 margin、padding 的值。slice 值的作用是设置图片用在每条边上的区域（距离），从而标记出要用在元素边框上的区域。repeat 值可以是一个或两个关键字，设置的是图片沿着元素竖直（第 1 个关键字）和水平方向（第 2 个关键字）的重复方式。

repeat 的取值有以下 4 种：stretch，默认值，将图片进行拉伸以填充边框的长；repeat，沿着边框的长平铺图片；round，沿着边框的长整数次平铺图片（元素可能被自动调整大小以满足该要求）；space，也是沿着边框的长整数次的平铺图片，但如果图片不能填满元素，则使用空白填充。

例4-5是图像边框的示例,其运行效果如图4-11所示。由于使用的源图片(见图4-10)中,左上、右上、左下、右下四个角的区域宽和高都是74px,因此设置slice参数的值为74。

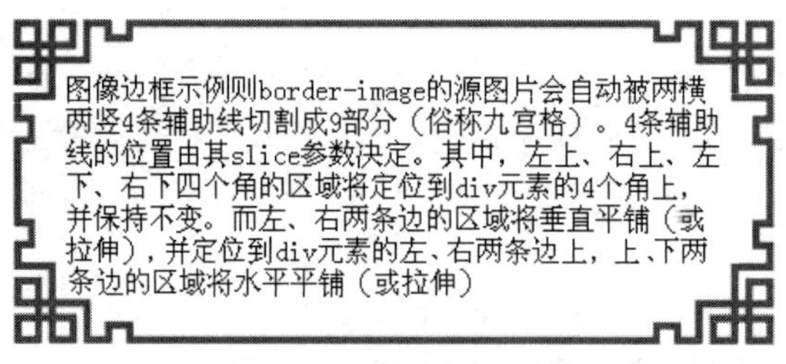

图4-11　图像边框的示例

【例4-5】 border-image实现图像边框效果。

```
.delta{ height:60px; width:300px;
    border: 74px solid orange;   /*必须先设置边框和图像边框一样大*/
border-image:url(images/borderimg.jpg) 74 repeat; }
.delta p{ margin:-40px;}          /*使p元素向外伸展到父元素的边框区域*/
<div class="delta"><p>图像边框示例……</p></div>
```

可见,用border-image制作图像边框时,如果边框的4个角区域太大,就会导致边框很粗,若希望内容伸展到边框区域,则可以设置其子元素的margin为负值。

4.1.5 padding和margin属性

padding和margin属性都只能设置宽度值,也可分别对上、右、下、左分别设置宽度值,例如padding-left:10px。

1. padding属性

padding(俗称填充或内边距)位于盒子的边框和内容之间,和表格的cellpadding属性相似。如果填充值为0,则盒子的边框会紧挨着内容(见图4-12左),这样通常不美观。为了使边框和内容之间有一些间隙(见图4-12右),就需要设置padding值不为0。

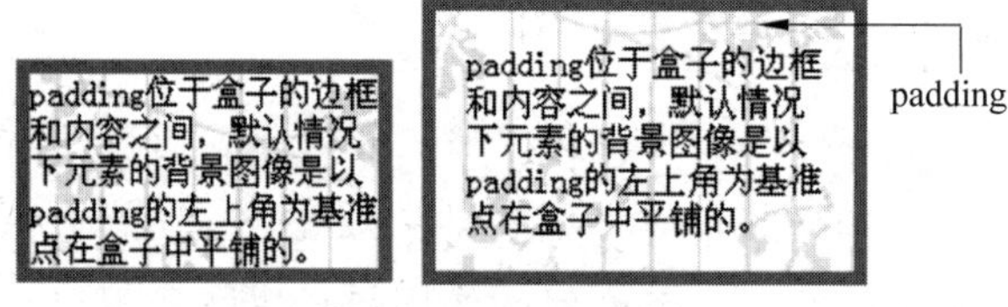

图4-12　padding值为0(左)和为15px(右)时元素的效果

当对盒子设置背景颜色或背景图像后,则背景会覆盖padding和内容组成的区域,并且默认情况下背景是以padding的左上角为基准点在元素盒子中平铺的。

padding属性值可以是像素或百分比,当以"%"为单位时则是以父元素的width为基准的。例如,假设例4-6中div的父元素是body元素,如果body元素的宽为800px,则该div的padding-left值为80px。

【例 4-6】 设置 padding 属性的值为百分比示例。

```
.qwe{width:300px; height:100px; padding-left:10% ; border:2px solid red;}
<div class="qwe"></div>
```

2. margin 边界属性

margin 位于盒子边框的外侧,也称为外边距。由于其不会应用背景,因此该区域总是透明的。通过设置 margin,盒子与盒子之间会产生一定的间距,从而使页面不过于拥挤。可以统一设置 4 个外边距的宽度,也可单独设置各个外边距的宽。例如:

```
margin:4px 8px;              /*上、下各 4px,左、右各 8px*/
margin-left: -10px;          /*左边界-10px*/
```

3. 盒子模型属性的缩写

CSS 缩写是指将多条 CSS 属性集合写到一行中的编写方式,通过对盒子模型属性的缩写可减少 CSS 代码,使代码更清晰。对于 margin、padding 和 border-width 的宽度值,如果只写一个值,则表示 4 个方向的宽度值相等,例如 p{margin: 5px}。

如果给出了 2 个、3 个或者 4 个属性值,它们的含义将有所区别,具体如下:

- 如果给出 2 个属性值,则分别表示上下边距、左右边距的宽度;
- 如果给出 3 个属性值,则分别是上边距、左右边距、下边距的宽度;
- 如果给出 4 个属性值,依次表示上、右、下、左边距的宽度,即按顺时针排序。

4. 盒子模型其他需注意的问题

关于盒子模型,还有以下几点需要注意。

- 边界 margin 值可为负,如 margin: -480px,填充 padding 值不可为负。
- 如果盒子中没有内容(空元素,如<div></div>),对它设置的宽度或高度为百分比单位(如 width:30%),而且没有设置 border、padding 或 margin 值,则盒子不会被显示,也不会占据空间,但是,如果对空元素的盒子设置的宽或高是像素值,盒子会按照指定的像素值大小显示。

5. 各种元素的浏览器默认样式

所谓浏览器的默认样式,是指不设置任何 CSS 样式的情况下浏览器对元素样式的定义,例如,对于标题元素,浏览器默认以粗体显示,用户编写 CSS 样式实际上就是覆盖浏览器对元素定义的默认样式。通常,各种元素的浏览器的默认样式如下:

- 绝大多数 html 元素的 margin、padding 和 border 属性浏览器默认值为 0;
- 有少数 html 元素的 margin 和 padding 浏览器默认值不为 0。主要有 body、h1-h6、p、ul、li、form 等,因此有时必须重新定义它们的这些属性值为 0;
- 表单中大部分 input 元素(如文本框、按钮)的边框属性默认不为 0,有时可以对 input 元素边框值进行重新定义以达到美化表单中文本框和按钮的目的。

4.1.6 box-sizing 属性

默认情况下,元素的宽度是 width+padding+border,而 border 的宽度不能设置为百分比,假如设置元素的 border 为 2px,width 为 30%,则元素占据的宽度为 30%+2px,这样的宽度将变得不易计算,给 CSS 布局带来不便。

为此,CSS 3 提供了 box-sizing 属性,其语法如下。

```
box-sizing: content-box | border-box
```

- 值为 content-box(默认值)时,元素的实际宽度等于 width+padding+border。
- 值为 border-box 时,元素的实际宽度等于 width。也就是说,元素的 width 和 height 值包含了 padding 和 border 的宽度。

因此,可将 box-sizing 属性值设置为 border-box,这样元素占据的宽度就等于 width 值,此时无论设置 border 和 padding 的宽度为多少,都不会影响元素的宽度,并且其子元素占据的相对宽度也会自动调整。

例如,对浮动的两列分别设置宽度为 30%和 70%,如果再设置它们的 border 为 1px,则其中一列会因为容纳不下而排到下一列,但如果对它们设置了 box-sizing:border-box,则不会出现容纳不下的情况。

另外,无论 box-sizing 属性值如何,子元素占据的总是元素内容的宽度。假设父元素的宽度是 30%(实际占据的宽度假设为 300px),子元素的宽度是 100%,如果父元素没有设置 border 和 padding,则子元素实际宽度为 300px,如果父元素设置了 10px 的边框,则子元素实际占据的宽度将自动调整为 280px。

box-sizing 属性只应用于响应式布局中。响应式布局最大的特点是:元素的宽度都是百分比等相对宽度,这样每个元素才会随着浏览器宽度的改变而自动伸缩。

4.2 标准流下的定位及应用

CSS 中有 3 种定位机制,即标准流(normal flow)、浮动(float)和定位(position)属性。除非设置了浮动属性或定位属性,所有元素默认都是在标准流中定位。

4.2.1 标准流下的定位原则

顾名思义,标准流中元素盒子的位置由元素在 HTML 文档中的位置决定。也就是说,在文档前面出现的元素一定会排在后面出现的元素的前面。具体是:

- 行内元素的盒子在同一行中从左至右水平排列;
- 块级元素的盒子占据一整行,从上到下一个接一个排列;
- 对于嵌套的元素,子元素的盒子位于父元素盒子的里面,并且叠放在父元素的上方;
- 盒子与盒子之间的距离由 margin 属性决定。盒子与内容之间的距离由 padding 属性决定;

- 在 HTML 代码中添加一个元素就是向浏览器中插入一个盒子。

例如，下列代码（例 4-7）中有一些行内元素和块级元素，其中块级元素 p 还嵌套在 div 块内。下面采用“ * ”通配符让页面中的所有元素都呈现出“盒子”，效果如图 4-13 所示。

【例 4-7】　盒子在标准流下的定位。

```
<html><head>
<style>
 * {border: 2px dashed #F06;    padding: 6px;    margin: 2px;}
body{border: 3px solid blue;}
a{border: 3px dotted blue;}
</style></head>
<body>
<div>网页的 banner(块级元素) </div>
<a href="#">行内元素 1</a><a href="#">行内 2</a><a href="#">行内 3</a>
<div>这是无名块<p>这是盒子中的盒子</p></div></body></html>
```

在图 4-13 中，最外面的虚线框是 html 元素的盒子，里面的一个实线框是 body 元素的盒子。body 中包括两个块级元素（div）从上到下排列，和三个行内元素（a）从左到右并列排列，还有一个 p 元素盒子嵌套在 div 盒子中，所有盒子之间的距离由 margin 和 padding 值控制。

1. 行内元素的盒子

行内元素的盒子只能在浏览器中得到一行高度的空间（行高由 line-height 属性决定，如果没设置该属性，则是内容的默认高度），如果给它设置上下 border、margin、padding 等值，导致其盒子的高度超过行高，那么盒子上下部分将和其他元素的盒子重叠，如图 4-13 所示。

当增加行内元素 a 的边框和填充值时，其占据的浏览器高度并没有增加，如图 4-14 所示。下面的 div 块仍然在原来的位置，导致行内元素盒子的上下部分和其他元素的盒子重叠（此时 a 元素的盒子将叠放在其他盒子上方），而左右部分不会受影响。因此，不推荐对行内元素直接设置盒子属性，一般先设置行内元素以块级元素显示，再对它设置盒子属性。

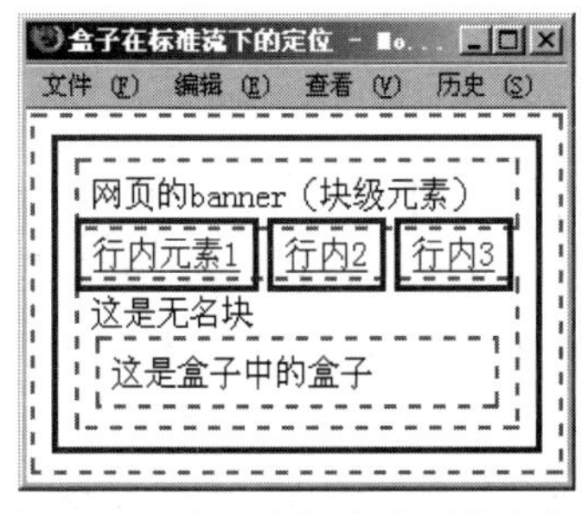

图 4-13　盒子在标准流下的定位

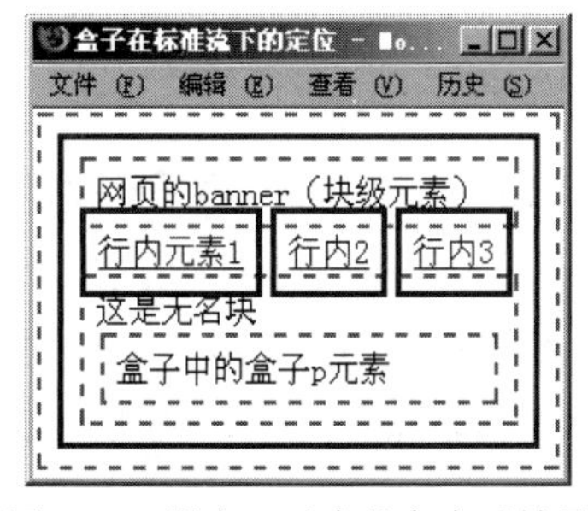

图 4-14　增大 a 元素的高度后效果

2. display 属性

HTML 元素可通过 display 属性改变元素是以行内元素显示还是以块级元素显示,或不显示。display 属性的常用取值及其含义如下。

```
display: block |inline |none |list-item|inline-block |flex
```

- 块级元素(display: block):每个元素占据浏览器一整行的位置,元素之间自动换行,从上到下依次排列。
- 行内元素(display: inline):行内元素是指元素与元素之间从左到右水平排列,只有当浏览器窗口容纳不下,才会转到下一行,每个元素的宽度以容纳内容的最小宽度为准,对行内元素设置 width、height、上下 margin、上下 padding 属性均不能增加其占有的空间,但可设置 line-height、左右 margin、左右 padding。
- 行内块元素(display: inline-block;):行内块元素将在一行内水平排列,但每个元素又具有块级元素的特点,设置 width、height、margin、padding 等属性均有效。
- 列表项元素(display:list-item;):在 html 中只有 li 元素默认是此类型,将元素设置为列表项元素并设置它的列表样式后元素左边将增加列表图标(如小黑点)。
- 隐藏元素(display:none;):当某个元素被设置成 display:none 后,浏览器会完全忽略这个元素,该元素将不会显示,也不会占据文档中的位置。像 title 元素默认就是此类型。在制作下拉菜单、Tab 面板时就需要用 display: none 把未激活的菜单或面板隐藏起来。

提示: 使用 visibility:hidden 也可以隐藏元素,但元素仍然会占据文档中原来的位置。

修改元素的 display 属性一般有以下用途。

① 对行内元素设置宽度和高度,或者让行内元素从上到下排列(如制作垂直导航条),这时需将行内元素转换为块级元素(display:block)显示。

② 使块级元素从左到右依次排列,可设置(display: inline-block)或者浮动属性。

③ 控制元素的显示和隐藏,如下拉菜单、提示框、tab 面板中的元素,隐藏时需设置 display:none。

4.2.2 margin 合并现象

1. 上下 margin 合并问题

上下 margin 合并是指当两个块级元素上下排列时,它们之间的边界(margin)将发生合并,也就是说,两个盒子边框之间的距离等于这两个盒子 margin 值的较大者。如图 4-15 所示,浏览器中两个块元素将会由于 margin 合并按图 4-15 右所示方式显示。

元素上下 margin 合并的一个例子是由几个段落(p 元素)组成的典型文本页面,第一个 p 元素上面的空白等于段落 p 和段落 p 之间的空白宽度。这说明段落之间的上下 margin 发生了合并,从而使段落各处的距离相等了。

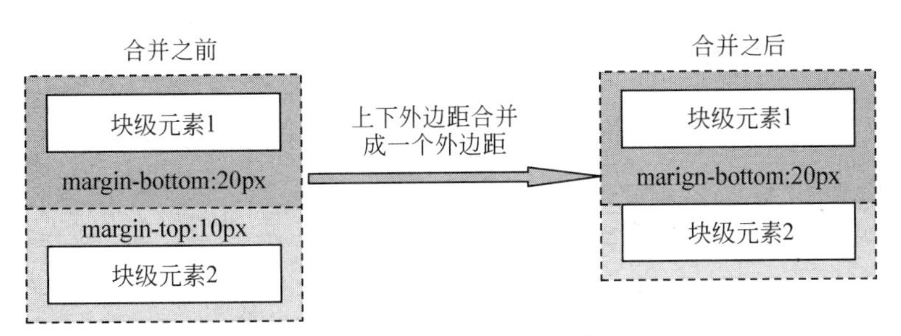

图 4-15　上下 margin 合并

2. 父子元素 margin 合并问题

当一个元素包含在其父元素中时，若父元素的边框和填充为 0，此时父元素和子元素的 margin 挨在一起，那么父元素的上下 margin 会和子元素的上下 margin 发生合并，但是左右 margin 不会发生合并现象，如图 4-16 所示。

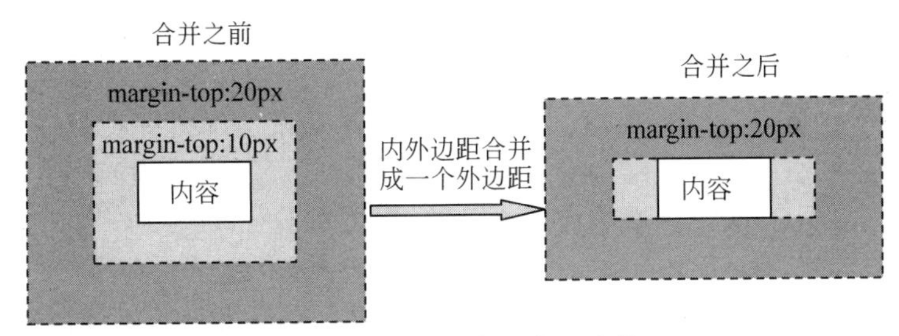

图 4-16　父子元素空白边合并

【例 4-8】　父子元素 margin 合并示例，其显示效果如图 4-17 所示。

```
#inner {
    margin: 30px;    border: 1px solid #F00;
    height: 50px;    width: 200px;    background-color: #9CF;    }
#outer { margin: 20px;  }/ * 父元素只设置了边界，没设置边框和填充 * /
body {  margin: 10px;}
<body>
    <div id="outer"><div id="inner">此处显示 id "inner" 的内容</div></div>
</body>
```

在图 4-17 中，由于父元素没有设置边框和填充值，因此父元素和子元素的上下 margin 发生了合并，而左右 margin 并未合并。如果有多个父元素的边框和填充值都为 0，那么子元素会和多个父元素的上下 margin 发生合并。因此，上例中，上 margin 等于#inner、#outer、body 三个元素上 margin 的最大值 30px。

若父元素的边框或填充不为 0，或父元素中还有其他内容，那么父元素和子元素的 margin 会被隔开，因此不存在 margin 合并的问题。

提示：如果有盒子嵌套，要调整外面盒子和里面盒子之间的距离，尽量用外面盒子的 padding 调整，不要用里面盒子的 margin，以避免父子元素上下 margin 合并现象发生。

3. 左右 margin 不会合并

元素的左右 margin 等于相邻两边的 margin 之和,不会发生合并,如图 4-18 所示。

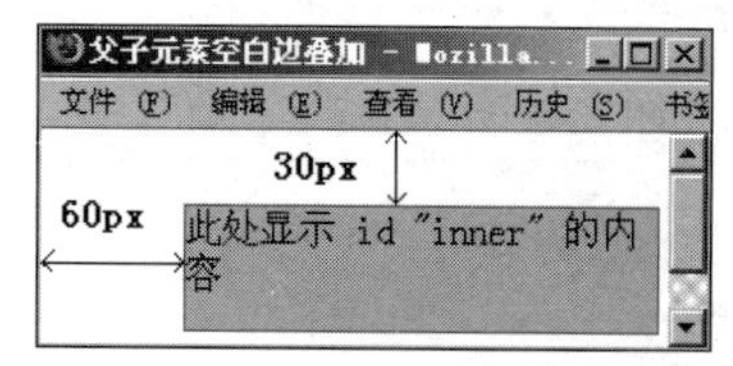

图 4-17 父子元素上下空白边叠加图

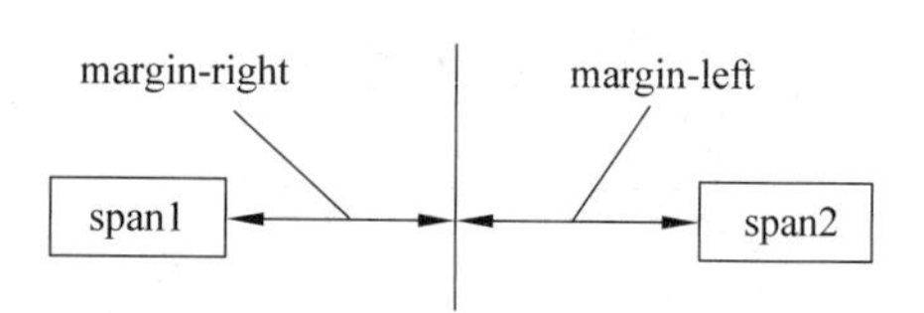

图 4-18 元素的左右 margin 不会合并

4.2.3 盒子模型的应用

利用盒子模型的相关属性,可以为网页中的任何元素添加填充、边框和背景等效果,只要运用得当,就能很方便地美化网页元素。下面是两个盒子模型属性应用的实例。

【例 4-9】 制作日历效果。

图 4-19 日历效果

图 4-19 是网页中某些通知或学术讲座栏目中常见的日历效果。从结构上看,日期和月份是上下排列的两个元素。为了让这两个元素组成一个整体,可以在外面再套一个 div 元素。因此,该日历由 3 个 HTML 元素组成,结构代码如下。

```
<div class="news_date">          <!--表示日历整体-->
   <div class="news_day"> 27 </div>
   <div class="news_month"> 2017-06 </div>
</div>
```

接下来设置 CSS 样式,主要是为外层 news_date 元素添加边框和宽度,为内层 2 个元素设置字体颜色和大小、背景颜色和行高,代码如下。

```
.news_date {
   width: 50px;    text-align: center;
   border: 1px solid #d26d22;    }
.news_day {
   line-height: 30px;    font-size: 18px;
   background: #d26d22;    color: #fff;    }
.news_month {
   line-height: 18px;    font-size: 10px;
   background: #fff;    color: #d26d22;    }
```

提示:设置元素的 height 和 line-height 属性为同一值时,将使元素中的内容垂直居中显示。例如,line-height: 30px; height: 30px;。此时,height 属性可以省略。本例就将.news_day 和.news_month 中的 height 属性省略了,但仍然能垂直居中。

【例 4-10】 制作留言评论界面。

图 4-20 是一个留言评论界面,表面上看该界面似乎由左、右两个盒子组成。而实际

上,这两个盒子是包含关系,左边的盒子本来位于右边盒子里面,再通过负值 margin 将其强行拖到其父元素的外面。结构代码如下。

王小波曾经说过，大多数人在说话，少数人在沉默；大多数人幸福，少数人痛苦。所以，我曾经很热切地希望我能成为大多数，可是我失败了。我是一个与众不同的人，自始至终都是一个与众不同的人，这种与众不同不是我骄傲的资本，而是我前进的动力。…

图 4-20　留言评论界面

```
<div class=" weibo">
    <div class="intro"></div>
    <p class="txt">王小波曾经说过,大多数人…</p>
</div>
```

CSS 样式代码如下:

```
.weibo{font-size:14px; width:40% ;margin-left:90px; background-color: #
EEF7FF;border:1px solid #CCC; }
.intro{margin-left:-90px; padding:5px; width:60px; height:60px;
background: url(images/tx1.jpg) no-repeat;border:1px solid #CCC; line-
height:1.6em; }
.txt{margin-top:-60px;}              /*将文本拖动到原来位置的上方*/
```

可见,通过负 margin,子元素可以跳出父元素边框的范围,使其看起来不像元素。

【例 4-11】　制作竖直导航菜单。

利用盒子模型及其在标准流中的定位方式,就可以制作出无须表格的竖直菜单,原理是:通过将 a 元素设置为块级元素显示,并设置它的宽度,再添加填充、边框和边距等属性实现。当光标滑过时改变它的背景和文字颜色以实现动态交互,代码如下,效果如图 4-21 所示。

图 4-21　竖直导航菜单

```
#nav{width:217px;}
#nav a {
    font-size: 16px;  color: #fcfcfc;
    text-decoration: none;
    background-color: #14a69a;
    display: block;
    border-bottom: 1px solid #0e746b;
    padding-left: 20px;
    line-height: 35px;
    margin: 0 2px;}
#nav a:hover {
    color: #fff;  background-color: #0e746b;  /*改变字体色和背景色*/
    border-left: 5px solid #fbb03b; }         /*添加左边黄色边框*/
<div id="nav">
    <a href="#">首页</a><a href="#">中心简介</a>……
    <a href="#">为您服务</a><a href="#">技术支持和服务</a>
</div>
```

4.2.4 Chrome 浏览器的调试功能

制作网页时,需要对每个元素的大小和位置有清晰、直观的了解,以帮助开发者对元素进行定位,或者检查元素应用了哪些样式,以便对元素显示的效果进行分析。Chrome 和 edge 浏览器都提供了网页的调试功能,在浏览器窗口中单击鼠标右键,选择快捷菜单中的“检查”,将出现如图 4-22 所示的窗口。

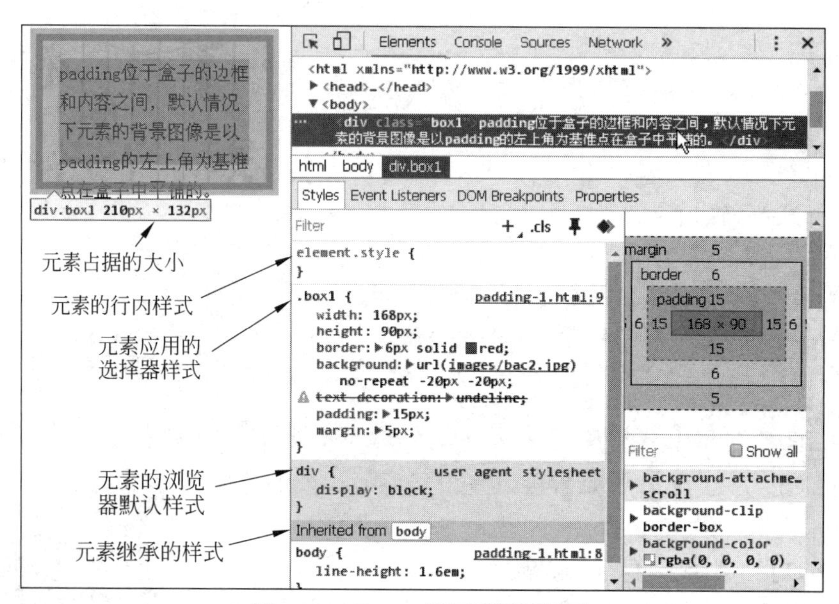

图 4-22 Chrome 的网页调试界面

用光标在窗口右上方的 HTML 代码中滑动,每滑动到一个元素上时,就会以半透明背景显示该元素占据的网页空间,并以不同颜色标识出元素的 margin、border、padding、内容等区域。窗口的右下方还会显示该元素的盒子模型图。

窗口的中下方会显示元素应用的 CSS 代码,从上到下按照优先级依次是行内样式、选择器样式、浏览器默认样式、继承的样式。在此,用户可以清楚地看到元素成功地应用了哪些样式,而被划掉的样式可能是: 样式冲突,优先级较低的样式;样式书写错误,无法识别;样式被注释掉了。

而且,用户还可对图 4-22 中的 HTML 代码和 CSS 代码作调试修改,此时网页马上会显示修改后的效果。

在仿站(模仿其他网站)技术中,使用浏览器的调试功能可方便地抠取需要的网页元素,因为一个网页的代码分为 HTML 代码和 CSS 代码两部分,它们位于网页的不同部分,如果直接保存网页,只能保存网页的 HTML 代码,虽然从 HTML 代码中找到特定网页元素的代码是比较容易的,但是从 CSS 文档中找特定网页元素的所有样式是非常困难的。而使用浏览器调试功能,网页元素所有的 CSS 样式都显示在一起,可以方便地复制。

提示: 在图 4-22 中,选中某个 HTML 元素右击,从快捷键菜单中选择 Copy→Copy outerHTML 就能复制元素的 HTML 代码。在快捷菜单中选择“:hover”,能查看该元素的:hover 伪类样式代码。

4.3　背景的运用

背景(background)是网页中常用的一种表现方法,无论是背景颜色还是背景图片,只要灵活运用,都能为网页带来丰富的视觉效果。

4.3.1　CSS 的背景属性

CSS 背景属性

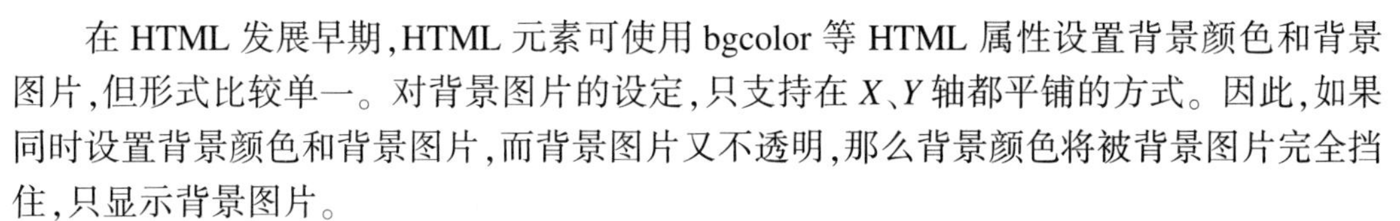

在 HTML 发展早期,HTML 元素可使用 bgcolor 等 HTML 属性设置背景颜色和背景图片,但形式比较单一。对背景图片的设定,只支持在 *X*、*Y* 轴都平铺的方式。因此,如果同时设置背景颜色和背景图片,而背景图片又不透明,那么背景颜色将被背景图片完全挡住,只显示背景图片。

而 CSS 对元素的背景设置,则提供了更多的途径,如背景图片既可以平铺,也可以不平铺,还可以仅在 *X* 轴平铺或仅在 *Y* 轴平铺,当背景图片不平铺时,并不会完全挡住背景颜色,因此可以同时设置背景颜色和背景图片将两者融合在一起。

CSS 的背景属性是 background,或以“background-”开头,表 4-1 列出了 CSS 2.1 中的背景属性及其可能的取值。

表 4-1　CSS 2.1 中的背景属性及其可能的取值

属　　性	描　　述	可能的取值
background	设置背景的所有控制选项	其他背景属性可用值的集合
background-color	设置背景颜色	命名颜色、十六进制颜色等
background-image	设置背景图片或渐变填充	url(URL)或渐变属性值
background-repeat	设置背景图片的平铺方式	repeat、repeat-xrepeat-y、no-repeat
background-attachment	设置背景图片是固定还是随内容滚动	scroll、fixed
background-position	设置背景图片显示的起始位置(第 1 个值为水平位置,第 2 个值为竖直位置)	[left | center | right] [top | center | bottom]或[x%] [y%]或[x-pos] [y-pos]

1. background 属性的缩写

background 属性是表 4-1 中其他背景属性的缩写,其缩写顺序为

```
background: background - color  | background - image  | background - repeat  |
background-attachment |background-position
```

例如:

```
body {background:silver url(images/bg.jpg) repeat-x fixed 50% 50% ;}
```

可以省略其中一个或多个属性值,如省略,该属性将使用浏览器默认值,默认值为

```
background-color: transparent          /* 背景颜色透明 */
background-image: none                 /* 无背景图片 */
```

```
background-repeat: repeat              /*背景完全平铺*/
background-attachment: scroll          /*随内容滚动*/
background-position: 0% 0%             /*从左上角开始定位*/
```

说明：

① background-repeat 的取值有：完全平铺(repeat)、不平铺(no-repeat)、水平平铺(repeat-x)、垂直平铺(repeat-y)。其中 repeat-x 和 repeat-y 的效果如图 4-23 所示。

② background-position(背景定位)属性值单位中百分数和像素的意义不同，使用百分数定位时，是将背景图片的百分比位置和元素盒子的百分比位置对齐。例如：

```
background:url(hua.gif) no-repeat 50% 33%;
```

就表示将背景图片的水平 50%处和 div 盒子的水平 50%处对齐，竖直方向 33%处和盒子的竖直方向 33%处对齐。这样，背景图片将位于盒子的水平中央(相当于设置为 center)，垂直方向约 1/3 处。而如果设置为像素，则表示相对于盒子的左边缘或上边缘(边框内侧)偏移的距离。图 4-24 对这两种属性值单位进行了对比。

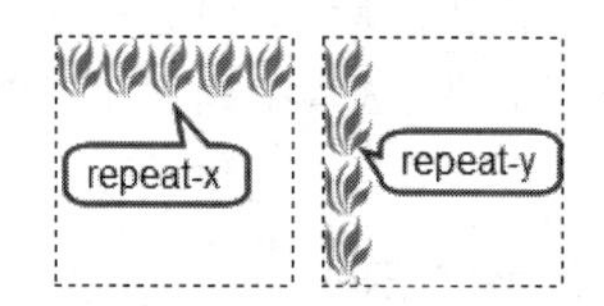

图 4-23　背景水平平铺和垂直平铺的效果

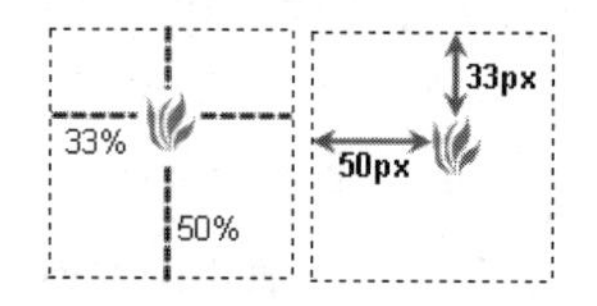

图 4-24　背景定位属性取值单位不同的效果

background-position 的取值可为负数，这通常用在背景图像比盒子尺寸还大时，设置为负数，可以使盒子不显示背景图像的左边或上边部分的图案。

背景的这些属性都可以在 DW 的 CSS 面板的“背景”选项面板中设置，它们之间的对应关系如图 4-25 所示。

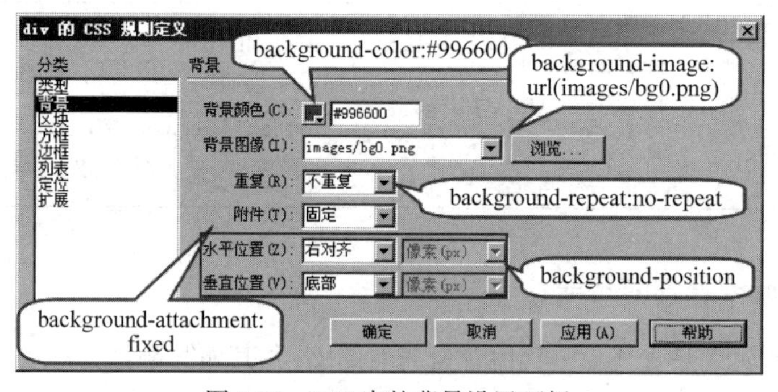

图 4-25　DW 中的背景设置面板

2. background-size 属性

在 CSS 3 之前，背景图像是无法改变大小的，也就是不能缩放。为此，CSS 3 提供了 background-size 属性，用来改变背景图像的尺寸，其语法如下。

```
background-size: length |percentage |cover |contain;
```

其中 length 表示长度，percentage 表示百分比，cover 表示保持图像的宽高比例，将图片缩放到正好完全覆盖元素的背景区域。contain 表示保持图像的宽高比例,将图片缩放到正好能完全显示出来的大小。

【例 4-12】　background-size 属性用法示例,其显示效果如图 4-26 所示。

图 4-26　background-size 值为 contain、cover、100%和数值时的效果

```
div{ width: 160px; height: 200px;  display:inline-block;
          background: #fcc url(images/tx1.jpg) no-repeat;  }
.box1{background-size:contain;}
.box2{ background-size:cover;}
.box3{background-size:100% 100% ; }
.box4{ background-size:50px 50px; background-repeat:repeat;  }
```

可见,当设置为 contain 时,背景图片在一个方向上可能不能铺满元素,设置为 cover 时,背景图像能铺满元素,但图像的某些区域又不能被显示出来,设置为 100%时,能保证背景图像正好和元素一样大,但图像可能会发生变形。

提示:background-size 属性无法作为 background 属性的一个属性值来缩写。

3. background-origin 与 background-clip 属性

这两个属性具有相同的可选属性值,分别是 border-box、padding-box、content-box,默认值都是 padding-box。也就是说,背景默认情况下是铺满填充和内容区域的。

background-origin 用来规定背景图片的定位区域,background-clip 用来规定背景图片的裁剪区域。例如,content-box 表示背景只会显示在内容区域;不会显示到填充区域;border-box 表示背景会从边框区域开始显示,因此,只有当盒子设置 border 和 padding 的值为非 0 时,才能看到这两个属性的应用效果。

4. background 多背景图

过去,每个元素只能设置一张背景图片,有些不方便。为此,CSS 3 标准允许使用 background 属性为元素设置多张背景图,每个背景图之间要用逗号隔开。

【例 4-13】　background 多背景图应用示例,其显示效果如图 4-27 所示。

```
.mutibg{   background:  url(images/pic1.jpg) no-repeat, /*第一张背景图*/
     url(images/pic2.jpg) no-repeat 30px 30px,
     url(images/pic3.jpg) no-repeat 60px 60px,
     url(images/pic4.jpg) no-repeat 180px 0px;
color:#fff;width:270px;line-height:210px;border:1px dotted red;  }
<div class="mutibg">多背景图效果</div>
```

图4-27 为元素设置多个背景图

可见,如果多个背景图发生重叠,则前面的背景图会覆盖在后面的背景图的上方。

5. opacity 属性

opacity 属性用于设置元素的透明度,其取值为[0-1],取值为0时,表示元素完全透明,此时元素不可见;取值为1时,表示完全不透明,因此0~1的值表示半透明效果。

【例4-14】 光标滑动到元素上时,元素出现半透明的效果。

```
.box1:hover{opacity:0.5;
    filter:Alpha(opacity=50);}    /*兼容IE 8-浏览器*/
```

所有主流浏览器都支持 opacity 属性,而 IE 8 以下浏览器不支持,但 IE 8 支持使用滤镜属性实现透明度效果。因此,上述代码是为了兼容 IE 8 浏览器才使用了 filter 属性。

opacity 属性具有继承性,因此,如果设置一个元素的 opacity 值为 0.5,则它所有的子元素都不可能比这个值更加不透明。opacity 会使元素的背景和它的内容都变得透明。

6. opacity 与 rgba()的区别

opacity 作用于元素,用 opacity 设置的透明度会使元素的背景和内容(如文字),及其子元素全部带有透明度效果,而 rgba()是属性值,只作用于属性,它能应用于 color、background-color 和渐变属性中,可以仅让背景半透明或仅让内容半透明。因此,rgba()的使用更广泛一些。

4.3.2 背景的基本运用技术

1. 同时运用背景颜色和背景图片

在一些网页中,页面的背景从上到下由深颜色逐渐过渡到浅颜色,由于网页的高度通常不固定,所以无法仅用背景图片实现这种渐变背景。这时可以对 body 元素同时设置背景颜色和背景图片,在网页的上部采用很窄的从上到下渐变的图片水平平铺作为上方的背景,再用一种和图片底部颜色相同的颜色作为网页背景色,这样就实现了很自然的渐变效果,而且无论页面有多高。图 4-28 也是对一个元素同时运用背景图和背景颜色的例子,主要是设置背景图片不平铺,并且底端对齐,同时设置背景颜色。

【例4-15】 同时设置背景颜色和背景图片,其显示效果如图 4-28 所示。

```
#sidebar{background:#666 url(images/side_bg.gif) no-repeat center
bottom;}
```

2. 控制背景在盒子中的位置及是否平铺

在 CSS 中,背景图像能够精确定位到盒子的任何位置,并允许不平铺,这时效果就像普通的 img 元素一样。例如,图 4-29 所示网页中的书籍图像就是用让背景图片不平铺并且定位于右下角实现的。

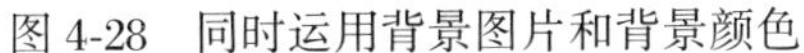
图 4-28 同时运用背景图片和背景颜色

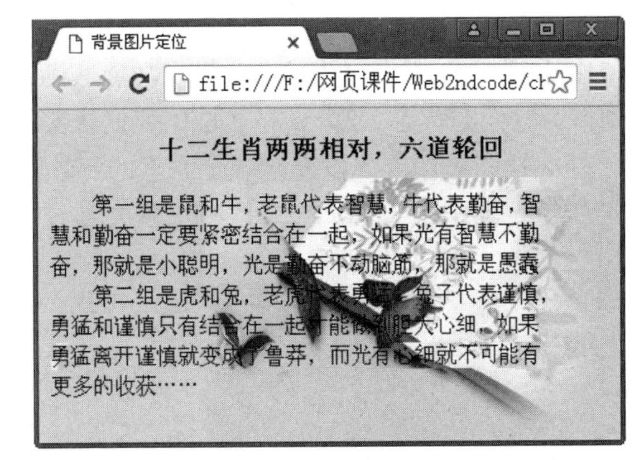

图 4-29 背景图片定位在右下角且不平铺

【例 4-16】 设置背景不平铺,右下角定位,其显示效果如图 4-28 所示。

```
body {background: #eadece url(shu.jpg) no-repeatright bottom;}
```

如果希望图 4-29 中的背景图片始终位于浏览器的右下角,不会随网页的滚动而滚动,可将 background-attachment 属性设置为 fixed,代码如下。

```
body { background: #f7f2df url(cha.jpg) no-repeat fixed right bottom;}
```

利用背景图像不平铺的方法还可改变列表的项目符号。虽然使用列表元素 ul 的 CSS 属性 list-style-image:url(arrow.gif)可以将列表项前面的小黑点改变成自定义的小图片,但无法调整小图片和列表文字之间的距离。

要解决这个问题,可以将小图片设置成 li 元素的背景,不平铺,且居左,为防止文字遮住图片,将 li 元素的左 padding 设置成 20px,这样就可通过调整左 padding 的值精确调整列表小图片和文字之间的距离了。

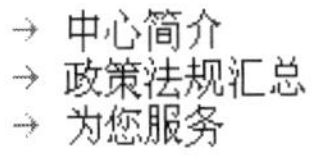

→ 中心简介
→ 政策法规汇总
→ 为您服务

图 4-30 用图片自定义项目符号

【例 4-17】 用图片自定义项目符号,效果如图 4-30 所示。

```
ul{ list-style-type:none; }
li{
   background:url(arrow.gif) no-repeat 0px 3px; /*距左边 0px,距上边 3px*/
   padding-left:20px;   }
```

有了背景的精确定位能力,完全可以使列表项的符号出现在 li 元素的任意位置上。

3. 多个元素背景的叠加

背景图片的叠加是很重要的 CSS 技术。当两个元素是嵌套关系时,那么里面元素盒子的背景将覆盖在外面元素盒子背景之上,利用这一点,再结合对背景图片位置的控制,可以将几个元素的背景图像巧妙地叠加起来。下面以 4 图像可变宽度圆角栏目框的制作介绍多个元素背景叠加的技巧。

【例 4-18】 可变宽度的圆角栏目框。

可变宽度的圆角栏目框,是指无论怎样改变栏目框的高度或宽度,圆角框都能根据内容自动适应。制作可变宽度的圆角栏目框需要 4 个圆角图片。

由于需要 4 个圆角图片做可变宽度的圆角栏目框,而一个元素的盒子只能放一张背景图片(假设不使用 CSS 3 的多背景图功能),所以必须准备 4 个盒子把这 4 张圆角图片分别作为它们的背景,考虑到栏目框内容的语义问题,这里选择 div、h3、p、span 4 个元素,按照图 4-31 所示的方式设置这 4 个元素的背景图片摆放位置,并且都不平铺。然后再把这 4 个盒子以适当的方式叠放在一起,这是通过以下元素嵌套的代码实现的。

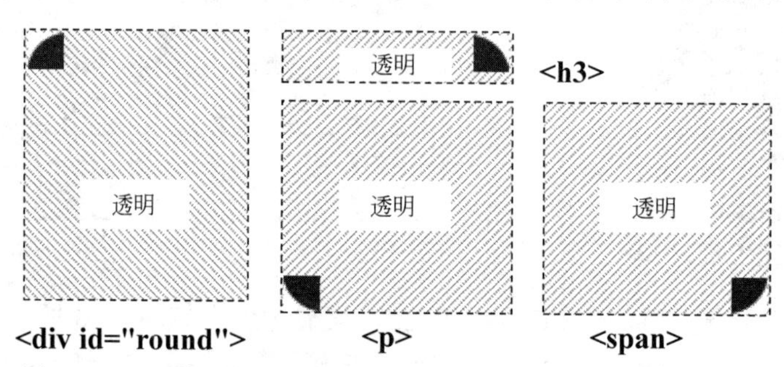

图 4-31 4 图像可变宽度圆角栏目框中 4 个元素盒子的背景设置

从图 4-31 中可以看出,要形成圆角栏目框,首先要把 span 元素放到 p 元素里面,这样它们两个的背景就叠加在一起,形成了下面的两个圆角,然后再把 h3 元素和 p 元素都放到 div 元素中,就形成一个圆角框的 4 个圆角了。因此,结构代码如下。

```
<div id="round">
    <h3>圆角栏目框的标题</h3>
    <p><span>栏目框的内容……</span></p>
</div>
```

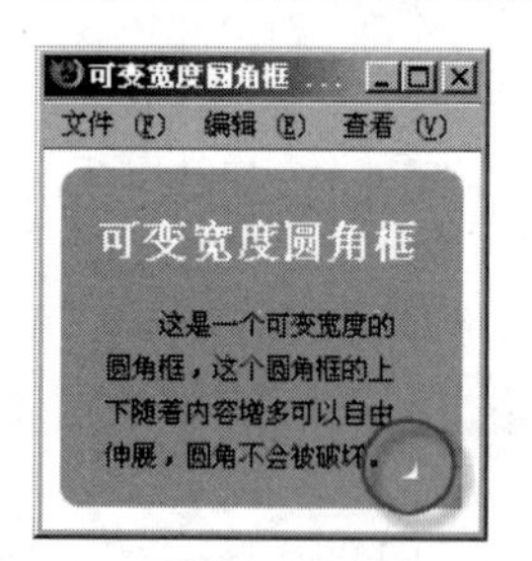

图 4-32 错误的背景图像位置

由于几层背景的叠加,背景色只能放在最底层的盒子上,也就是对最外层的 div 元素设置背景色,否则上面元素的背景色会把下面元素的背景图片(圆角)覆盖掉。与此相反,为了让内容能放在距边框有一定边距的区域,必须设置 padding 值,而且 padding 值只能设置在最里层的盒子(span 和 h3)上。因为如果将 padding 设置在外层盒子(如 p)上,则内外层盒子的边缘无法对齐,就会出现如图 4-32 所示的错误。

接下来对这 4 个元素设置 CSS 属性,主要是将这四个圆角图片定位到相应的位置上,span 元素必须设置为块级元素显示,应用盒子属性才会有正确效果。CSS 代码如下:

```
#round{
      font: 12px/1.6 arial;
      background: #abc276 url(images/right-top.gif) no-repeat right top;
  }
    #rounded h3 {
      background: url(images/left-top.gif) no-repeat;
```

```
    padding: 15px 20px 0;
    color: #fff;                    /*设置标题的文字颜色为白色*/
    margin: 0;  }
  #rounded p {
    margin: 0;                      /*清除p元素的默认边界*/
    text-indent:2em;                /*内容部分段前空两格*/
    background: url(images/left-bottom.gif) no-repeat left bottom;  }
  #rounded span{
      padding: 10px 20px 13px;    display:block;
      background:url(images/right-bottom.gif) no-repeat right bottom;
}
```

最终效果如图 4-33 所示。但这个圆角框没有边框，要制作带有边框的可变宽度圆角框，至少需要 4 张图片通过滑动门技术实现。

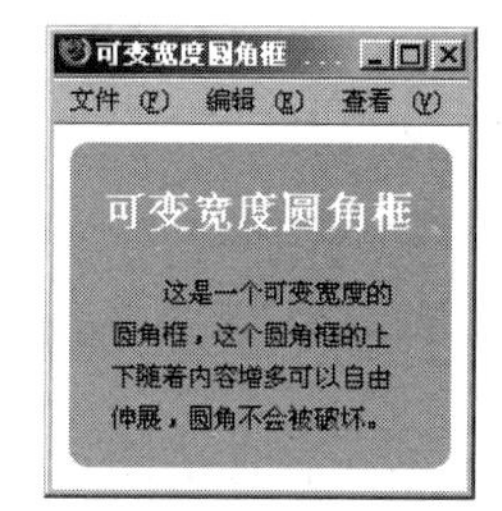
可变宽度圆角框
文件 (F)　编辑 (E)　查看 (V)
可变宽度圆角框
这是一个可变宽度的圆角框，这个圆角框的上下随着内容增多可以自由伸展，圆角不会被破坏。

图 4-33　最终效果

4.3.3　滑动门技术

在 CSS 2.0 时期，有一种滑动门技术（sliding doors technique），它是指一个图像在另一个图像上滑动，将它的一部分隐藏起来，因此而得名。实际上这是一种背景的高级运用技巧，主要通过两个盒子背景的重叠和控制背景图片的定位实现。在 CSS 3.0 时代，已经有圆角属性能更方便地实现圆角，因此滑动门技术应用逐渐减少，但滑动门技术对于深入理解 CSS 盒子的排列和布局很有好处，且可实现一些特殊的样式美化效果。

滑动门技术的典型应用有：制作图像阴影；制作自适应宽度的圆角导航条。

【例 4-19】　制作图像阴影。

阴影是一种很流行、很有吸引力的图像处理技巧，它给平淡的设计增加了深度，形成立体感。使用图像处理软件很容易给图像增添阴影。但是，可以使用 CSS 产生简单阴影效果，而不需要修改底层的图像。通过滑动门技术制作的阴影能自适应图像的大小，即不管图像是大是小，都能为它添加阴影效果。这对于交友类网站很适合，因为网友上传的个人生活照片大小都是不一样的，而这种方法能自适应地为这些照片添加阴影。

图 4-34 展示了图像阴影的制作过程。图 4-34 中有 6 张小图，编号为①~⑥，在下面的制作步骤中，为了叙述方便，我们用图①~⑥表示图 4-34 中的 6 张小图。

（1）准备一张图①所示的 gif 图片，该图片左边和上边是白色部分，其他区域是完全透明的，将其称为“左上边图片”，然后再准备一张图②所示的灰色图片做背景，灰色图片的右边和下边最好有柔边阴影效果，这两张图片都可以比待添加阴影的图像尺寸大得多。

（2）把待添加阴影的图片③放到灰色图片上面，通过设置图像框的填充值使图像的右边和下边能留出一些，显示灰色的背景，如图④所示，灰色背景图片多余的部分就显示不下了。

（3）接着再把图①的图片插入图像和灰色背景图片之间，使图①的图片和图③的图片从左上角开始对齐。这样它的右上角和左下角就挡住阴影了，就出现了图⑤所示的阴影效果。

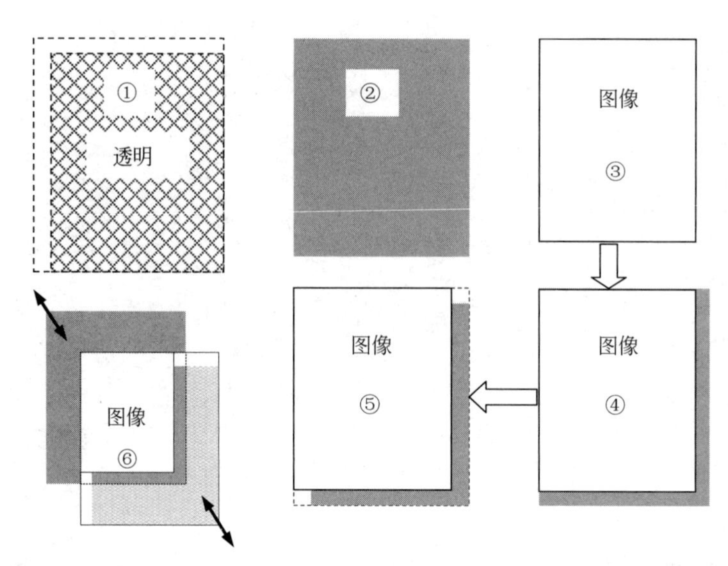

图 4-34 滑动门制作图片阴影原理图

(4) 图①的图片比图像大一些也没关系,因为图①的图片和图像是左上角对齐的,所以其超出图像盒子的右边和下边部分就显示不下了。而图②的灰色背景图片因为是从右下角开始铺,所以超出图像盒子的左边和上边部分就显示不下了。如图⑥所示,这样图像阴影就能自适应图像大小,就好像①和②两张图片分别向右下和左上两个方向滑动一样。

也可以不用图②的图片文件做灰色的背景,而是直接将 img 元素的背景设为灰色,再设置它的背景图片为图①的图片,由于背景图片会位于背景颜色上方,这样就出现了没有柔边的阴影效果。代码如下,效果如图 4-35 所示。

```
img {
    background-color: #CCC;         /* 灰色背景作为阴影 */
    padding:0 6px 6px 0;            /* 使右边和下边留出一部分显示灰色背景 */
    background-image: url(top-left.gif);        /* 背景图像为左上边图片 */
}
<img src="works.jpg"/>
```

当然,最好先给图片添加边框和填充,使图片出现相框效果,再给它添加阴影效果,这样更美观。由于阴影必须在 img 图像的边框外出现,因此在 img 元素的盒子外必须再套一个盒子。这里选择将 img 元素放入一个 div 元素中,代码如下,效果如图 4-36 所示。

```
.shadow img{
    background-color: #FFF;                 /* 图像填充区的背景为白色 */
    padding: 6px;
    border: 1px solid #333;                 /* 图像边框为灰色 */  }
.shadow {
    background: #ccc url(top-left.gif);  /* 左上边图像将叠放在灰色背景之上 */
    float: left;                            /* 浮动使 div 宽度不会自动伸展 */
    padding:0 6px 6px 0;  }
<div class="shadow"><img src="works.jpg"/></div>
```

图 4-35 利用左上边图片制作阴影效果

图 4-36 添加边框后的阴影效果

由于是用背景色做的阴影,所以没有阴影渐渐变淡的柔边效果,为了实现柔边效果,就不能用背景色做阴影,还是采用图 4-34②中一张右边和下边是柔边阴影的图片做阴影。这样,img 图像下面就必须有两张图片重叠,最底层放阴影图片(见图 4-34 中②),上面一层放左上边图片(见图 4-34 中①)。因为每个元素只能设置一张背景图片,而为了放两张背景图片,就必须有两个盒子。因此,必须在 img 元素外套两层 div。

另外,我们知道 png 格式的图片支持 alpha 透明(即半透明)效果,因此可以将左上边图片(见图 4-34 中①)和灰色背景图片交界处的地方做成半透明的白色,保存为 png 格式后引入,这样阴影就能很自然地从白色过渡到灰色。实现的代码如下,效果如图 4-37 所示。

```
.shadow img {
   background-color: white;    padding: 6px;    border: 1px solid #333;
  }
.shadow div {
   background-image: url(top-left.png);
   padding:0 6px 6px 0;         /* 留出两张背景图片的显示位置 */}
.shadow {
   background: url(images/bottom-right.gif) right bottom;
   float: left;    }
<div class="shadow"><div><img src="works.jpg"/></div></div>
```

这样就实现了图像柔边阴影效果,由于左上边图片和 img 图像是左上角对齐,所以如果左上边图片比 img 图像大,即超过 div 盒子的大小,那么多出的右下部分将显示不下。同样,阴影背景图像与 img 图像从右下角开始对齐,如果背景图像比盒子大,那么背景图像的左上部分也会自动被裁去。所以,把这两张图片都做大一些,就能自适应地为任何大小的图片添加阴影效果。

图 4-37 通过图像实现了柔边的阴影效果

【例 4-20】 制作自适应宽度的圆角导航条。

现在很多网站都使用了圆角形式的导航条,这种导航条两端是圆角,而且还可以带有背景图案,如果导航条中的每个导航项是等宽的,那么制作起来很简单,用一张圆角图片作为导航条中所有 a 元素的 background-image 就可以了。

但是,有些导航条中的每个导航项并不是等宽的,如图4-38所示,这时能否仍用一张圆角图片做所有导航项的背景?答案是肯定的,使用滑动门技术就能实现:当导航项中的文字增多时,圆角图片就能自动伸展(当然,这并不是通过对图片进行拉伸实现的,那样会使圆角发生变形)。它的原理是用一张很宽的圆角图片给所有导航项做背景。

图4-38 自适应宽度的圆角导航条

因为导航项的宽度不固定,而圆角总要位于导航项的两端,这就需要用2个元素的盒子分别放圆角图片的左、右部分,而且它们之间要发生重叠,所以选择在a标记中嵌入b标记,这样就得到两个嵌套的盒子。结构代码如下,CSS的设置步骤如下。

```
<div id="nav">
<a href="#"><b>首页</b></a><a href="#"><b>中心简介</b></a>
……<a href="#"><b>技术支持和服务</b></a>
</div>
```

(1) 利用CSS设置a元素的背景为圆角图片的左边部分,只要设置a元素盒子比圆角图片窄,让圆角图片作为背景从左边开始平铺a元素,则圆角图片右边就显示不下了,效果如图4-39①所示。

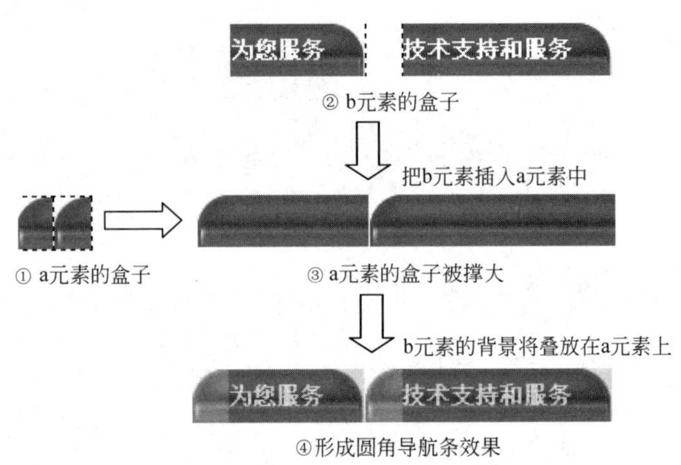

图4-39 滑动门圆角导航条示意图

(2) 设置b元素的背景为圆角图片的右边部分,只要设置b元素盒子比圆角图片窄,让圆角图片作为背景从右边开始平铺b元素,则圆角图片左边就显示不下了。效果如图4-39②所示。

(3) 把b元素插入a元素中,这时a元素的盒子为了容纳b的盒子会被撑大,如图4-39③所示。这样,里面b元素的背景就位于外面a元素背景的上方,通过设置a元素的左填充值,使b的盒子不会挡住a盒子左边的圆角,而b盒子右边的圆角(右上方为不透明白色背景)则挡住了a盒子右边的背景,这样,左、右两边的圆角就都出现了,如图4-39④所示。同时,改变文字的多少,能使导航条自动伸展,而圆角部分位于padding区域,不会影响圆角。

(4) 根据以上分析设置外面盒子 a 元素的 CSS 样式如下。

```
#nav a {
    font-size: 14px;    color: white;    text-decoration: none;
    line-height: 32px;         /* 设置盒子高度与行高相等,实现文字垂直居中 */
    padding-left: 24px;        /* 设置左填充为 24px,防止里面的内容挡住左圆角 */
    float: left;               /* 使导航项水平排列 */
    background: url(round.gif);          /* 背景图像默认从左边开始铺 */}
```

(5) 再写里面盒子 b 元素的 CSS 样式代码:

```
#nav a b {
    background: url(round.gif) right top; /* 使用同一幅背景图像但从右边开始铺 */
    display: block; padding-right: 24px; /* 防止里面的文字内容挡住右圆角 */}
```

(6) 最后给导航条添加简单的交互效果。

```
#nav a:hover {    color: silver;    }         /* 改变文字颜色 */
```

4.3.4　背景图像的翻转

背景定位与背景图像翻转实例

通过背景定位属性(background-position)可以使背景图像从盒子的任意位置上开始显示,如果设置 background-position 为负值,那么将有一部分背景移出盒子,而不会显示在盒子中;另外,如果盒子没有背景那么大,那么只能显示背景图像的一部分。

利用这些特点,用户可以将多个元素的背景图像放置在一个大的图像文件里,让每个元素的盒子只显示这张大背景图像的一部分,例如制作导航条时,在默认状态下显示背景图像的上半部分,光标滑过时显示背景图像的下半部分,这样就用一幅图像实现了导航条背景的翻转。

把多个背景图像放在一个图像文件里的好处有以下两点:

① 减少了文件的数量,便于网站的维护管理。

② 鼠标指针移到某个导航项上,如果要更换一个背景图像文件,有可能要替换的图像还没有下载下来,就会出现一下停顿,浏览者会不知发生了什么,而如果使用同一个文件,就不会出现这个问题了。

例如,对于自适应宽度圆角导航条来说,可以把导航条在光标离开和滑过两种状态时的背景做在同一个图像文件里,如图 4-40 所示,实现在光标滑过时背景图案的翻转,即当光标滑过时,让它显示图像的下半部分,默认时则显示图像的上半部分。

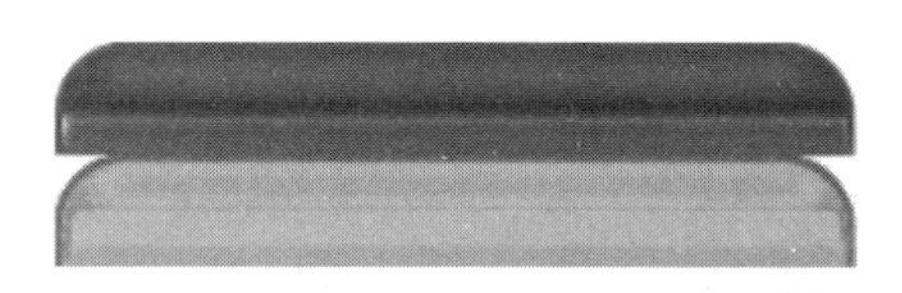

图 4-40　将正常状态和光标悬停状态的背景图像放在一张图像 round.gif

【例 4-21】　导航条图像的翻转。在 4.3.3 节例 4-19 的 CSS 代码中添加如下代码,即实现光标悬停时导航图像的翻转,其效果如图 4-41 所示。

```
a:hover {
    background-position:0 -32px; }          /*图像从左边开始铺,向上偏移 32px*/
a:hover b{ color: red;
    background-position:100%  -32px;}       /*图像从右边开始铺,向上偏移 32px*/
```

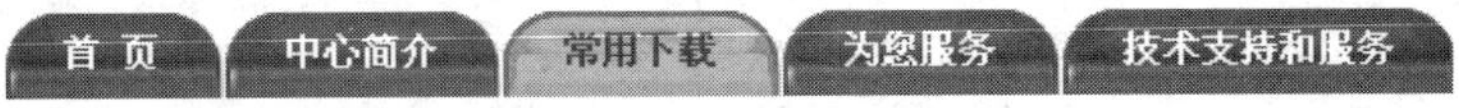

图 4-41　带有图像翻转效果的滑动门导航条

推荐把许多元素的背景图像放在同一个图像文件中,这称为 CSS Sprite(精灵)技术,以减少要下载的文件数量,从而减少对服务器的请求次数,加快页面载入速度。

4.3.5　传统圆角效果

圆角在网页设计中让人又爱又恨:一方面,设计师为追求美观的效果,经常需要借助圆角;另一方面,为了在网页中设计圆角,又不得不增添很多工作量。

尽管在 4.1.3 节使用 border-radius 可以方便地制作圆角盒子,但如果要制作带有花纹或图案的圆角,则还需要用一些传统的方法。下面对传统 CSS 圆角设计分类进行讨论。

【例 4-22】　固定宽度的圆角框(不带边框的)。

用 CSS 制作不带边框的固定宽度圆角框(见图 4-42)至少需要两个盒子:一个盒子放置顶部的圆角图案;另一个盒子放置底部的圆角图案,并使它位于盒子底部。把这两个盒子叠放在一起,再对栏目框设置和圆角相同的背景色就可以了,关键代码如下。

```
#rounded{    font: 12px/1.6 arial;
      background: #cba276 url(images/bottom.gif) no-repeat left bottom;
      width: 280px;    padding: 0 0 18px;    margin:0 auto;    }
#rounded h3 {
      background: url(images/top.gif) no-repeat;
      padding: 20px 20px 0;    font-size: 170% ;    color: white;
      line-height:1em;    margin: 0;    }
<div id="rounded">
    <h3>不带边框的圆角框</h3><p>这是一个不带边框的固定宽度的圆角框……</p>
    </div>
```

【例 4-23】　固定宽度的圆角框(带边框的)。

制作带边框的固定宽度的圆角框(见图 4-43)则至少需要 3 个盒子,最底层的盒子放置圆角框中部的边框和背景组成的图案,并使它垂直平铺,上面两层的盒子分别放置顶部的圆角和底部的圆角,这样,在顶部和底部,圆角图像就遮盖了中部的图案,形成完整的圆角框,代码如下。

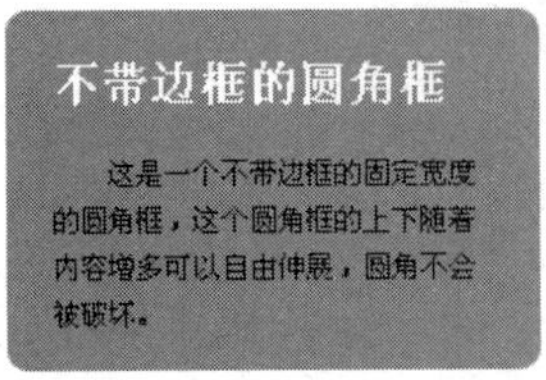

图 4-42　不带边框的圆角框

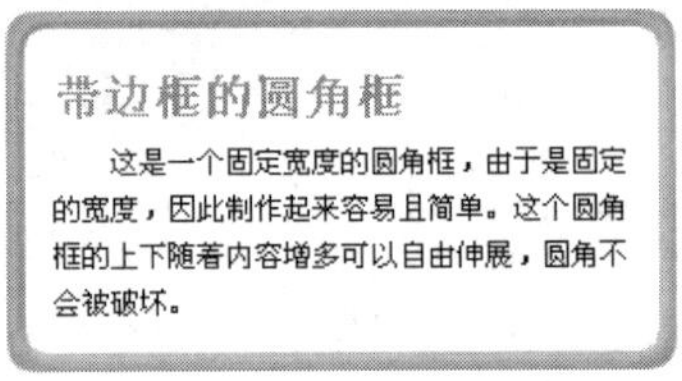

图 4-43　带边框的圆角框

```
#rounded{    font: 12px/1.6 arial;
      background: url(images/middle-frame.gif) repeat-y;
      width: 280px;    padding: 0;    margin:0 auto;    }
#rounded h3 {
      background: url(images/top-frame.gif) no-repeat;
      padding: 20px 20px 0; font-size: 170% ;   color: #cba276;  margin: 0;
    }
#rounded p.last {    padding: 0 20px 18px;
      background: url(images/bottom-frame.gif) no-repeat left bottom;
      height:1% ;             /*防止元素没有内容,在 IE 6 中不显示*/   }
<div id="rounded">
    <h3>带边框的圆角框</h3>    <p>这是一个固定宽度的圆角框……。</p>
    <p class="last"></p></div>
```

需要说明的是,顶部的圆角图案和底部的圆角图案既可以分别做成一张图像,也可以把它们都放在一张图像里,通过控制背景位置实现显示哪部分圆角。

4.4 CSS 3 样式美化功能

CSS 3 提供的样式美化功能主要有阴影效果、渐变效果、描边效果和遮罩效果,使得过去很多需要使用图片实现的效果,现在可以用 CSS 3 代码实现了。

4.4.1 阴影和发光效果

CSS 3 提供了两个实现阴影效果的属性,box-shadow 属性用来为元素的盒子添加阴影,text-shadow 属性用来为文本添加阴影。这两个属性的属性值设置方式都是一样的。

1. 盒子阴影

box-shadow 属性的语法如下。

```
box-shadow: h-shadow v-shadow blur spread color [inset];
```

其中,h-shadow 和 v-shadow 用于设置阴影偏离盒子的水平和垂直距离,blur 用于设置阴影的模糊距离,spread 用于设置阴影的尺寸大小。color 用于设置阴影的颜色,inset 用于设置阴影为外(outset,默认值)阴影还是内(inset)阴影。

```
box-shadow: 10px 10px 5px #888888;          /*设置左下角阴影,*/
box-shadow: 0 0 15px #888888;               /*设置外发光,*/
box-shadow: 10px 10px 5px #888888 inset;    /*设置内凹阴影,*/
```

提示:如果只写 3 个数值,就表示省略了 spread 值,此时 spread 的默认值为 0。

可见,如果设置 h-shadow 和 v-shadow 的值为正数,则为左下角偏移的阴影;如果 n-shadow 和 v-shadow 的值都为 0,则不发生偏移,变成一种外发光的效果。

还可以为 4 条边设置不同的阴影,示例代码如下。

```
box-shadow:-10px 0 10px red, /*左边阴影*/  10px 0 10px yellow, /*右边阴影*/
0 -10px 10px blue, /*上边阴影*/  0 10px 10px green; /*下边阴影*/
```

【例 4-24】 图 4-44 所示为各种阴影效果。

图 4-44 各种阴影效果

```
<style>
div{display:inline-block; width:120px; height:100px; margin:10px;border-
radius:8px; line-height:100px; text-align:center; color:white;background
-color:#9C9;}
.shad1{box-shadow: 10px 10px 5px #888888;/*设置左下角阴影,*/    }
.shad2{  box-shadow: 0 0 25px #888888;/*设置外发光,*/    }
.shad3{  box-shadow: 10px 10px 5px #888888 inset;     /*设置凹阴影,*/}
.shad4{box-shadow:-10px 0 10px red, /*左边阴影*/     10px 0 10px yellow, /*
右边阴影*/
0 -10px 10px blue, /*上边阴影*/     0 10px 10px green; /*下边阴影*/     }
</style>
<div class="shad1">左下角阴影</div><div class="shad2">外发光</div>
<div class="shad3">内阴影</div><div class="shad4">多颜色阴影</div>
```

2. 翘边阴影

图 4-45 所示是一种翘边阴影效果。这种效果的制作思路是:为图像所在的元素增加 2 个伪元素,将伪元素的盒子先倾斜变成平行四边形,再旋转一定角度,就露出两个角了,如图 4-46 所示。另一个伪元素的盒子也是类似做法。

图 4-45 翘边阴影效果

图 4-46 翘边阴影原理

【例 4-25】 翘边阴影效果。

```
.box li{
    position: relative;    padding: 5px;    margin-right: 25px;
    float: left;    width: 290px;    height: 200px;    background: #fff;
```

```
    box-shadow: 0 0px 4px rgba(0,0,0,0.3) , 0 0 60px rgba(0,0,0,0.1) inset;
    }
.box li:before{
    position:absolute;    content: '';    width: 90%;    height: 80% ;
    left: 18px;    bottom: 11px;    z-index: -2;    /*使阴影置于底层*/
    background: transparent;
    box-shadow: 0 8px 20px rgba(0,0,0,0.6);
    transform: skew(-12deg) rotate(-5deg);    /*先扭曲-12°,再旋转-5°*/
  }
.box li:after{
    position:absolute;    content: '';    width: 90%;    height: 80%;
right: 18px;
    bottom: 11px;    z-index: -2;    background: transparent;
    box-shadow: 0 8px 20px rgba(0,0,0,0.6);
    transform: skew(12deg) rotate(5deg);    }
<ul class="box"><li><img src="img/1.jpg"></li>……    </ul>
```

除了翘边阴影外,这种方法还可用来制作如图 4-47 所示的曲线阴影,其原理如图 4-48 所示,读者可根据原理图写出实现的代码。

图 4-47　曲线阴影效果

图 4-48　曲线阴影原理

3. 文字阴影

text-shadow 属性用于添加文本阴影,这使得过去要在 Photoshop 中实现的阴影、发光等效果,可以直接用 CSS 实现了。text-shadow 属性的取值和 box-shadow 属性的取值完全一致。

【例 4-26】　几种文字阴影效果的实现,显示效果如图 4-49 所示。

```
text-shadow: 0 0 10px red;                               /*红色发光文字*/
text-shadow: 0 1px 1px #fff;                             /*1 像素白色阴影的文字*/
text-shadow: -1px -1px 0 #fff,1px 1px 0 #333,1px 1px 0 #444;  /*浮雕字效果*/
text-shadow: 0 0 5px #f96;color:transparent;     /*模糊字效果*/
text-shadow: 1px 1px 0 #f96,-1px -1px 0 #f96;     /*描边字效果*/
```

船山　王船山　王夫之　思想家

图 4-49　发光字、阴影字、浮雕字、模糊字、描边字效果

4.4.2 渐变效果

渐变是指一系列(至少两种)颜色之间的缓慢过渡。利用渐变可制作出元素被光照射等效果。渐变属性可用于背景图或边框图。CSS 3 中的渐变包括线性渐变和径向渐变。

1. 线性渐变

线性渐变 linear-gradient( )必须作为 background-image 的属性值,它的语法如下。

```
background - image: linear - gradient (direction, color - stop1, color -
stop2, ...);
```

线性渐变的第 1 个参数是方向,其值既能是方向,也能是角度。如果不写,默认值是从上到下渐变(to bottom)。

【例 4-27】 线性渐变的一些例子。

```
background-image: linear-gradient(red, blue);          /*上红下蓝的渐变*/
background-image: linear-gradient(black, rgba(55,0,0,0));
/*上黑下透明的渐变*/
background-image: linear-gradient(to right, red , blue);
/*左红右蓝的渐变*/
background-image: linear-gradient(to bottom right, red , blue);
/*左上角红到右下角蓝的渐变*/
background-image: linear-gradient(120deg, red , blue);
/*左上角 120°红到蓝渐变*/
background-image: linear-gradient(red, green, blue);
/*上红中绿下蓝的渐变*/
```

以上渐变颜色是在盒子范围内均匀分布的。如果希望两种渐变颜色在盒子范围内占据的比例不一致,可以在颜色后面添加长度或百分比。

```
background-image: linear-gradient(to right, red 75%  ,blue);
/*从距左边 75% 的位置开始左红右蓝的渐变*/
background-image: linear-gradient(to right, red 100px ,blue);
```

另外,使用 repeating-linear-gradient 能创建重复的线性渐变。下面的代码不断地重复红、黄、蓝 3 种渐变颜色,会产生 5 行重复的水平条纹。

```
background: repeating-linear-gradient(red, yellow 10% , green 20% );
```

2. 径向渐变

径向渐变 radial-gradient( )是指由一个中心点开始向四周扩散的渐变,其语法如下。

```
background-image:radial-gradient([position,][shape size,] start-color,
stop-color);
```

径向渐变的第 1 个参数为中心点位置,第 2 个参数为直径,这 2 个参数是可选的,如

果不设置,则中心点默认是元素的正中心,直径默认是元素中心点到背景边缘的距离。例如:

```
background: radial-gradient(red,yellow, green);
/ * 从中心到四周为红、黄、绿的渐变 * /
background: radial-gradient(200px at top right,red,white, green);
/ * 以右上角为中心点半径为 200 像素的径向渐变 * /
```

默认情况下,渐变的起始位置是从渐变的中心到元素背景的边缘,如果要设置渐变的起始位置,可以在每种颜色后增加一个长度或百分比值。

【例 4-28】　设置径向渐变的起始位置,其显示效果如图 4-50 所示。

```
.radial{    width: 400px;   height: 240px; border-radius:12px;
     background: radial-gradient(200px,white 100px, red 100px);    }
```

从图 4-50 可以看出,当渐变的起点和渐变的终点设置为同一位置时,将看不到渐变效果。另外,如果将图 4-50 从圆心处开始切分成 4 块,则左下角和右下角分别为一段 1/4 的弧线,利用这个特点,可以制作出如图 4-51 所示的带有弧线的圆角导航项效果。

图 4-50　设置径向渐变的起始位置

图 4-51　带有弧线的圆角导航项(右为导航条)

【例 4-29】　带有弧线的圆角导航项效果。

```
.box{  width: 100px;  height: 34px;  line-height:34px;  font-size:14px;
       text-align:center;  color:white;  background-color:#39F;
       border-radius:12px 12px 0 0;   / * 设置盒子的左上方和右上方为圆角 * /
       position:relative;             / * 设置为伪元素的定位基准 * /
       margin:10px auto;      }
.box::after,.box::before{
       width: 12px;  height: 12px;  content:"";
    position:absolute;  left:100% ;  top:22px;         / * 向下偏移到底端 * /
background-image: radial-gradient(16px at top right, rgba(255,255,255,0)
12px, #39f 12px);
}
.box::before{      left:-12px;
    background-image: radial-gradient(24px at top left, rgba(255,255,255,
0) 12px, #39f 12px);
}
<div class="box">首页</div>
```

3. 设置径向渐变的形状

如果元素的盒子不是正方形,而是长方形,则径向渐变有两种形式:一种是渐变图案随盒子拉伸，显示为椭圆形渐变；另一种是渐变图案不随盒子拉伸，显示为圆形渐变。

【例 4-30】 椭圆形渐变和圆形渐变，显示效果如图 4-52 所示。

```
background: radial-gradient(ellipse,white 25% , red);          /* 椭圆形渐变,
默认值 */
background: radial-gradient (circle 200px, white 25% , red);     /* 圆形渐
变 */
```

图 4-52 椭圆形渐变和圆形渐变

其中，ellipse 是默认的渐变形状，因此 ellipse 也可省略。另外，设置了 ellipse，就不能再设置渐变半径，因此例 4-30 中 ellipse 后面没接 200px。因为一旦设置了渐变半径，就会自动转变成圆形渐变方式。

4. 渐变中的透明度设置

CSS 3 渐变也支持透明度（transparent），可用于创建减弱变淡的效果。如果要实现从一种颜色到透明的渐变，则可以用 rgba( ) 函数定义透明颜色结点。rgba( ) 函数中的第 4 个参数用来定义颜色的透明度：0 表示完全透明，1 表示完全不透明。下面代码的显示效果如图 4-53 所示。

```
background: radial-gradient( 150px,red, rgba(255,0,0,0));
/* 从红色到透明的渐变 */
```

图 4-53 从红色到透明的渐变

5. 多重渐变

background 属性除支持多幅背景图像外，还支持多重渐变填充，此时多个渐变的效果会发生叠加，形成多重渐变的效果。此外，利用 background-size 属性可将渐变图案缩小或放大。

【例 4-31】 利用多重渐变制作各种条纹图案，效果如图 4-54 所示。

```
background-image: linear-gradient (45deg, #555 25% , transparent 25% ,
transparent), linear - gradient (- 45deg, # 555 25% , transparent 25% ,
transparent), linear-gradient(45deg, transparent 75% , #555 75% ), linear-
gradient(-45deg, transparent 75% , #555 75% );}        /* 第一个图案 */
background-image: linear-gradient(transparent 50% , rgba(200, 0, 0, .5)
50% ), linear-gradient(90deg, transparent 50% , rgba(200, 0, 0, .5) 50% );
                                                        /* 第二个图案 */
background-size: 20px 20px;   width: 150px;   height: 80px; background:
#ace;
```

图 4-54　使用多重渐变制作各种条纹图案

6. 背景图像与渐变背景共存

【例 4-32】　同时对一个元素设置图像背景和渐变背景。需要注意的是,这种写法需要为渐变属性值添加-webkit-前缀。

```
background:url(images/pic1.jpg)no-repeat 50% 50% ,      /*背景图像*/
-webkit-linear-gradient(top, rgba(255,255,0,.7),rgba(0,0,0,0));
                                                        /*渐变背景*/
```

4.4.3　描边效果

外轮廓 outline 在页面中呈现的效果和边框 border 的效果极其相似,但 outline 和 border 是完全不同的,外轮廓不占用网页布局空间,不一定是矩形,属于一种动态样式,只有在元素获取到焦点或者被激活时才会呈现。

【例 4-33】　同时使用 outline 和 border 属性,实现双重边框效果。显示效果如图 4-55(左)所示。

```
.box{   width: 200px;   height: 134px;border-radius:16px;
       line-height:84px;         text-align:center;
       border:13px solid red;     /*border 的边框*/
       outline:5px solid blue;    /*outline 的边框*/
       margin:16px auto;          }
```

实现双重边框效果的第二种方法是同时使用 border 和 box-shadow 属性,将例 4-33 代码中的 outline 属性替换为以下的 box-shadow 属性,则效果如图 4-55(右)所示。

```
box-shadow: 0  0 0  13px #888888;
```

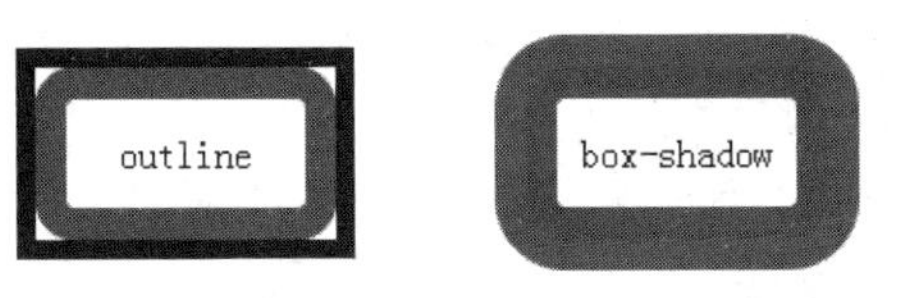

图 4-55　outline 和 box-shadow 制作的双重边框效果

可见,outline 制作的外轮廓边框只能是矩形。要制作圆角的外轮廓,只能用 box-shadow。过去,为表单元素获得焦点时添加外边框一般使用 outline 实现,而现在一般使用 box-shadow 实现。但 outline 的优势是能被较老的浏览器支持。

4.4.4　遮罩效果

CSS 3 提供了 mask 属性,它可提供图片的遮罩效果。该属性在作者撰写本书时仅被

webkit内核的浏览器支持,因此需要添加-webkit-前缀。

1. 使用图片作为遮罩层

一般来说,要实现遮罩,首先要使用mask-image属性引用一张有透明部分的图片(如PNG图片),该图片用于遮挡HTML元素,被图片透明部分遮住的部分将不显示,而被图片不透明部分遮住的部分将显示。

【例4-34】 图4-56是一个遮罩效果的例子,其中遮罩图(中)是一张有透明区域的PNG图片,该实例的关键代码如下。

图4-56　被遮罩元素(左)、遮罩图(中)、遮罩后效果(右)

```
.element {
  width: 200px;height: 66px; padding-top:170px;color: #000;
background: url(images/swy.jpg);
-webkit-mask-image: url(images/apple.png);      /*去掉这句就是原图了*/
-webkit-mask-repeat: no-repeat;  }              /*遮罩图像不重复*/
<div class="element">2012年11月15……</div>
```

mask-size属性用于改变遮罩图像的大小,与background-size属性类似。

mask-position用于设置遮罩图和背景元素的对齐关系,如果希望遮罩图的中心与背景元素的中心对齐,那么可使用mask-position: 50% 50%或mask-position: center。

下面在例4-33的基础上添加如下代码,当光标滑动到遮罩图时,遮罩图以中心点为原点缩小为原来的60%,代码如下。

```
.element {    ……     /*省略了例4-34中已有的代码*/
-webkit-mask-position: center;          /*遮罩中心点*/
transition: -webkit-mask-size 1s; }
.element:hover{     -webkit-mask-size: 60% ;}
```

2. 使用渐变层作为遮罩

mask-image属性的值除了可以是图片url外,还可以是渐变填充(与background-image属性类似),如果用渐变填充遮挡在HTML元素之上,则被半透明部分遮罩的图像也会有半透明效果。

【例4-35】 使用渐变层作为遮罩,将例4-34中的-webkit-mask-image属性分别改为如下值,则显示效果如图4-57所示。

```
-webkit-mask : radial-gradient( 100px,red, rgba(55,0,0,0));
/*红色到透明的径向渐变*/
-webkit-mask : linear-gradient(black, rgba(55,0,0,0));
/*上黑下透明的线性渐变*/
```

图 4-57　使用渐变层作为遮罩的效果

提示：使用具有半透明渐变效果的 PNG 图片也可作为渐变遮罩层，与用 gradient 属性值制作渐变遮罩层具有相同的效果。

4.5　变形与动画效果

4.5.1　平面变形效果

在 CSS 3 中，transform 属性用于实现盒子的自由变形效果。transform 的取值主要有以下几种：缩放 scale、旋转 rotate、移动 translate、扭曲 skew、矩阵变形 matrix。

1. 缩放 scale

scale(X,Y)用于对元素进行缩放，其中 X 表示水平方向缩放的倍数，Y 表示垂直方向缩放的倍数，Y 值也可省略，此时表示 X、Y 方向放大的倍数相同。例如：

```
transform:scale(2,1.5) ;    /*元素在水平方向放大到 2 倍,垂直方向放大到 1.5 倍*/
transform:scale(1.1);       /*元素在水平和垂直方向均放大到 1.1 倍*/
```

如果只希望在 X 轴或 Y 轴进行缩放，可使用 scaleX 或 scaleY，例如：

```
transform:scaleX(2);        /*该语句等价于 transform:scale(2,1);*/
```

默认情况下，元素缩放的基点位于元素中心位置，可以通过 transform-origin 对基点进行设置。例如：

```
transform-origin: top left;        /*设置缩放点为左上角*/
transform-origin: 0 50%;           /*设置缩放点为正左边,水平 0,垂直 50%*/
```

【例 4-36】　当光标悬停时，图像逐渐放大的动画效果。

```
.main_img{height: 255px; width: 248px; overflow:hidden;position: relative;}
.main_img img { transition: all .3s ease-in;
    transform-origin: top;}          /*设置缩放点为正上方*/
```

```
.main_img:hover img {opacity: .7; transform:scale(1.5); }
<div class="main_img"><img src="img/61.jpg"></div>
```

2. 旋转 rotate

rotate(angle)用于对元素进行一个平面上指定角度的旋转,其中 angle 是指旋转角度,如果设置的值为正数,则表示顺时针旋转;如果设置的值为负数,则表示逆时针旋转。默认情况下,元素旋转的基点位于元素的中心位置,可以通过 transform-origin 属性设置基点位置。

```
transform:rotate(30deg);
```

3. 移动 translate

translate 属性值用于对元素进行移动。移动可分为 3 种方式,translateX(x)仅水平方向移动(X 轴移动);translateY(y)仅垂直方向移动(Y 轴移动);translate(x,y)表示水平方向和垂直方向同时移动。例如:

```
transform:translateX(50%);
transform:translate(50%,30%);
```

4. 扭曲 skew

skew 属性值用于对元素进行斜切或扭曲,也可分为 3 种方式:skew(x,y)使元素在水平和垂直方向同时扭曲(X 和 Y 轴同时按一定角度值扭曲变形);skewX(x)仅使元素在水平方向扭曲变形;skewY(y)仅使元素在垂直方向扭曲变形。例如:

```
transform: skew(45deg,15deg);
```

5. 同时应用多种变形效果

如果对 transform 属性设置多个属性值(注意,多个属性值之间必须用空格分离),就能对元素同时应用多种自由变形的效果了。例如:

```
transform: rotate(45deg) scale(0.8,1.2) skew(60deg,-30deg);
```

注意:设置了 transform 的元素一般会叠放在其他元素的上方。

【例 4-37】 带有可伸缩下画线的导航条,如图 4-58 所示。默认情况下,导航项没有下画线,当光标悬停时,会逐渐出现一条从中心向两端延伸的下画线。

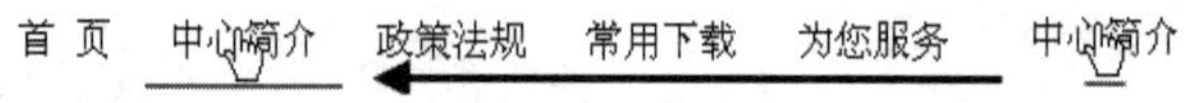

首 页 中心简介 政策法规 常用下载 为您服务 中心简介

图 4-58 带有可伸缩下画线的导航条

该实例的制作思路是:用一个伪元素的下边框表示下画线,初始状态下,使用 scaleX(0)函数将该元素缩放为 0,悬停状态下,使用 scaleX(1)函数将该元素缩放为 1,再配合 transition 属性实现过渡效果。代码如下。

```
#nav a {
color:#333;    text-align: center;    text-decoration: none;
display: block;    padding:6px 10px 4px;    margin:0 2px;
float:left;    position: relative;    /*作为伪元素的定位基准*/}
#nav a:after {
    position: absolute; left: 0; bottom: -7px;  width: 100%;
    content: "";  border-bottom: 2px solid #ff5a5a;    /*下画线*/
    transform: scaleX(0);    /*缩小到0*/
    transform-origin: 50%50%;    /*从元素的中心点开始缩放,可调整参数试试*/
    transition:transform 0.3s ease-out;        }
#nav  a:hover:after {  transform: scaleX(1);    }    /*放大到1*/
<div id="nav"><a href="#">首页</a><a href="#">中心简介</a>……</div>
```

说明：本实例如果不需要下画线的拉伸效果,则可以直接用a元素的下边框来做。本例由于元素的下边框拉伸,而内容不能拉伸。因此下边框和内容必须分别是一个元素。

【例4-38】 制作如图4-59所示的照片墙。照片墙用来将收集的照片用网页展示出来,该实例主要应用CSS 3中的旋转、缩放和阴影等效果,实现照片的不规则排列和旋转,当光标停留在某张照片上时,照片还会出现放大的效果。

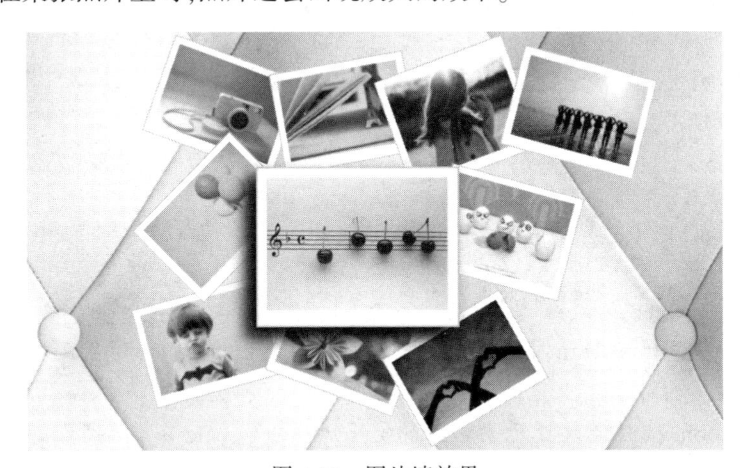

图4-59 图片墙效果

该实例的结构代码如下。

```
<div class="content">
    <img class="pic1" src="img/1.jpg" />
    <img class="pic2" src="img/2.jpg" />
        ……
    <img class="pic10" src="img/10.jpg" />
</div>
```

CSS样式主要是对body元素设置背景图片,再对各张图片设置大小、位置和旋转角度等,以及光标滑过时放大,出现阴影的过渡效果。CSS代码如下。

```
body{
    background: url(../img/bg1.jpg) no-repeat top center fixed;
    background-size: 100%auto;  /*让背景图像左右撑满浏览器*/}
```

```
.content{
    width: 900px; height: 1000px; overflow: hidden; margin: 100px auto;
    position: relative;           /*设置为展示图片的定位基准*/}
img{
    z-index: 1; width: 20%;       /*设置图片初始大小为20%*/
    height: auto; position: absolute;
    padding: 10px 10px 15px 10px;    background: #ffffff;
    border: 1px solid #ccc;       /*给图片加边框*/
-moz-transition: 0.5s;            /*动画的持续时间*/
    -webkit-transition: 0.5s;     transition: 0.5s; }
img:hover{
    z-index: 2;                   /*光标滑过时置于顶层*/
    transform: scale(1.5);        /*放大到1.5倍*/
-moz-transform: scale(1.5) ;
    -webkit-transform: scale(1.5) ;
    box-shadow: -10px 10px 20px #000000;
    -moz-box-shadow: -10px 10px 20px #000000;
    -webkit-box-shadow: -10px 10px 20px #000000;     }
.pic1{
    left: 100px; top: 50px; -webkit-transform: rotate(20deg);
    /*旋转20°*/
    -moz-transform: rotate(20deg);  transform: rotate(20deg);     }
.pic2{
    left: 280px; top: 60px; -webkit-transform: rotate(-10deg);
    -moz-transform: rotate(-10deg);  transform: rotate(-10deg);}
/*  .pic3到.pic10的代码与.pic1类似,故省略  */
```

说明: zoom 和 transform:scale 两个属性都可对元素进行缩放,但区别是很明显的:①zoom 的缩放是相对于左上角的,且无法改变,而 scale 默认是居中缩放,且可以改变缩放的原点;②zoom 缩放会改变元素占据的空间大小,而 scale 不会,因此页面布局不会发生变化;③zoom 只能等比例缩放,而 scale 支持 X 轴、Y 轴不等比例缩放;④zoom 的取值只能是小数或百分比,如 zoom:0.5,而 scale 不支持百分比,只能是数字,并且还可是负数。

4.5.2 3D 变换效果

CSS 3 提供了 3D 变换效果的功能模块,使 HTML 元素对象能在浏览器中呈现出三维变换的效果,配合 hover 伪类和 transition 属性,还能实现三维动画效果。

由于 3D 变换是在三维空间上的变换,其涉及如图 4-60 所示的三维立体坐标轴。其中,X 轴是指屏幕的水平方向,Y 轴是指屏幕的垂直方向,而 Z 轴是指垂直于屏幕所在平面的轴。

1. 三维旋转属性值

三维旋转属性有如下 3 个。

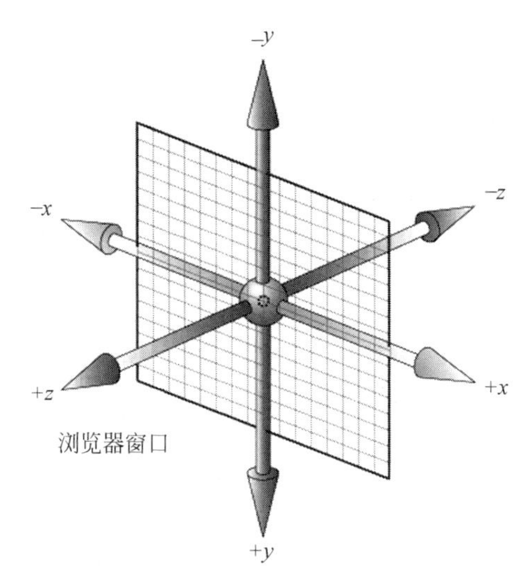

图 4-60 三维立体坐标轴

- rotateX(angle)：围绕 X 轴旋转，比如人在单杠上旋转。
- rotateY(angle)：围绕 Y 轴旋转，比如人跳钢管舞时的旋转。
- rotateZ(angle)：围绕 Z 轴旋转，比如抽奖大转盘的旋转。

【例 4-39】 三维旋转属性的应用示例，其显示效果如图 4-61 所示。

```
div{
  width:120px;    line-height:80px;  text-align:center;
  display:inline-block;  background:#FcF;  border:2px solid #900;
  border-radius:10px;    margin:50px auto;
  transition: all 1s ease-in;    /* 设置过渡效果 */          }
.r2d:hover{transform:rotate(180deg);}
.r3dX:hover{transform:rotateX(135deg);}
.r3dY:hover{transform:rotateY(135deg);}
.r3dZ:hover{transform:rotateZ(180deg);}
<div class="r2d">2D 旋转</div><div class="r3dX">3D X 轴旋转</div>
<div class="r3dY">3D Y 轴旋转</div><div class="r3dZ">3D Z 轴旋转</div>
```

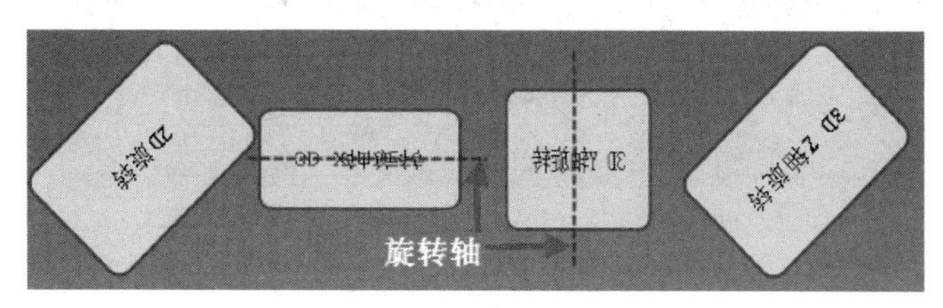

图 4-61 三维旋转属性示例

2. 透视属性 perspective

perspective 属性的值，可以决定元素 3D 变形效果的强弱，其原理是我们观察三维物体时，有一种近大远小的效果。perspective 属性定义透视点距 3D 元素的距离，以像素计。

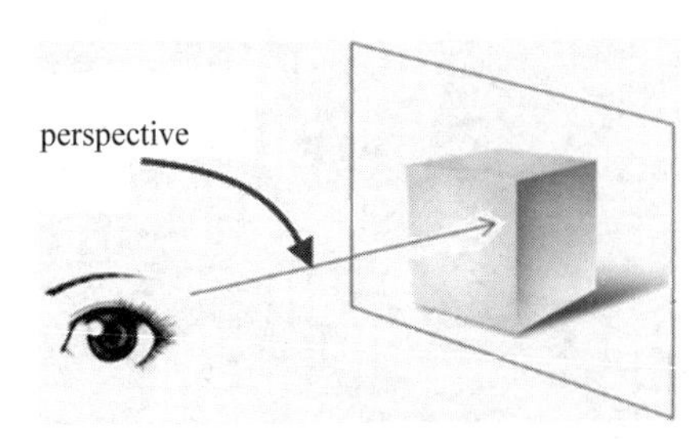

图 4-62　perspective 属性示意图

默认情况下，透视点位于 Z 轴上，并且是在元素中心点的正前方，如图 4-62 所示。

由于 3D 场景会涉及视角和透视的问题，如果不使用 perspective 属性，则镜头方向只能是平行于 Z 轴向屏幕内，也就是从元素的正前方向元素里面看。如果对元素的父元素设置 perspective 属性，就相当于添加了一个 3D 场景，此时元素在视觉上将产生近大远小的效果，从而使 3D 效果更加逼真，但元素本身的尺寸并不会发生变化。

【例 4-40】 透视属性应用对比。div 元素未旋转时如图 4-63(a)所示，对该 div 元素进行绕 *Y* 轴旋转 45°，当不使用 perspective 时，元素旋转后的效果如图 4-63(b)所示，当对其父元素使用 perspective 时，元素的效果如图 4-63(c)所示。代码如下。

(a) 原图

(b) 绕Y轴旋转45°

(c) 对其父元素使用perspective

图 4-63　使用 perspective 后的旋转效果

```
.container{perspective: 500px; }
.box{
   border:solid 1px #000;    background:#0066FF;
   margin:100px auto; width:310px;
   padding:10px;    border-radius:8px;
   transition:all 1.5s;        }
.box:hover{transform-style: preserve-3d; transform: rotateY(-45deg); }
<div class="container">
   <div class="box " ><img src="images/jxwy.jpg" width="310" /></div>
</div>
```

3. 3D 平移属性

CSS 中 3D 平移的属性值分别有 translateX(x)、translateY(y)、translateZ(z)，分别表示在 *X* 轴、*Y* 轴和 *Z* 轴进行平移。

其中，translateZ()表示在 *Z* 轴进行平移，当其值为正时，表示元素将移动到屏幕的前方，也就是朝浏览者的眼睛方向移动，因此，当设置 perspective 属性后，再设置 translateZ()值为正，会使元素越来越大(近大远小的原理)，当 translateZ()值接近 perspective 属性值时，元素将占满整个屏幕，这是因为视点(眼睛)和物体挨得很近时，眼睛看到的视野完全被物体挡住了。

但当 translateZ 的值大于 perspective 值时,元素将不可见,因为此时元素移到浏览者眼睛后面去了,浏览者是无法看到自己眼睛后面的东西的。在例 4-40 中添加如下代码即可测试 translateZ 方法的效果。

```
.box:hover{ transform: translateZ(488px);}  /*调整该值为 600px 再试试*/
```

4. 3D 缩放属性

CSS 中,3D 缩放的属性值有 scaleX(x)、scaleY(y)、scaleZ(z),分别表示在 X 轴、Y 轴和 Z 轴进行缩放。

5. 制作可旋转的立方体

【例 4-41】 综合应用各种 3D 变换属性,制作如图 4-64 所示可旋转的立方体。

图 4-64　立方体效果

```
.box {
    width: 200px;line-height: 200px; height:200px;text-align: center;font
-size: 64px;
    margin: 100px auto;    position: relative;
    perspective: 800px;                /*视点距离对象为 800 */
    transform-style: preserve-3d;
    transform: rotateX(-15deg) rotateY(15deg);
    transition: transform 1s;          /*设置过渡效果*/     }
.box:hover{transform: rotateX(35deg) rotateY(-30deg);} /*设置 hover 效果*/
.front, .back, .left, .right, .top , .bottom {
    position: absolute;    width: 100%;height: 100%;
    left: 0;top:0; opacity: 0.5;     } /*元素透明度都为 0.5 */
.front {    background-color: pink;    transform: translateZ(100px);}
.back {    background-color: purple;    transform: translateZ(-100px);}
.left {    background-color: green;
    transform: rotateY(90deg) translateZ(-100px);}
.right {    background-color: #f33;
    transform: rotateY(-90deg) translateZ(-100px);}
.top {    background-color:#09c;
    transform: rotateX(90deg) translateZ(100px);}
.bottom {    background-color: yellow;
    transform: rotateX(-90deg) translateZ(100px);}
<div class="box">
<div class="front">前</div><div class="back">后</div>
<div class="left">左</div><div class="right">右</div>
<div class="top">上</div><div class="bottom">下</div>
</div>
```

以上代码中,①由于 box 中有多个元素,因此必须设置 transform-style: preserve-3d,用于定义子元素保留 3d 位置,否则多个元素会在同一平面上;②立方体的长、宽、高都是 200px,通过将“前”面向屏幕前方平移 100px,“后”面向屏幕后方平移 100px,从而使立方体的正中心位于屏幕所在平面上; ③“左”面和“右”面因为沿 Y 轴旋转了 90°和-90°,整个面都位于屏幕前方,所以均向屏幕后方平移了 100px。

6. 设置视点聚焦位置

默认情况下,视点聚焦位置位于元素的正中心,可以使用 perspective-origin 属性改变视点聚焦的位置,代码如下。

```
perspective-origin:90%20px;    /*视点位置位于 X 轴的 90%与 Y 轴的 20px 交界处*/
```

4.5.3 animation 动画效果

CSS 3 提供了 animation 属性,用来实现动画效果。与 transition 属性需要事件触发动画效果相比,animation 属性不需要任何事件触发就能播放动画。例如,可利用 CSS 3 动画制作 loading 图标,因为这比 GIF 动画文件更小巧。

animation 属性制作动画主要依赖关键帧:@keyframes,每个关键帧表示动画过程中的一个关键状态,这与 Flash 动画的实现原理相似。不同关键帧是通过 from(相当于 0%)、to(相当于 100%)或百分比定义的(为了得到最佳的浏览器支持,建议使用百分比)。

@keyframes 的语法如下:

```
@keyframes 动画名{
        from 或 n%{CSS 样式规则} …… to 或 n%{样式规则}      }
```

下面定义了一个动画,其效果是让一个元素沿着一个正方形的轨迹发生移动,移动过程中还会伴随颜色的变化。

```
@keyframes myfirst     {   /*定义动画名*/
    0%{background:red; left:0; top:0;}      /*定义起始帧样式,0%可换成 from*/
    25%{background:yellow; left:200px; top:0px;}
    50%{background:blue; left:200px; top:200px;}
    75%{background:green; left:0px; top:200px;}
    100%{background:red; left:0; top:0;}  /*定义结束帧样式,100%可换成 to*/
}
```

@keyframes 定义好后,必须通过 animation 属性把它绑定到一个选择器。@keyframes 是通过“动画名”绑定到 animation 属性的。animation 属性的完整写法如下。

```
animation-name:myfirst;                    /*绑定同名的@keyframes*/
animation-duration:5s;                     /*规定动画的一个周期的持续时间*/
animation-timing-function:linear;          /*规定动画的速度曲线,默认是 ease*/
animation-delay:1s;                        /*规定动画开始前的延迟时间*/
animation-iteration-count:infinite;        /*规定动画的播放次数*/
animation-direction:alternate;             /*规定动画在下一周期是否逆向播放*/
animation-play-state:running;              /*规定动画是运行还是暂停*/
animation-fill-mode:forwards;
/*动画播放完是回到动画播放前的状态还是保留动画播放后的状态*/
```

animation 属性支持简写形式,上述所有代码可以简写为

```
animation:myfirst 5s linear 2s infinite alternate;
animation-play-state:running;
```

【例 4-42】 沿着矩形轨迹匀速运动的动画实例,其运行效果如图 4-65 所示。

```
div {
    width:100px;     height:100px;     background:red;
    position:relative;       /* 相对于原来的位置 */
    animation:myfirst 5s linear 2s infinite alternate;   }
@keyframes myfirst{          /* 加入上述 keyframes 中的代码 */      }
<div></div>              <!--作为运动方块的元素-->
```

如果要在一个元素上绑定两个动画效果,并让两个动画连续播放,可对 animation 各属性分别设置两个属性值。

【例 4-43】 小球垂直落下后弹跳几次的效果,如图 4-66 所示。

```
@keyframes Effect1{
    0%{ transform:translateY(0px); opacity:0;}
    100%{ transform:translateY(250px); opacity:1; border:1px solid red;}}
@keyframes Effect2{ 0%{ margin-top:50px; }  100%{ margin-top:0px; }}
.ball{
    animation-name:Effect1, Effect2;       /* 应用 2 个动画 */
    animation-duration:1s, 0.5s;           /* 2 个动画的持续时间 */
    animation-timing-function:ease-in, ease-out;
    animation-delay:0s, 1s;
    animation-iteration-count:1,8;
    animation-fill-mode:forwards, forwards;
    animation-direction:normal, alternate;
    margin: 100px auto;     background:#FFCCFF;
    border-radius:50%;      width:60px; height:60px;     }
 <div class="ball"></div>
```

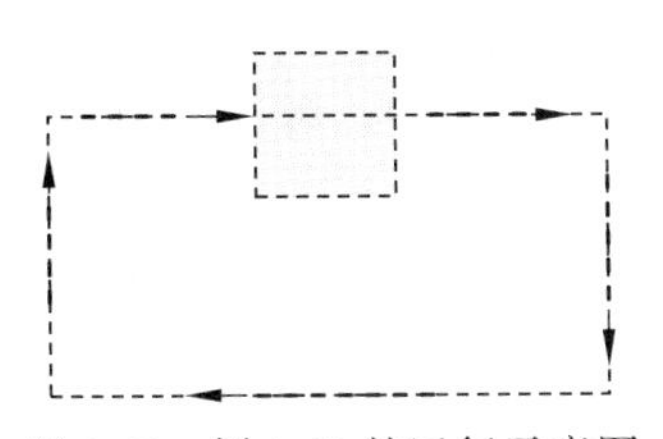

图 4-65 例 4-42 的运行示意图

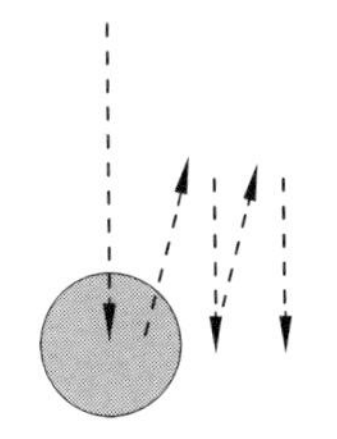

图 4-66 例 4-43 的运行示意图

可见,设置 animation-direction: alternate 可实现元素来回运动的效果。将第 2 个动画的延迟时间设置成第一个动画的持续时间,可实现第 2 个动画接着第一个动画播放。

【例 4-44】 制作图片轮播效果。

图片轮播是指几张图片在同一区域中,按照一定的顺序交替循环显示。本实例可实现自动轮播、淡入淡出的渐变效果,但不能实现点击图片切换。

该实例的结构代码如下。

```
<div class="imgsBox">
    <a href="#"><img src="images/01.jpg" />  </a>
       ......
    <a href="#"><img src="images/05.jpg" />  </a>
</div>
```

为了让5张图片叠放在一起,必须把这5张图片所在的a元素设置为绝对定位,然后把包含框imgsBox元素设置为相对定位,作为5张图片的定位基准。CSS代码如下:

```
.imgsBox{width:248px;height:168px; position:relative;}
.imgsBox a{display:block; width:100%; height:100%; position:absolute;
left:0; top:0;
opacity:0;
animation-timing-function: linear;
animation-name:fade;
animation-iteration-count: infinite;
animation-duration: 20s;}
.imgsBox a:nth-child(1){animation-delay: -1s; }
.imgsBox a:nth-child(2){animation-delay: 3s;}
/*每张图片动画的间隔时间为4s*/
.imgsBox a:nth-child(3){animation-delay: 7s; }
.imgsBox a:nth-child(4){animation-delay: 11s;}
.imgsBox a:nth-child(5){animation-delay: 15s; }
@keyframes fade    {   /*定义动画名*/
0%{    opacity:0;    z-index:2;    }
5%{    opacity:1;    z-index: 1;}          /*0%~5%为图片的渐现阶段*/
20%{opacity:1;z-index:1;}                  /*5%~20%为图片的停留阶段*/
25%{opacity:0;z-index:0;}                  /*20%~25%为图片的渐隐阶段*/
100%{opacity:0;z-index:0;}    }
```

上述代码中,定义整个动画时长为20s,有5张图片,因此有4个图片过渡效果。每个过渡效果分为3个阶段:前1s为渐现,中间3s时长为停留,后1s钟为渐隐。因此,实现每个过渡效果需要5s,实现四个过渡效果需要20s。

也可以这样理解:虽然每张图片的动画时长是5s,但前一张图片的渐隐过程和后一张图片的渐现过程是同时进行的,即前一张图片只播放4s,后一张图片就开始播放,因此每张图片的动画时间间隔是4s。又因为第一张图片的播放不需要渐现过程,所以设置它的动画延迟是-1s,表示从第2s开始播放。

习　题

1. 关于CSS 3中的背景属性,下列说法正确的是(　　)。

   A. 不可以改变背景图片的原始尺寸大小

   B. 不可以对一个元素设置两张背景图片

   C. 可以对一个元素同时设置背景颜色和背景图片

   D. 在默认情况下,背景图片不会平铺,左上角对齐

2. 在CSS 3中,使用transform属性可以实现变形效果。下列选项中,能够实现元素缩放的函数是(　　)。

A. translate()　　B. scale()　　C. skew()　　D. rotate()

3. 在CSS中,改变背景图像的大小可使用(　　)属性。

A. background-repeat　　B. background-position

C. background-size　　D. background-origin

4. 下列哪项与其他项不属于同一类?(　　)

A. transform　　B. transition

C. text-transform　　D. translate

5. 下列哪项不用来设置边框的属性?(　　)

A. border-image　　B. border-radius

C. border-style　　D. border-width

6. 当perspective属性值小于(　　)属性值时,元素将不可见。

A. rotateZ()　　B. scaleZ()　　C. skewZ()　　D. translateZ()

7. 如果要使z-index属性有效,必须对元素设置哪个属性?(　　)

A. display　　B. opacity　　C. position　　D. float

8. 举例说出3个上下边界(margin)的浏览器默认值不为0的元素:________、________、________。

9. 如果要使网页中的背景图片不随网页滚动,应设置的CSS声明是________。

10. 设#title{padding: 6px 10px 4px},则id为title的元素左填充是________。

11. 要对一个元素的盒子添加发光效果,必须使用________属性。

12. 在CSS中,transition表示________;translate表示________;transform表示________;animation表示________,其中________是属性值。

13. background-attachment属性的取值有________、________。

14. @keyframes后的动画名必须和________属性的属性值关联起来。

15. 利用CSS盒子模型属性,在网页中分别绘制出如图4-67所示的5个盒子效果。

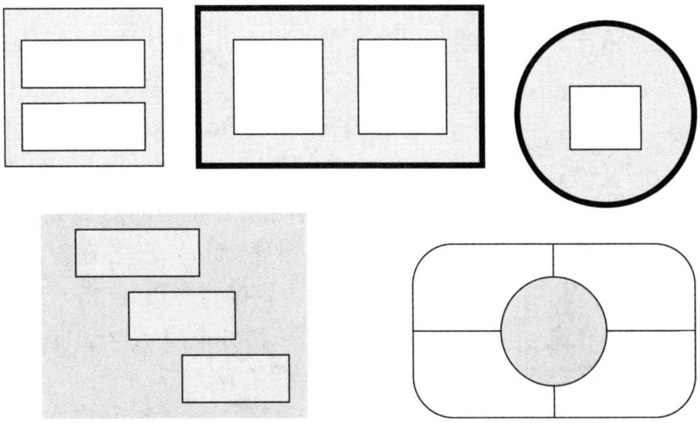

图4-67　5个盒子效果

第 5 章 CSS 布局

网页是一种在浏览器上展示的平面设计作品，网页布局就是将网页元素合理排列在网页版面上，达到美观大方、井然有序的效果。使用 CSS 进行网页布局，本质是利用标准流、浮动或定位属性的性质对网页布局元素进行合理排列。

5.1 浮动

在标准流中，块级元素的盒子都是上下排列，行内元素的盒子都是左右排列，如果仅按照标准流的方式进行排列，就只有这几种可能性，限制太大。CSS 的制订者也想到了这样排列限制的问题，因此又给出浮动和定位方式，从而使排版的灵活性大大提高。

如果希望相邻的块级元素盒子左右排列(所有盒子浮动)，或者希望一个盒子被另一个盒子中的内容所环绕(一个盒子浮动)做出图文混排的效果，最简单的实现办法就是运用浮动(float)属性使盒子在浮动方式下定位。

5.1.1 盒子浮动后的特点

在标准流中，一个块级元素在水平方向会自动伸展，在它的父元素中占满整行；而在竖直方向和其他元素依次排列，不能并排，如图 5-1 所示。使用“浮动”方式后，这种排列方式就会发生改变。

图 5-1　三个盒子在标准流中

CSS 中有一个 float 属性，默认值为 none，也就是标准流通常的情况，如果将 float 属性的值设为 left 或 right，元素就会向其父元素的左侧或右侧靠紧，同时盒子的宽度不再伸展，而是收缩，在没设置宽度时，会根据盒子里面的内容确定宽度。

下面通过一个实验演示浮动的作用，基础代码如下，这个代码中没有使用浮动。

【例 5-1】　盒子不浮动时，其显示效果如图 5-1 所示。

```
div{
    padding:10px;    margin:10px;    border:1px dashed #111;
    background-color:#90baff;    }
.father{
    background-color:#ff9;    border:1px solid #111;    }
<div class="father">
    <div class="son1">Box-1</div>
    <div class="son2">Box-2</div>
    <div class="son3">Box-3</div>
</div>
```

1. 一个盒子浮动

接下来在例5-1代码中添加一条CSS代码,使Box-1盒子浮动。

【例5-2】 只有一个盒子浮动时,其显示效果如图5-2所示。

```
.son1{float:left;}
```

可发现,给Box-1添加浮动属性后,Box-1的宽度不再自动伸展,而且不再占据原来浏览器分配给它的位置。如果再在未浮动的盒子Box-2中添一行文本,就会发现Box-2中的内容是环绕着浮动盒子的,如图5-3所示。

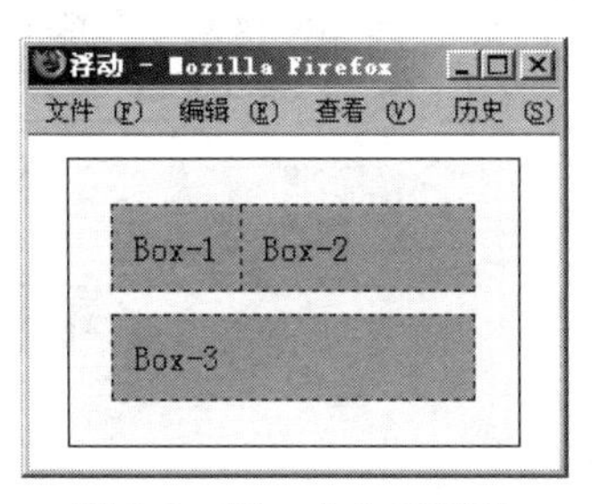

图5-2 第一个盒子浮动

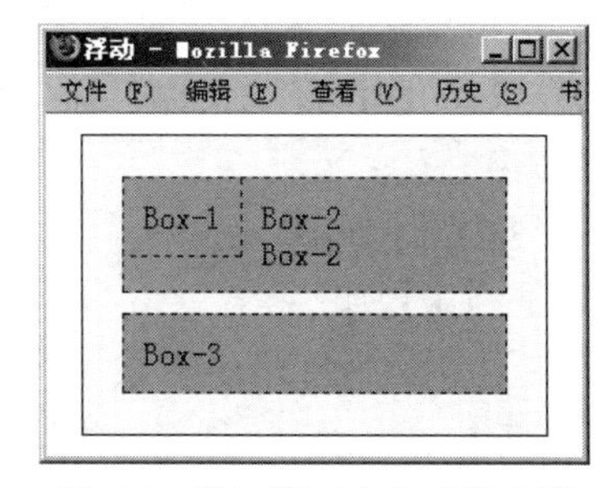

图5-3 增加第二个盒子的内容

总结:设置元素浮动后,元素发生了如下改变。

- 浮动后的盒子将以行内块(inline-block)元素显示,即宽度会自动收缩,但保持块级元素的其他性质。
- 浮动的盒子将脱离标准流,即不再占据浏览器原来分配给它的位置。
- 未浮动的盒子将占据浮动盒子的位置,同时未浮动盒子内的内容会环绕浮动后的盒子。

所谓"脱离标准流",是指元素不再占据在标准流下浏览器分配给它的空间,其他元素就好像这个元素不存在一样。例如,图5-2中,当Box-1浮动后,Box-2就顶到了Box-1的位置,相当于Box-2视Box-1不存在一样。但是,浮动元素并没有完全脱离标准流,这表现在浮动盒子会影响未浮动盒子中内容的排列,例如Box-2中的内容会跟在Box-1盒子之后排列,而不会忽略Box-1盒子的存在。

2. 多个盒子浮动

【例5-3】 在例5-1基础上将Box-1和Box-2都设为左浮动。

```
.son1,.son2{ float:left; }
```

此时显示效果如图5-4所示(在Box-3中添加了一行文本)。可发现,Box-2盒子浮动后仍然遵循上面浮动的规律,即Box-2的宽度也不再自动伸展,而且不再占据原来浏览器分配给它的位置。

如果将Box-1的浮动方式改为右浮动:.son1{float:right},则显示效果如图5-5所示,可看到Box-2移到了Box-1的前面,这说明元素浮动后其显示顺序和它们在代码中的位置可能并不一致。

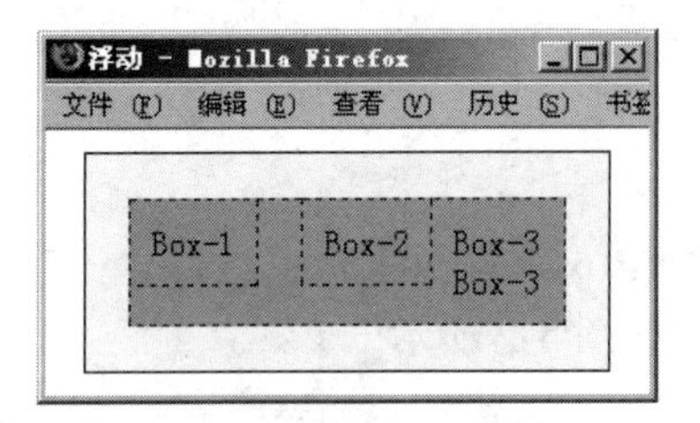

图5-4 设置两个盒子浮动

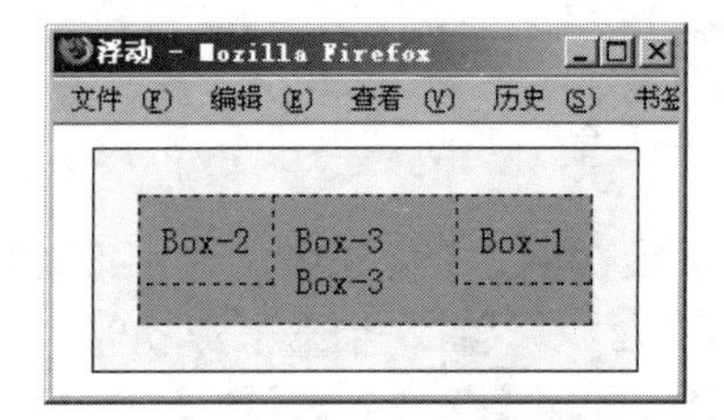

图5-5 改变浮动方向

【例5-4】 将Box-1、Box-2和Box-3都设为左浮动,其显示效果如图5-6所示。

```
.son1,.son2,.son3{ float:left; }
```

可发现,三个盒子都浮动后,就产生了块级元素水平排列的效果。同时,都脱离标准流,导致其父元素中的内容为空。

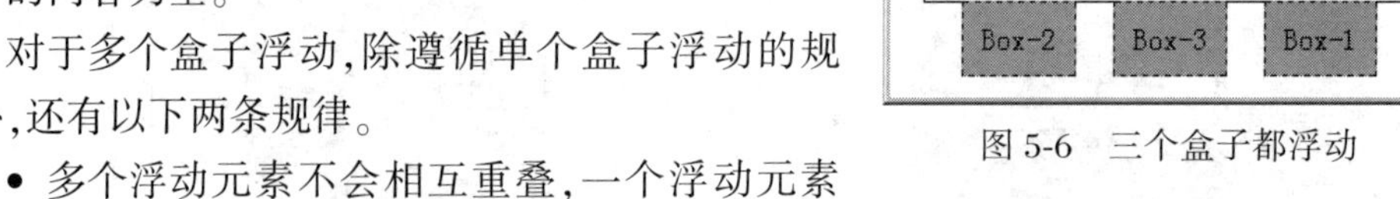

图5-6 三个盒子都浮动

对于多个盒子浮动,除遵循单个盒子浮动的规律外,还有以下两条规律。

- 多个浮动元素不会相互重叠,一个浮动元素的外边界(margin)碰到另一个浮动元素的外边界后便停止运动。
- 如果包含的容器太窄,无法容纳水平排列的多个浮动元素,那么最后的浮动盒子会向下移动(见图5-7)。但如果浮动元素的高度不同,那么当它们向下移动时,可能会被卡住(见图5-8)。

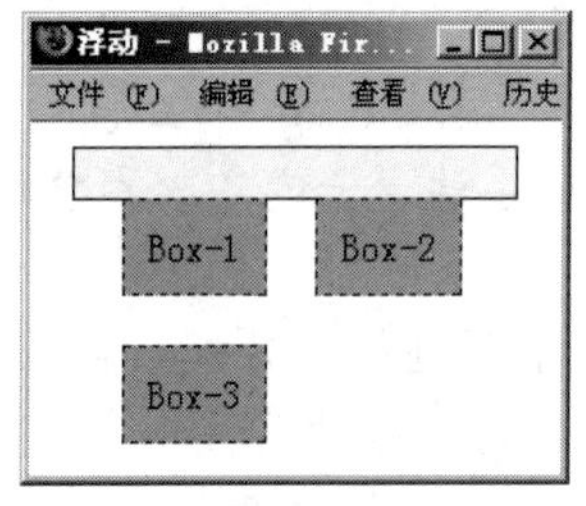

图5-7 没有足够的水平空间

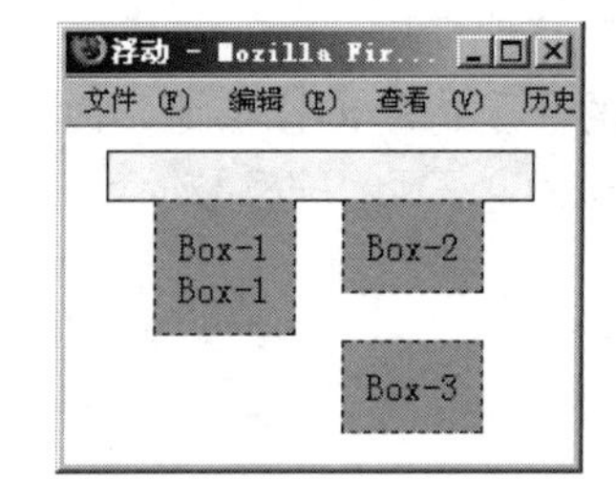

图5-8 Box-3被卡住了

5.1.2 清除浮动元素的影响

clear是清除浮动属性,它的取值有left、right、both和none(默认值),若设置盒子的clear属性值为left或right,则表示该盒子的左边或右边不允许有浮动的元素。若clear属性值设置为 both,则表示两边都不允许有浮动元素,因此该盒子将会在浏览器中另起一行显示。

【例 5-5】 在图 5-5 两个盒子浮动的基础上,设置 Box-3 清除浮动,即在例 5-1 基础上设置如下 CSS 代码,其显示效果如图 5-9 所示。

```
.son1{float:right;}.son2{float:left;}
.son3{clear:both; }
```

可以看到,对 Box-3 清除浮动(clear:both;),表示 Box-3 的左右两边都不允许有浮动的元素,因此 Box-3 会移动到下一行显示。

实际上,clear 属性既可以用在未浮动的元素上,也可以用在浮动的元素上。

【例 5-6】 在例 5-5 基础上对 Box-3 同时设置清除浮动和浮动。

```
.son3{clear:both; float:left;}
```

则效果如图 5-10 所示。可以看到,Box-3 的左右仍然没有浮动的元素。

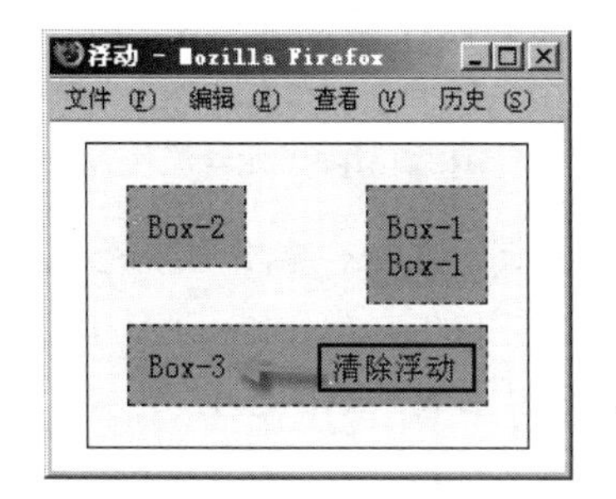

图 5-9 对 Box-3 清除浮动

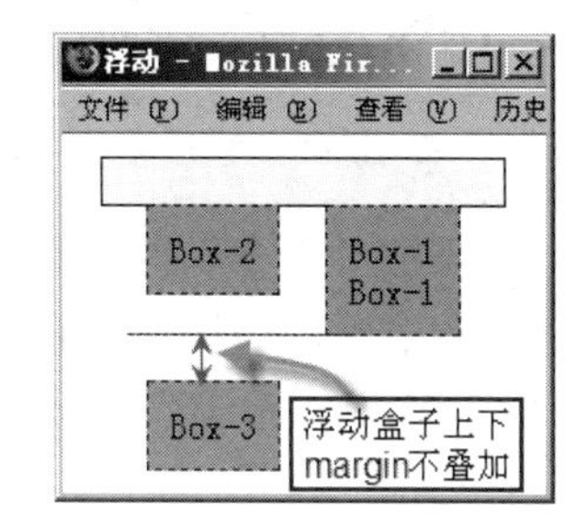

图 5-10 对 Box-3 设置清除浮动和浮动

由此可见,清除浮动是清除其他盒子浮动对该元素的影响,而设置浮动是让元素自身浮动,两者并不矛盾,因此可同时设置元素清除浮动和浮动。

由于上下 margin 叠加现象只会发生在标准流的情况下,而浮动方式下盒子的任何 margin 都不会叠加,因此设置盒子浮动并清除浮动后,上下两个盒子的 margin 不叠加。在图 5-10 中,Box-3 到 Box-1 之间的垂直距离是 20px,即它们的 margin 之和。

5.1.3 清除浮动影响的方法

在网页布局中,浮动元素会影响其他元素的正常排列,导致网页元素不能按我们的意愿显示。因此,设置元素浮动后,应尽量清除该元素浮动对其他元素的影响。对于下列两种情形,应采用不同的方法清除浮动。

1. 来自子元素的浮动

如果一个父元素内所有的子元素都浮动,一定要记得对这个父元素进行清除浮动处理,否则该父元素下面的元素会顶到浮动元素的位置上,如图 5-11 所示。

【例 5-7】 清除子元素浮动对父元素的影响,其显示效果如图 5-12 所示。

```
div{    padding:10px;     margin:10px;
    border:1px dashed #111;    background-color:#9bf;  }
.father{    background-color:#ff9;    border:1px solid #111;   }
```

```
    .cls { clear: both; }
    .son1{    float:right; }    .son2{  float:left;  }
    .box3{background:#ccf;}
<div class="father">
        <div class="son1">Box-1<br />Box-1</div>
        <div class="son2">Box-2</div>
        <br class="cls">          <!--这是清除浮动的元素-->
</div>
<div class="box3">Box-3</div>          <!--父元素下面的元素-->
```

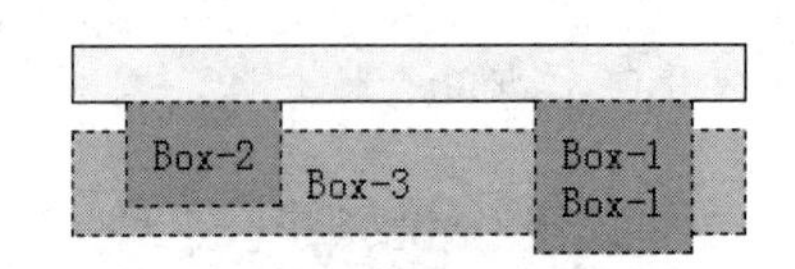

图 5-11　未清除子元素浮动时的效果

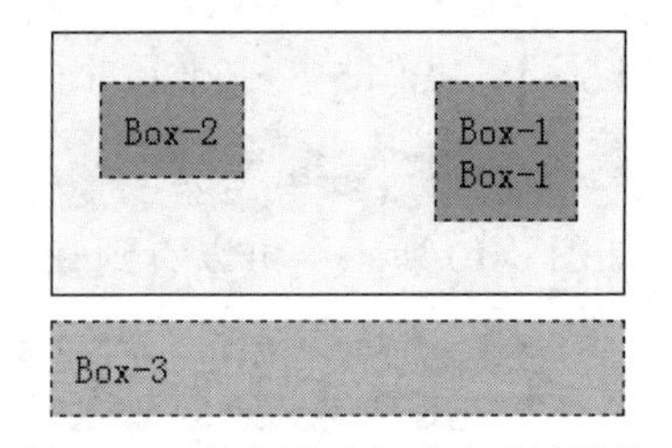

图 5-12　清除子元素浮动后的效果

这种方法添加了一个元素(.cls)专门用来清除浮动,如果不愿添加新元素,可使用伪元素的方法设置清除浮动。下面的代码可在父元素内部的末尾添加一个伪元素。

【例 5-8】 使用伪元素清除浮动的经典代码,其显示效果如图 5-12 所示。

```
.father:after { content: ''; display: table; clear: both; }
.father { *zoom: 1; }          /*兼容IE6、IE7,如不需要,则可去掉*/
```

注意:对于一个父元素内的所有子元素都浮动,一种极其错误的做法是设置父元素的高度来掩饰浮动对它的影响,如.father{height:50px;},这样做只是掩饰了浮动,并没有清除浮动的影响,虽然使父元素看起来正常了,但父元素下面的元素仍然会顶到上面去。

因此,在CSS布局时,若发现一个元素移动到它原来位置的左上方或右上方,并且和其他元素发生了重叠,则很可能是受到了其他盒子浮动的影响。

2. 来自兄弟元素的浮动

如果一个元素前面的兄弟元素浮动(见图 5-13),就可以对紧邻该浮动元素的后一个元素进行清除浮动处理。例如,若不希望 Box-3 受前面兄弟元素浮动的影响,则可对 Box-3 清除浮动。

【例 5-9】 对 Box-3 清除浮动,其显示效果如图 5-14 所示。

```
div{
    padding:10px 20px;    margin:7px;    border:1px dashed #111;
    background-color:#9bf;    float:left; }          /*所有div都浮动*/
.box3{background:#ccF;    clear:both;}               /*对Box-3清除浮动*/
<div class="son1">Box-1<br />Box-1</div>
<div class="son2">Box-2</div>
<div class="box3">Box-3</div><div class="box4">Box-4</div>
```

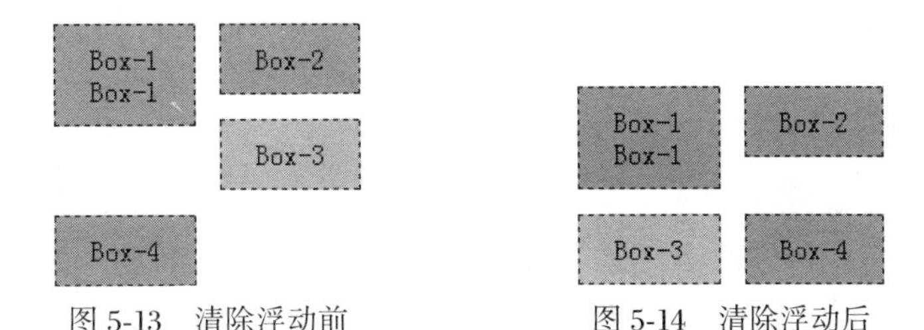

图 5-13 清除浮动前　　图 5-14 清除浮动后

除直接对后面的元素清除浮动外,还可以增加一个元素专用于清除浮动。

【例 5-10】 增加一个元素专用于清除浮动,其显示效果如图 5-14 所示。

```
<div class="son1">Box-1<br />Box-1</div><div class="son2">Box-2</div>
<br class="cls" style="clear:both">          <!--增加一个清除浮动的元素-->
<div class="box3">Box-3</div><div class="box4">Box-4</div>
```

虽然增加一个元素使代码变得冗余了一些,但这样使每个元素的功能变得更加清晰,因此推荐使用。

3. 避免滥用浮动

元素浮动会对其他元素的布局产生影响,因此应避免滥用浮动,例如:

- 为了使元素宽度收缩而设置浮动,由于浮动元素的宽度会自动收缩(称为主动包裹),于是就用浮动属性代替 width 属性。实际上,若只需要改变元素的宽度,则应设置 width 属性,而不是 float。
- 为了清除浮动的影响而浮动。清除浮动正确的做法是使用 clear 属性(例如图 5-9 中的 Box3),但如果对 Box3 设置 float 属性,再设置 width 值,似乎也能达到图 5-9 中的效果,但实际上这种错误的做法将导致更多的元素受到浮动的影响而布局混乱。因此,如果要清除浮动,就应对相应的元素设置 clear 属性,而不是 float。

5.2 浮动的应用举例

浮动及其应用举例

利用单个盒子浮动,可制作出图文混排及首字下沉等效果。利用多个盒子浮动,则可制作出水平导航条等效果。

5.2.1 图文混排及首字下沉

如果一个盒子浮动,另一个盒子不浮动,那么浮动的盒子将被未浮动盒子的内容所环绕。如果这个浮动的盒子是图像元素,而未浮动的盒子是一段文本,就实现了图文混排效果。

【例 5-11】 图文混排效果实例,其显示效果如图 5-15 所示。

```
<style>
img{
   border:1px gray dashed;    margin:10px 10px 10px 0;
```

```
    padding:5px;    float:left;         /*设置图像元素浮动*/    }
p{   margin:0;
    font:14px/1.5 "宋体";       text-indent: 2em;    }
</style>
<img src="images/sheshou.jpg" />
<p>在遥远古希腊的大草原中,……这就是“人马族”。</p>
<p>人马族里唯独的一个例外--奇伦……</p>
```

在图文混排的基础上让第一个汉字也浮动,同时变大,则出现了首字下沉的效果。

【例 5-12】 在例 5-11 基础上添加首字下沉效果代码,其显示效果如图 5-16 所示。

```
p:first-letter{    font-size:3em;    float:left;    }
```

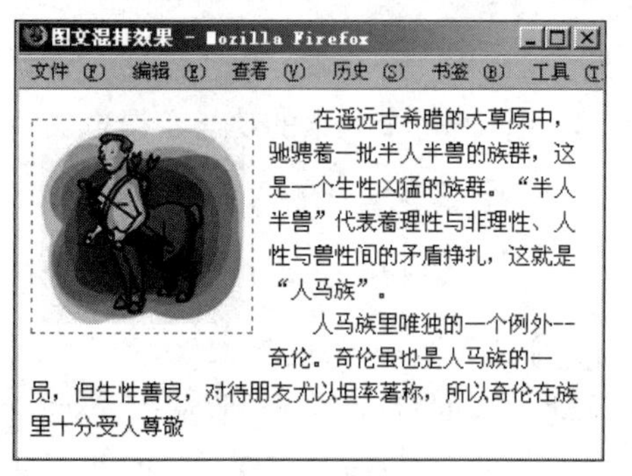

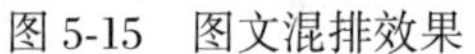
图 5-15 图文混排效果

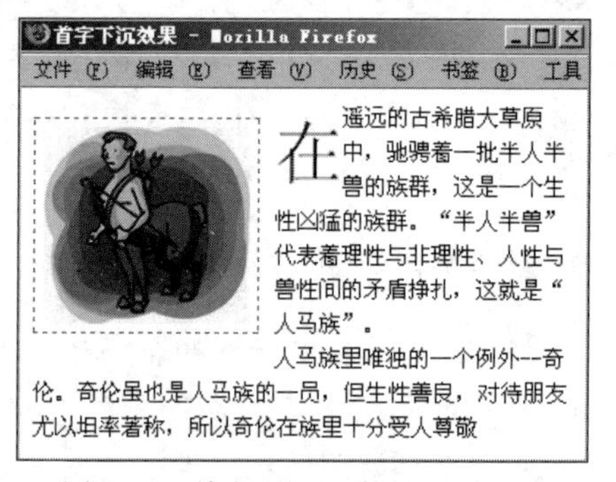

图 5-16 首字下沉和图文混排效果

若浮动第一个段落,再给段落添加边框,则会出现文章导读框效果。

【例 5-13】 文章导读框效果,如图 5-17 所示。

```
p{    margin:0;    font-size:14px;    line-height:1.5;
    text-indent: 2em;    }
p:first-child{    width:160px;    float:left;      /*第一个段落浮动*/
    margin:10px 10px 0 0;    padding:10px;
    border:3px gray double;    background:#9BD;    }
<p class="p1">在遥远的古希腊大草原中……</p>
<p>“半人半兽”代表着理性与非理性……</p>
```

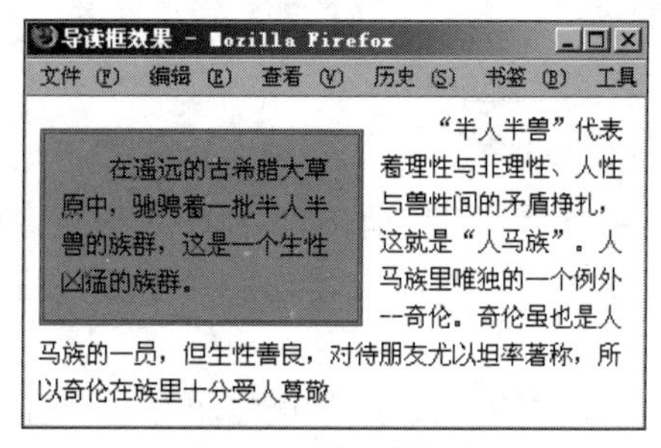

图 5-17 导读框效果

从以上 3 个例子可以看出,网页中无论是图像还是文本,任何元素在排版时都应视为一个盒子,而不必在乎元素的内容。

5.2.2　水平导航条

在 4.2.3 节中,利用元素的盒子模型制作了一个竖直导航条。把这个竖直导航条变为水平导航条,有例 5-14 和例 5-15 两种方法。

【例 5-14】　设置所有 a 元素浮动,这是因为多个元素浮动,这些元素就会水平排列。当然,水平导航条一般不需设置宽度,可以把 width 属性去掉。图 5-18 是水平导航条的效果,它的结构代码如下。

图 5-18　水平导航条

```
<div id="nav">
    <a href="#">首页</a><a href="#">中心简介</a>
    ……<a href="#">技术支持和服务</a>
</div>
```

CSS 样式主要是给元素设置盒子和背景属性,代码如下。

```
#nav{font-size: 14px;}
#nav a {
    color: red;    background-color: #9CF;
    text-align: center;    text-decoration: none;
    padding:6px 10px 4px;    border: 1px solid #39F;
    float:left;    /*使 a 元素浮动,实现水平排列*/    }
#nav a+a{margin-left:5px;}        /*设置第 2 到最后一个 a 元素有 5 像素的左间距*/
#nav a:hover {color: white; background-color: #930;}/*设置前景色和背景色*/
```

提示:

- 本例使用相邻选择器(#nav a+a)选中了除第 1 个 a 元素外的其他 a 元素,再给它们设置左边距,这样就实现了第一个 a 元素没有左边距。
- 设置浮动后的元素将自动以块级元素显示,因此就不需要再对#nav a 选择器添加 display:block 属性了,因为这是多余的。

【例 5-15】　将所有 a 元素的 display 属性设置为 inline-block,inline-block 元素兼有块级元素和行内元素的特点,表现在它可以像块级元素一样设置宽度和高度,同时它又像行内元素一样是从左到右排列,宽度不会自动伸展。其 CSS 关键代码如下。

```
#nav a {            ……
    display: inline-block;}    /*将例 5-14 中的 float:left;改成这条,效果和
                                  例 5-14 一样*/
```

5.2.3　新闻栏目框

在网站的首页中,文字内容一般被组织成栏目框的形式。网站是按栏目组织内容的,因此栏目框是最常见的网页界面元素,掌握栏目框的制作是网页制作中一项重要的基本功。

【例 5-16】 一种简洁风格的栏目框,其显示效果如图 5-19 所示。

基层动态 更多>>

计算机科学与技术系成功举办毕业生欢送会	2017-06-15
后勤管理处成功举办创建党员示范宿舍动员大会	2017-06-15
会计系成功举办2017届学生毕业典礼	2017-06-14
土木工程学院学生喜获佳绩	2017-06-14
会计系举办2017年专接本、考研、国考经验交流会	2017-06-14

图 5-19 简洁风格的栏目框

栏目框可分为栏目标题栏和内容列表区。对于栏目标题栏,常见的结构代码如下:

```
<div class="title">
    <h2>基层动态</h2>
        <span class="more"><a href="more.htm">更多 &gt;&gt;</a></span>
</div>
```

可见,栏目标题栏由 2 部分组成,即左边的栏目标题和右边的“更多”链接,因此需要 2 个 HTML 元素来存放。为了将栏目标题栏组合成一个整体,使用了一个 div 元素将这两元素包裹起来。

对于“更多”链接,之所以将其放入一个 span 元素中,是为了将 CSS 布局样式和 CSS 文本样式分离,即对 span 元素设置布局样式,而对 a 元素设置文本样式。span 元素在这里起到了布局元素的作用。

对于内容列表区域,从语义上看,它是一个典型的无序列表,因此使用 ul 元素描述列表区域,其结构代码如下。

```
<ul class="list_one">
    <li><a href="1.htm">计算机科学与技术系……</a><b>2017-06-15</b></li>
        ……
    <li><a href="5.htm">会计系举办 2017 年……</a><b>2017-06-14</b></li>
</ul>
```

然后将标题栏代码和内容列表区域代码用一个 div 元素包含起来,即得到栏目框的完整结构代码如下:

```
<div class="news">
<div class="title">
    <h2>基层动态</h2>
        <span class="more"><a href="more.htm">更多 &gt;&gt;</a></span>
  </div>
<ul class="list_one">
    <li><a href="1.htm">计算机科学与技术系成功举办毕业生欢送会</a><b>2017-
    06-15</b></li>
        ……
    <li><a href="5.htm">会计系举办 2017 年专接本、考研、国考经验交流会</a><b>
    2017-06-14</b></li>
</ul>
</div>
```

提示：由于网页中一般有多个栏目框，因此对栏目框中的元素一般设置 class 属性，而不设置 id 属性，从而使栏目框的样式代码可以被很多风格相似的栏目框共用。

接下来设置栏目框的样式，从外表看，栏目框的文本样式主要是设置文字大小和行距。栏目框的布局样式主要是使栏目标题和“更多”分布在容器两端。新闻标题和日期也分布在容器的两端。这称为两端对齐，要实现两端对齐，主要有以下三种方法。

【例 5-17】 实现两端对齐的方法一：左右元素都浮动法。

设置左边的元素左浮动，右边的元素右浮动。这时因为两个盒子都浮动，不占据外围容器的空间，所以还必须设置外围盒子的高度，使它在视觉上能包含两个浮动的盒子。标题栏的 CSS 样式代码如下。

```
.news{ width:420px;  margin-left: 20px;}
.title {
   height: 40px;    line-height: 40px;    /*设置标题栏高度并使内容垂直居中*/
   border-bottom: 2px solid #025483;    }
.title h2{    height: 40px;
   float: left;                            /*标题左浮动*/
   font-size: 18px;    color: #000;
   margin:0;                                /*去掉 h2 标记的默认上下边界*/
  }
.title .more{
   float: right;                           /*“更多”右浮动*/
   height: 22px;
      padding-right:10px;    }             /*“更多”右边保留一点间距*/
.more a{font-size:14px; text-decoration:none; color:#666;}
```

内容列表区域的 CSS 样式代码如下。

```
.list_one {
   min-height: 245px;            /*设置内容区域的最小高度*/
   margin-top:10px;              /*设置第一条新闻上面的间隙*/}
.list_one li {
   line-height: 30px;height:30px/*垂直居中*/
   color: #999;font-size: 14px;
   padding-left: 2px;    }
.list_one li a {    float: left;       /*标题左浮动*/}
.list_one li b {    float: right; font-weight:normal;     /*日期右浮动*/ }
```

【例 5-18】 实现两端对齐的方法二：右边元素右对齐法。

这种方法仍然设置左边元素左浮动，但设置右边的元素不浮动，并将它设置为块级元素，使得该元素的盒子能伸展到整行，再设置它的内容右对齐，而浮动元素位于其左边，则效果一样。以内容区域为例，关键 CSS 代码如下。

```
.list_one li b {float: right;…}        /*删除 5-17.html 中的 float: right; */
.list_one li {……
   text-align:right; }                 /*在 5-17.html 基础上添加这行*/
```

说明：这种方法实际上可将包裹日期的 b 元素去掉。

【例5-19】 实现两端对齐的方法三：左右元素颠倒法。

首先在HTML代码中将右边的日期写在左边的标题前面，然后设置日期元素右浮动即可，这样标题元素就不需要左浮动了。要注意的是，这种方法必须将右边的日期写在前面，否则浮动的日期元素会换行。关键代码如下。

```
<li><b>2017-06-15</b><a href="1.htm">计算机科学与技术系……</a></li>
```

再将5-17.html中的下面这条语句删除即可。

```
.list_one li a {  float: left;  }                    /*删除该行这句*/
```

在动态网站中，栏目框内容列表中的标题一般读取自数据库，这时经常会出现标题过长而栏目框容纳不下的情况。为此，CSS 3提供了text-overflow属性用来裁切过长的文本。语法如下。

```
text-overflow : clip |ellipsis
```

取值为ellipsis时表示当元素内文本溢出时就裁切并添加省略号，而clip表示只进行裁切，不添加省略号。

需要指出，text-overflow必须配合另外两条属性一起使用才有效果，示例如下。

【例5-20】 文本溢出自动裁切的示例。

```
.list_one li {
    text-overflow: ellipsis;          /*若文本溢出，则裁切*/
   white-space: nowrap;               /*强制不换行*/
   overflow: hidden;                  /*溢出内容隐藏*/  }
```

但是，text-overflow属性只适用于block或inline-block的元素，因为元素需要有一个固定的宽度才能裁切文本。而浮动元素脱离了标准流，是没有宽度限制的。

因此，只有第3种"左右元素颠倒法(例5-19)"才能应用上面的示例代码实现自动裁切过长文本的效果，其他两种方法由于标题元素都设置了左浮动，因此必须对浮动元素设置一个固定宽度，再将上述代码应用于a元素(而不是li元素)才有效果。

5.2.4 微博对话框

图5-20是一个微博对话框，这是一种典型的左右结构。按一般的制作思路，可能让左边和右边的元素都浮动，从而实现左右排列。但实际上还有一种更简单的方法，就是只让左边的元素浮动，再对右边的元素设置足够宽的左外边距(margin-left)，以空出左边元素的位置。

电子通
在音频负反馈放大器中，为了消除可能出现的高频自激，采用这种电容电路，以消除放大器可能出现的高频啸叫。高频啸叫的频率较高，通常是放大电路中高频消振电容失效或前级运放集成电路性能变差所致。可在后级放大电路的消振电容或退耦电容两端并接小电容来检查......

图5-20 微博对话框

【例5-21】 微博对话框的示例。结构代码如下。

```
<div class="weibo">
    <img class="userPic" src="images/head01.jpg" width="60" height="60" />
    <strong class="userName">华强北</strong>
  <p class="intro">在音频负反馈放大器中…</p>
</div>
```

CSS 代码如下：

```
.weibo{font-size:14px; width:40%;}
.userPic{float:left;    padding: 5px;    border: 1px solid #ccc;}
. userName { float: left; clear: left;  width: 60px;  text - align: center;
margin:6px;}
.intro{margin-left:82px; padding:10px;background-color: #EEF7FF;
      border:1px solid #ccc; line-height:1.8em; }
```

这种方式的优点在于：①结构代码更简洁，且更符合语义；②只要不设置右边元素的宽度，就能制作出左边元素宽度固定、右边元素可变宽度的效果。

5.3 相对定位

利用浮动属性定位只能使元素浮动形成图文混排或块级元素水平排列的效果，其定位功能仍不够灵活，强大。本节介绍的在定位属性下的定位能使元素通过设置偏移量定位到页面或其包含框的任何一个地方，定位功能非常灵活。

5.3.1 定位属性和偏移属性

定位属性的特点

为了让元素在定位属性下定位，需要对元素设置定位属性 position。position 的取值有 4 种，即 relative、absolute、fixed 和 static。其中 static 是默认值，表示不使用定位属性定位，也就是盒子按照标准流或浮动方式排列。因此，定位属性的取值中用得最多的是相对（relative）定位和绝对（absolute）定位，本节主要介绍它们的作用。

偏移属性是指 top、left、bottom、right 四个属性，为了使元素在定位属性下从基准位置发生偏移，偏移属性必须和定位属性配合使用，left 指相对于定位基准的左边向右偏移的值，top 指相对于定位基准的上边向下偏移的值。取值可以是像素或百分比，如

```
#mydiv {    position: absolute;        left: 50%;    top: 30px;    }
```

偏移属性仅对设置了定位属性的元素有效，因此一定要设置定位属性，才能设置偏移属性。

5.3.2 相对定位的特点

使用相对定位的盒子的位置依据常以标准流的排版方式为基础，然后使盒子相对于它原来的标准位置偏移指定的距离。相对定位的盒子仍在标准流中，它后面的元素仍以标准流方式对待它，因此相对定位元素占据的空间会被保留。

具体来说，如果将一个元素定义为相对定位（position：relative;），那么它将保持在原

来的位置上不动。如果再对它设置 top、left 等属性进行垂直或水平方向偏移,那么它将“相对于”它原来的位置发生移动。例如,图 5-21 中的 em 元素就是通过设置相对定位再设置位移让它“相对于”原来的位置向左下角偏移,同时它原来的位置仍然不会被其他元素占据。

【例 5-22】 图 5-21 相对定位的实现代码。

```
em {
    background-color: #0099FF;
    position: relative;    left: 60px;    top: 30px;    }
p {
    padding: 25px;  border: 2px solid #933;  background-color: #dbfdba; }
<p>在远古时代,<em>人类与神都同样居住在地上</em>,一起……</p>
```

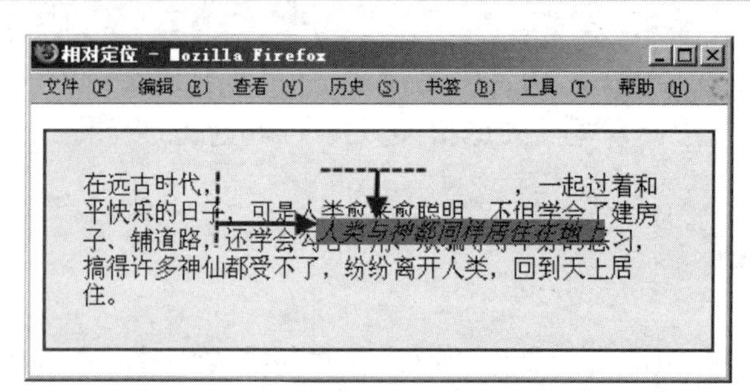

图 5-21 设置 em 元素为相对定位

可以看到,元素设置为相对定位后会出现以下两种情况:

- 元素原来占据的位置仍然会保留,也就是说,相对定位的元素未脱离标准流;
- 因为使用了定位属性的元素,所以会和其他元素发生重叠。

设置元素为相对定位的作用可归纳为两个:一是让元素相对于它原来的位置发生位移,同时不释放原来占据的空间;二是让元素的子元素以它为定位基准进行定位,同时它的位置保持不变,这时相对定位的元素成为包含框,一般是为了帮助其子元素进行绝对定位。

5.3.3 相对定位的应用

【例 5-23】 光标滑过时向右下方偏移的超链接。

在有些网页中,当光标滑动到超链接上方时,超链接的位置会发生轻微的移动,如向左下方偏移,让人觉得超链接被光标拉上来了,如图 5-22 所示。

首 页 中心简介 政策法规 常用下载 为您服务

图 5-22 偏移的超链接(当光标悬停时超链接向左下方偏移)

这种效果的主要原理就是运用了相对定位。在 CSS 中设置 a 元素为相对定位,当光标滑过时,就让它相对于原来的位置发生偏移。CSS 代码如下。

```
a:hover {
    color: red;    position: relative;    right: 2px;    top: 3px; }
```

还可以给这些链接添加盒子,那么盒子也会按上述效果发生偏移,如图 5-23 所示。

首 页 中心简介 政策法规 常用下载 为您服务

图 5-23 给链接添加盒子,同样会偏移

【例 5-24】 制作简单阴影效果。

在 4.3.3 节中,制作图 4-35 所示的简单阴影效果都需要用到一张"左上边"的图片。实际上,利用相对定位技术,不用一张图片也能制作出和图 4-35 相同的简单阴影效果。它的原理是:在 img 元素外套一个外围容器,将外围容器的背景设置为灰色,作为 img 元素的阴影,同时不设置填充边界等值,使外围容器和图片一样大,这时图像就正好把外围容器的背景完全覆盖。再设置图像相对于原来的位置往左上方偏移几个像素,这样图像的右下方就露出了阴影盒子右边和下边部分的背景,看起来就是 img 元素的阴影了。代码如下,效果如图 4-35 所示。

```
.shadow img {
    padding: 6px;    border: 1px solid #465B68;    background-color: #fff;
    position: relative;    left: -5px;    top: -5px;}    /*向左上方偏移*/
div.shadow {
    background-color: #ccc;
    float:left;    /*使 div 盒子收缩,和 img 一样大*/    }
<div class="shadow"><img src="works.jpg" /></div>
```

【例 5-25】 固定宽度网页居中的相对定位法。

使用相对定位法可以实现固定宽度的网页居中,该方法首先将包含整个网页的包含框 container 进行相对定位,使它向右偏移浏览器宽度的 50%,这时左边框位于浏览器中线的位置上,然后使用负边界将它向左拉回整个页面宽度的一半,如图 5-24 所示,从而达到水平居中的目的。代码如下。

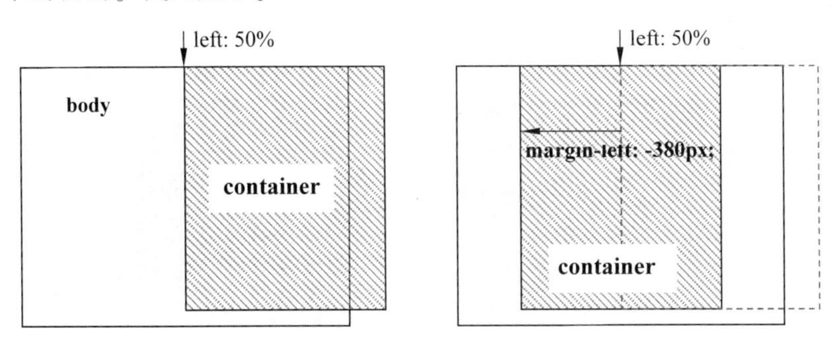

图 5-24 相对定位法实现网页居中示意图

```
#container {    position:relative;
    width:760px;    left:50%;    margin-left:-380px;    }
<div id="container">将网页内容放置在该处</div>
```

这段代码的意思是:设置 container 的定位是相对于它原来的位置,而它原来默认的位置是在浏览器窗口的最左边,然后将其左边框移动到浏览器的正中央,这是通过"left:50%"实现的,这样就找到了浏览器的中线。再使用负边界法将盒子的一半宽度从中线位

置拉回到左边,从而实现了水平居中。

想一想:如果把#container选择器中的(left:50%; margin-left:-380px;)改为(right:50%; margin-right:-380px;),还能实现居中吗?

另外,div元素中的内容默认都是顶端对齐的,有时希望div中的内容垂直居中,如果div中只有一行内容,可以设置div的高度height和行高line-height相等。如果div中有多行内容,更一般的方法是例5-25这种相对定位的思想:把div中的内容放入一个子div中,让子div相对于父div向下偏移50%,这样子div的顶部就位于父div的垂直中线上,然后再设置子div的margin-top为其高度一半的负值。

5.4 绝对定位和固定定位

5.4.1 绝对定位

绝对定位是指元素的位置以它的包含框为基准进行定位。绝对定位的元素完全脱离标准流,漂浮在网页上,不占据网页空间,不影响其他元素的排列。绝对定位元素宽度会自动收缩,以行内块(inline-block)元素显示。

绝对定位的偏移值是指从它的包含框边框内侧到元素的外边界之间的距离,如果修改元素的margin值,会影响元素内容的显示位置。

1. 一般情况下的绝对定位

如果将相对定位示例(例5-22)中,em的定位属性值由relative改为absolute,那么em将按照绝对定位方式定位(见图5-25),可见,它将以浏览器窗口左上角为基准定位,配合left、top属性值进行偏移,同时em元素原来占据的位置将消失,也就是说,它脱离了标准流,其他元素当它不存在了一样。

【例5-26】 绝对定位示例,将例5-22中em选择器的代码修改如下。

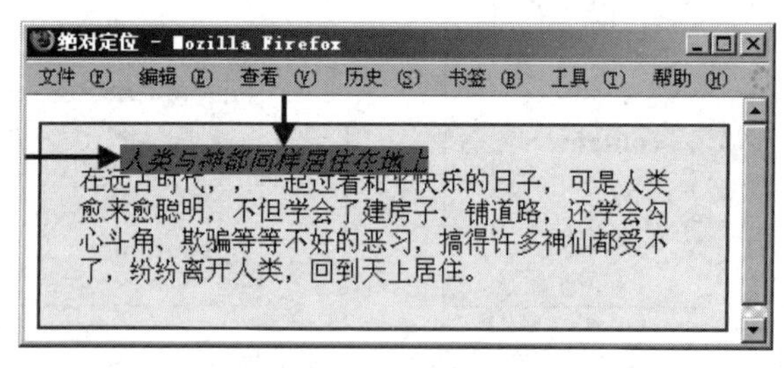

图5-25 设置em元素为绝对定位

```
em {    background-color: #09f;
   position:absolute;    left: 60px;    top: 30px;    }
```

但要注意的是,设置为绝对定位(position:absolute;)的元素,并非总以浏览器窗口为定位基准。实际上,绝对定位元素是以它的包含框为基准进行定位的。所谓包含框,是指距离它最近的设置了定位属性的父级元素的盒子。如果它所有的父级元素都没有设置定位属性,那么包含框就是浏览器窗口。

【例 5-27】　对 em 元素的父级元素 p 设置定位属性，使 p 元素成为 em 元素的包含框。这时，em 元素就不再以浏览器窗口为基准进行定位了，而是以它的包含框 p 元素的盒子为基准进行定位，效果如图 5-26 所示。对应的 CSS 代码如下。

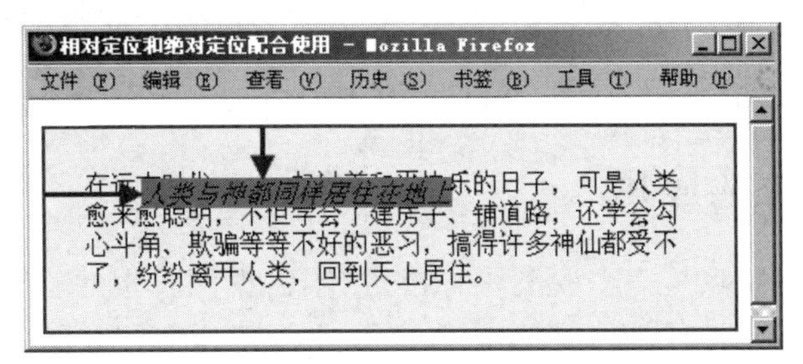

图 5-26　设置 em 元素为绝对定位的同时设置 p 元素为相对定位

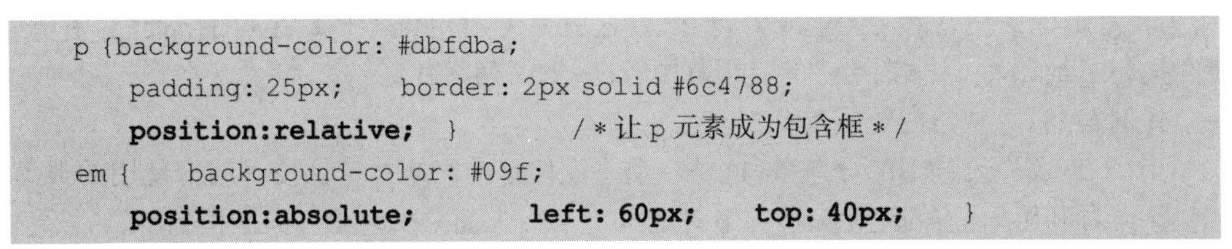

```
p {background-color: #dbfdba;
    padding: 25px;    border: 2px solid #6c4788;
    position:relative;  }          /＊让 p 元素成为包含框＊/
em {    background-color: #09f;
    position:absolute;        left: 60px;    top: 40px;     }
```

上述代码就是相对定位和绝对定位配合使用的例子，这种方式非常有用，可以让子元素以父元素为定位基准进行定位。

提示：绝对定位是以它的包含框的边框内侧为基准进行定位，因此改变包含框的填充值，不会对绝对定位元素的位置造成任何影响。

表 5-1 对相对定位和绝对定位进行了比较。

表 5-1　相对定位和绝对定位的比较

定位方式	relative(相对定位)	absolute(绝对定位)
定位基准	以该元素原来的位置为基准	元素以距离它最近的设置了定位属性的父级元素为定位基准，若它所有的父级元素都没设置定位属性，则以浏览器窗口为定位基准
原来的位置	还占用着原来的位置，未脱离标准流	不占用其原来的位置，已经脱离标准流，其他元素就当它不存在一样
宽度	盒子的宽度不会收缩	盒子的宽度会自动收缩，成为行内块元素

绝对定位元素的特点是盒子的高度和宽度会自动收缩，但有时需要得到固定大小的绝对定位元素，为此，有以下两种方法可实现自定义绝对定位元素的大小。

- 设置绝对定位元素的两个偏移属性 left、top(或 right、bottom)，再设置该元素的 width 和 height 属性，则该元素的位置和大小都确定了。
- 设置绝对定位元素的 4 个偏移属性 left、top、right、bottom，则该元素的大小会由根据父元素的大小和 4 个偏移属性计算得到。

2. 无包含框无偏移的绝对定位

如果一个绝对定位元素无包含框，又没有设置偏移属性，那么它将保持在它原来的位置不动,且不占据原来的位置(即“漂浮”在原来的位置),只要再对它设置margin属性,就可以让它以原来的位置为基准任意偏移。例如,将例5-27中的em代码修改如下。

```
em {    background-color: #09f;
        position: absolute;    }         /*无包含框无偏移属性的绝对定位*/
```

这种方式代码简洁,不需对父元素设置定位属性,适合于对小图标等进行定位。

5.4.2 绝对定位的应用

绝对定位元素的特点是完全脱离了标准流,不占据网页中的位置,而是悬浮在网页上。利用这个特点,绝对定位可以制作漂浮广告,弹出菜单等浮在网页上的元素。如果希望绝对定位元素以它的父元素为定位基准,则需要对它的父元素设置定位属性(一般设置为相对定位),使它的父元素成为包含框,这就是绝对定位和相对定位的配合使用(简称“父相子绝”)。“父相子绝”的应用范围较广,下面列举几例。

【例5-28】 缺角的导航条。

图5-27是一个缺角的导航条,这是一个将定位基准和绝对定位技术结合使用的典型例子(或者利用无包含框、无偏移的绝对定位技术),下面分析它是如何制作的。

图5-27 缺角的导航条

首先,如果这个导航条没有缺角,那么这个水平导航条完全可以通过盒子在标准流及浮动方式下的排列实现,不需要使用定位属性。其次,缺的这个角是通过一个元素的盒子叠放在导航选项盒子上实现的,它们之间的位置关系如图5-28所示。

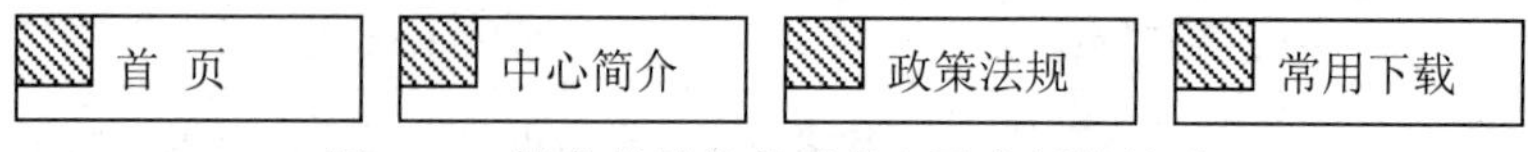

图5-28 缺角的导航条元素盒子之间的关系

形成缺角的盒子实际上是一个空元素,该元素的左边框是8px宽的白色边框,下边框是8px宽的蓝色边框,它们交汇就形成了斜边效果,如图5-29所示。

图5-29 缺角处是一个左白、下蓝边框的空元素

可以看出,导航项左上角的盒子必须以导航项为基准进行定位,因此必须设置导航项的盒子为相对定位,让它成为一个包含框,然后将左上角的盒子设置为绝对定位,使左上角的盒子以导航项为基准进行定位,并且还使左上角盒子不占据网页空间。

下面将这个实例分解成几步来做。

(1) 本例采用div元素做导航条,a元素表示导航项,因为a元素里还要包含一个元素做三角形,所以应在a元素中添加任意一个行内元素,这里选择b元素,它的内容应为空。结构代码如下。

```
<div id="nav4">
    <a href="#"><b></b>首页</a><a href="#"><b></b>中心简介</a>
      ……
      <a href="#"><b></b>技术支持</a>
</div>
```

（2）因为要设置 a 元素的边框填充等值，所以设置 a 元素为块级元素显示，而要让块级元素水平排列，必须设置这些元素为浮动。当然，设置为浮动后元素将自动以块级元素显示，因此也可以将 a 元素的 display：block；去掉。同时，要让 a 元素成为其子元素的包含框，必须设置 a 元素的定位属性为 relative。因此，a 元素的 CSS 代码如下。

```
#nav4 a {
    display: block;              background-color: #79bcff;
    font-size: 14px;     color: #333;     text-decoration: none;
    border-bottom:8px solid #99CC00;     /* 以上 5 条为普通 CSS 样式设置 */
    float: left;
    padding: 6px 10px 4px 10px;       margin:0 2px;
    position:relative;  }                 /* 让 a 元素作为 b 元素的定位基准 */
```

（3）接下来设置 b 元素为绝对定位，让它以 a 元素为包含框进行定位。由于 b 位于 a 的左上角，因此必须设置偏移属性 left：0 和 top：0。因为 b 元素中没有内容，所以此时看不见 b 元素。然后设置 b 元素的左边框为白色，下边框为 a 元素的背景色，这样就出现了三角形的效果。b 元素的 CSS 代码如下。

```
#nav4 a b {
    border-bottom: 8px solid #79bcff;
    border-left: 8px solid #ffffff;     /* 左边框和下边框交汇形成三角形效果 */
    overflow: hidden; height: 0;        /* 这两条为兼容 IE 6，使空元素高度为 0 */
    position: absolute;
    left:0;    top:0;     }             /* 相对于 a 元素边框内侧的左上角定位 */
```

（4）最后为导航条添加交互效果，只设置光标经过时 a 元素的字体、背景色改变，b 元素下边框颜色改变就可以了，代码如下。

```
#nav4 a:hover {
    color: #c00;  background-color: #ccc;    border-bottom-color: #cf3;  }
#nav4 a:hover b {
    border-bottom-color: #ccc;  }
```

如果要采用无包含框、无偏移的绝对定位技术实现该例，则只将例 5-28 中 a 元素的定位属性去掉，使 b 元素无包含框，再将 b 元素的偏移属性删除，由于 a 元素设置了填充值，因此 b 元素必须设置 margin 在原来位置上向左上方移动，具体修改代码如下。

```
#nav4 a {… position:relative; }          /* 删除 position 属性 */
#nav4 a b {… left:0; top:0;              /* 删除偏移属性 */
          margin:-6px  0 0 -10px; }      /* 添加 margin 属性 */
```

网上还有很多这种带有三角形的导航条，例如图 5-30 中的导航条只是在默认状态时将三角形隐藏,而光标滑过时显示三角形罢了。

校情概览 | 人才培养 | 科学研究 | 师资信息 | 学术交流 | 招生就业

图 5-30 带有三角形的导航条

【例 5-29】 小提示窗口。

所有的 HTML 标记都有一个 title 属性。添加该属性后,当光标停留在元素上时,会显示 title 属性里设置的文字。但用 title 属性设置的提示框不太美观。实际上,可以用绝对定位元素模拟小提示框,由于这个小提示框必须在其解释的文字旁边出现,所以要把待解释的文字设置为相对定位,作为小提示框的定位基准。

下面是 CSS 小提示框的代码,它的显示效果如图 5-31 所示。

```
<style>
a.tip{
    color:red;    text-decoration:none;
    position:relative;    }                    /*设置待解释的文字为定位基准*/
a.tip span {display:none;position:absolute; /*默认状态下隐藏小提示窗口*/
top:15px;    left:-30px;width:100px; }  /*设置小提示窗口的位置和大小*/}
a.tip:hover {cursor:hand;                   /*当光标滑过时将光标设置为手形*/
            z-index:999;}
a.tip:hover .popbox {
    display:block;                          /*当光标滑过时显示小提示窗口*/
    background-color:#444;    color:#fff;    padding:10px;
z-index:999;}            /*设置很大的层叠值,防止被其他 a 元素覆盖*/
</style>
<body><p>Web 前台技术: <a href="#" class="tip">Ajax<span class="popbox">
Ajax 是一种浏览器无刷新就能和 Web 服务器交换数据的技术</span></a>技术和
<a href="#" class="tip">CSS<span class="popbox">Cascading Style Sheets
层叠样式表</span></a>的关系</p></body>
```

图 5-31 小提示窗口的效果

【例 5-30】 CSS 下拉菜单。

下拉菜单是网页中一种常见的界面元素,如图 5-32 所示,其水平导航条代表一级导航,而弹出的下拉菜单表示二级导航。因此,下拉菜单的作用是建立二级导航,这对于具有二级栏目分类的网站来说是必要的。过去下拉菜单一般采用 JavaScript 制作,而现在由于浏览器对 CSS 支持的完善,一般使用 CSS 制作下拉菜单。CSS 下拉菜单具有代码简洁、占用资源少的特点。

图 5-32 下拉菜单示例

下拉菜单的特点是：弹出时悬浮在网页上，不占据网页空间，所以放置下拉菜单的元素必须设置为绝对定位，而弹出的下拉菜单的位置是依据它的导航项定位的，所以导航项应该设置为相对定位，作为下拉菜单元素的定位基准。默认状态下，设置下拉菜单元素的 display 属性为 none，使下拉菜单被隐藏起来。当光标滑到导航项时，显示下拉菜单。

制作下拉菜单的步骤比较复杂，下面一步一步来做。

(1) 下拉菜单通常采用二级列表结构，第一级放导航项，第二级放下拉菜单项。首先写出它的结构代码(5-30-1.html)，此时显示效果如图 5-33 所示。

```
<ul id="nav">
    <li><a href="">文章</a>
        <ul>
            <li><a href="">Ajax 教程</a></li>
                  ……
            <li><a href="">Flex 教程</a></li>
        </ul>
    </li>
    ……
    <li><a href="">Blog</a>
        <ul>
            <li><a href="">生活随想</a></li>
                ……
            <li><a href="">随意写</a></li>
        </ul>
    </li>
</ul>
```

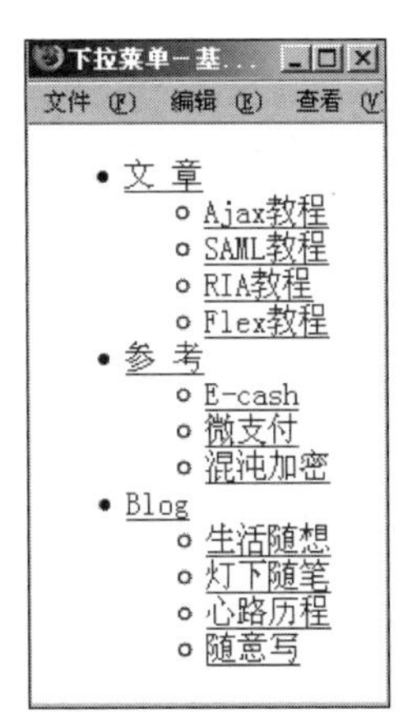

图 5-33　下拉菜单基本结构

可以看到，弹出下拉菜单被写在内层的 ul 里，我们只需控制这个 ul 元素的显示和隐藏，就能实现下拉菜单效果。

(2) 设置第一层 li 元素左浮动，使其表示的导航项水平排列，同时去除列表的小黑点、填充和边界。此时显示效果如图 5-34 所示。再设置导航项 li 为相对定位，让下拉菜单以它为基准定位。代码(5-30-2.html)如下。

```
#nav, #nav ul {
    padding: 0;    margin: 0;    list-style: none;    }
li {
    float: left;    width: 160px;    position:relative;    }
```

下拉菜单－水平排列 - Mozilla Firefox
文件(F) 编辑(E) 查看(V) 历史(S) 书签(B) 工具(T) 帮助(H)
文 章 参 考 Blog
Ajax教程 E-cash 生活随想
SAML教程 微支付 灯下随笔
RIA教程 混沌加密 心路历程
Flex教程 随意写

图 5-34　下拉菜单水平排列并设置第一层 li 元素左浮动

（3）设置下拉菜单为绝对定位,位于导航项下 21 像素。默认状态下隐藏下拉菜单 ul,所以 ul 默认是不显示的,代码如下。

```
li ul {    display: none;          /* 默认不显示 ul 元素 */
    position: absolute;    top: 21px;    }
```

（4）再添加交互,当光标滑入时显示下拉菜单 ul。此时光标滑入就会弹出下拉菜单了,如图 5-35 所示,只是不太美观。

```
li:hover ul {    display: block;    }    /* 当光标滑过 li 元素时显示其子 ul 元素 */
```

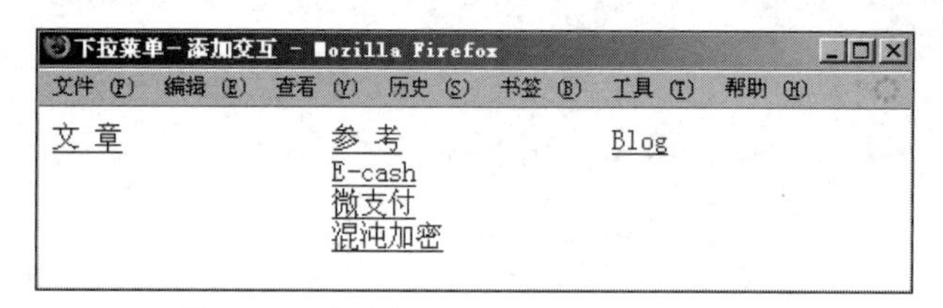

图 5-35　当光标滑入时显示下拉菜单项

（5）最后为下拉菜单设置必要的 CSS 样式,使它变得美观,并添加改变背景色和前景色的交互效果,代码(5-30-3.html)如下,最终显示效果如图 5-32 所示。

```
ul li a{
    display:block;    font-size:14px; color: #333;    /* 设置文字效果 */
    text-align:center;    text-decoration: none;
    border: 1px solid #ccc;    padding:3px;
    height:1em; }                                   /* 解决 IE 6 的 Bug */
ul li a:hover{                                      /* 光标滑入时改变菜单项的背景色和前景色 */
    background-color:#f4f4f4;    color:red;    }
```

想一想:①如果把上述选择器中的(position:relative;)和(position:absolute;)都去掉,还会有上面的下拉菜单效果吗?会出现什么问题?②把控制下拉菜单显示和隐藏的 li:hover ul 改成 a:hover~ul,将会是什么效果?

【例 5-31】　图片放大效果。

在电子商务网站中,常常以缩略图的方式展示商品。当浏览者将光标滑动到商品缩略图上时,会把缩略图放大显示成商品的大图,通常还会在大图下显示商品的描述信息,如图 5-36 所示。这种展示商品图片放大的效果非常直观、友好,下面分析它是如何制作的。

图 5-36　带有文本的图片放大效果

首先,商品的缩略图可以使用标准流方式排列,但商品的大图要以缩略图为中心进行放大,所以得以缩略图为定位基准,因此将商品的缩略图设置为相对定位。而商品的大图浮在网页上,所以是绝对定位元素。默认情况下,商品的大图是不显示的,当光标滑到缩略图上时,就显示商品的大图。制作图片放大效果的步骤如下。

(1) 由于有许多张图片,因此采用列表结构组织这些图片,每个列表项放一张图片。因为图片要响应光标悬停,所以在它外面要包裹一个 a 标记。结构代码如下,该实例的最终效果如图 5-37 所示。

```
<ul id="lib">
    <li><a href="#"><img src="pic1.jpg"/></a></li>
    ……
    <li><a href="#"><img src="pic4.jpg"/></a></li>
</ul>
```

图 5-37　图片放大效果

(2) CSS 样式设计:主要是为图片设置边框填充,设置过渡效果,并设置光标滑过图片时放大 img 元素(使用 transform 属性或改变元素的宽和高)。CSS 代码如下。

```
ul {margin: 0px;    padding: 0px;    list-style-type: none;}
#lib li {
    float: left;    width:104px;    height:104px;    margin: 4px;}
#lib li a {position:relative;  }            /*作为其 img 子元素的定位基准*/
#lib a img {
    border: 1px solid #ccc; padding: 6px; position: absolute; width:90px;
height:90px
```

```
    left:0; top:0; background-color:#fff; transition:all .3s ease-in;
    transform-origin: center;    }    /*以中心点为基准放大*/
#lib a:hover img {
    z-index:999; transform:scale(1.5);
    box-shadow: 0 5px 10px rgba(0,0,0,0.3);  }
```

如果不是对图片本身放大,而是在图片旁边弹出一张大图,则需要在img标记旁边插入一个span标记,用span标记的背景放置大图,用"a:hover span"控制大图的显示和隐藏,整体思路和做小提示窗口相似,只是把文字换成图片了。

【例5-32】 课程展示框。

很多慕课、微课、精品课网站都使用图文并茂的课程展示框对课程进行展示,并具有良好的用户交互效果。图5-38是一种课程展示框的效果,初始时,文本区域叠放在图片上方的底部,当光标悬停时,文本区域向上伸展,显示全部内容。

图5-38 课程展示框的效果

制作思路:用一个div元素表示课程展示框,在该div中插入一个img元素和一个类名为show的元素,用于放置文本。由于show元素要叠放在img元素上方,因此设置show元素绝对定位,把外层的div元素设置为相对定位,作为它的定位基准。当光标悬停时,改变show元素的top属性,使它向上伸展。结构代码如下。

```
<div class="main_img">              <!--课程展示框-->
    <img src="img/h2.jpg">          <!--图片-->
    <div class="show"><h2>C语言程序设计</h2>    <!--文本区域-->
        <span class="txtArea"><a href="#">观看视频</a></span>
    </div>
</div>
```

CSS代码主要是设置图片框大小、过渡属性、阴影等,代码如下。

```
.main_img{
    height: 230px;    width: 360px;    overflow: hidden;    position:
relative;
    display:inline-block; margin-left:10px;    /*让多个课程展示框水平排列*/
    box-shadow: 0 5px 10px 0 rgba(0,0,0,0.1);
    transition: all .5s;    }
.main_img:hover{
    box-shadow: 0 5px 20px rgba(0,0,0,0.3);    }    /*增大课程展示框阴影*/
.show {
    background: rgba(125, 0, 0, 0.3);    position: absolute;
```

```
    left: 0;top: 80%;     height:230px;  width:360px;     z-index: 200;
    transition: top .3s ease-in;     }
.show h2{font-size:16px; text-align:center; color:white;}
.main_img img {
    transition:all .3s ease-in;
    width:100%; height:auto;}
.main_img:hover img {opacity: .7; transform:scale(1.1);}
/*放大并且改变透明度*/
.main_img:hover .show {top: 50%;}     /*向上伸展 a 元素*/
.show .txtArea {
    left: 50%; bottom:20%; margin:-15px 0px 0px -40px; position: absolute;
    transition:all .3s ease-in;}
.show .txtArea a{
    color:rgba(255,255,255, 0.8);    display:block;
    padding:5px 12px;    border:rgba(255,255,255, 0.6) 1px solid;
    border-radius:8px;    font-size: 16px;    text-decoration:none;}
.show .txtArea a:hover{
    background: rgba(255,255,255, 0.7);    color:rgba(0,0,0, 0.6);}
.main_img: hover  .show  .txtArea{opacity:1; filter: alpha (opacity=100);
bottom:60%;}
```

本节的实例都用 hover 伪类实现交互效果。hover 伪类的应用总结如下。

hover 伪类是通过 CSS 实现与页面交互的最主要形式,本节的所有实例中都用到了 hover 伪类,下面总结一下 hover 伪类的作用。hover 伪类的作用分为以下两种。

一是定义元素在光标滑过时样式的改变,以实现动态效果,这是 hover 伪类的基本用法,如光标滑过导航项时让导航项的字体和背景变色等。

二是通过 hover 伪类控制子元素或兄弟元素的动态效果。有时如果子元素通过 display:none 隐藏起来了,就没办法利用子元素自身的 hover 伪类控制它了,只能使用父元素的 hover 伪类对它进行控制,例如下拉菜单中的 li:hover ul。

hover 伪类不能做什么:hover 伪类只能控制自身或其子元素、兄弟元素在光标滑过时的动态效果,而无法控制其他不相关元素实现动态效果,例如,tab 面板由于要用 tab 项(a 元素)控制不属于其包含的 div 元素,就无法使用 hover 伪类实现,只能通过编写 JavaScript 代码操纵 a 元素的行为实现。

5.4.3 固定定位

position 属性值为 fixed 表示固定定位,fixed 总是以浏览器窗口作为定位基准,因此固定定位元素不会随着网页的滚动而滚动,而绝对定位元素默认以 body 元素为定位基准,会随着网页的滚动而滚动。

固定定位适合于网页中不随滚动条滚动的元素,比如图 5-39 所示的百度的顶部搜索栏,无论怎样滚动网页,搜索栏总是位于顶部。

【例 5-33】 制作“返回顶部”按钮,其原理是利用固定定位使按钮不随网页滚动。

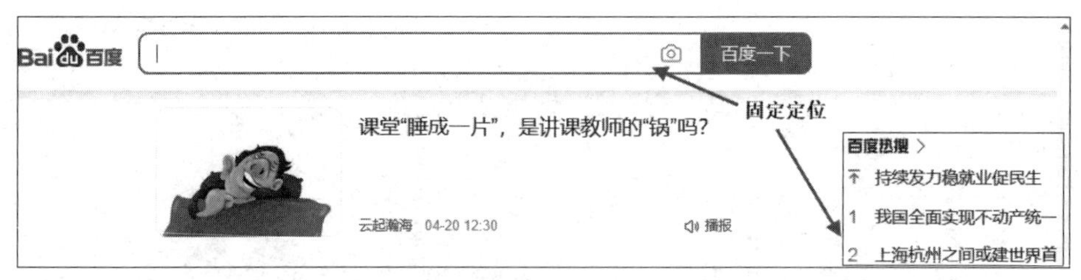

图 5-39 百度的顶部搜索栏(固定定位实例)

```
.totop{ width:40px; height:40px; background:#FCC; text-align:center;
position:fixed;right:30px; bottom:100px; }    /*元素固定定位,定位基准为右下
角*/
.totop a{text-decoration:none;color:white; }
<div class="totop"><a href="#">返回顶部</a></div>
```

5.4.4 与定位属性有关的 CSS 属性

CSS 中,有几个属性只有在元素设置了定位属性(position)之后才有效,例如 z-index 属性、偏移属性(top、left 等)和裁切属性(clip)等。

在 DW 中,对这些与 position 相关的属性设置在"定位"选项面板中,其中,"裁切"可用来对图像或其他盒子进行剪切,但仅对绝对定位元素有效。"显示"对应 visibility 属性,若设置为隐藏,则元素不可见,但元素所占的位置仍然会保留。

1. z-index 属性

z-index 属性用于调整定位时重叠块之间的叠放次序。与它的名称一样,想象页面为 x-y 轴,那么垂直于页面的方向就为 z 轴,z-index 值大的元素盒子会叠放在值小的元素盒子的上方,如图 5-40 所示。可以通过设置 z-index 值改变盒子之间的重叠次序。z-index 默认值为 0,当两个盒子的 z-index 值一样时,则保持原来的高低覆盖关系。

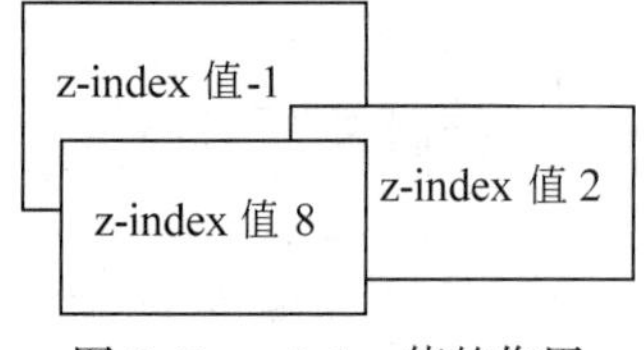

图 5-40 z-index 值的作用

2. 制作动态改变叠放次序的导航条

利用 z-index 属性改变盒子叠放次序的功能,可以制作出如图 5-41 所示的导航条。该导航条由若干导航项和下部的水平条组成。水平条是一个绝对定位元素,通过设置它的位置使它正好叠放在导航项的底部。在默认状态下,导航项的下方被水平条覆盖(导航项设置为相对定位),当光标滑过某个导航项时,设置导航项的 z-index 值变大,这样该导航项就会遮住水平条,形成如图 5-41 所示的动态效果。

图 5-41 动态改变 z-index 属性的导航条

【例 5-34】　制作动态改变层叠次序的导航条。

（1）首先，因为 z-index 只对设置了定位属性的元素有效，所以导航项和水平条都要设置定位属性。每个导航项的位置应该保持它在标准流中的位置不变，因此设置它们为相对定位，不设置偏移属性。而水平条要叠放在导航项的上方，不占据网页空间，因此设置它为绝对定位。而且水平条要以整个导航条为基准进行定位，所以设置整个导航条（#nav 元素）为相对定位，作为水平条的定位基准。结构代码如下。

```
<div id="nav">                                <!-- 主要作为底部水平条的定位基准 -->
    <a href="#"><span>首页</span></a>         <!-- 导航项背景采用滑动门技术 -->
    <a href="#"><span>中心简介</span></a>     …
    <a href="#"><span>技术支持</span></a>
    <div id="bott"></div>                     <!-- 底部的水平条 -->
</div>
```

（2）接下来写导航条#nav 和它包含的水平条的 CSS 代码，#nav 只要设置为相对定位就可以了，作为水平条#bott 的定位基准，而#bott 设置为绝对定位后必须向下偏移 28px，这样正好叠放于导航项的下部。

```
#nav {     position:relative;          /*作为定位基准*/     }
#bott{
    background-color: #996;    height:6px;          /*水平条高度为 6px*/
    clear:both;     /*因为 a 元素都浮动,所以要清除浮动*/
    position:absolute;          top:28px;
    width:95%;}     /*绝对定位元素宽度不会自动伸展,设置宽度使其占满一行*/
```

（3）用滑动门技术设置 a 元素和 span 元素的背景，背景图片如图 5-42 所示。其中 span 元素的背景从右往左铺，a 元素的背景从左往右铺，叠加后形成自适应宽度的圆角导航项背景。再设置 a 元素为相对定位，以便光标滑过时能设置 z-index 值，代码如下。

```
#nav a {
position:relative;          /*设置为相对定位,为了应用 z-index 属性*/
    float: left;            /*使 a 元素水平排列*/
    padding-left: 14px;
    background: url(images/zindex.gif) 0 -42px;  /*取下半部分的图案作背景*/
    height:34px;
    line-height:28px;     /*行高比高度小,使文字位于中部偏上*/
    color:white;  text-decoration:none;     }
#nav span {
    padding-right:14px;  font-size:14px;
    background: url(images/zindex.gif) 100%-42px;
    float:left;               /*此处是为兼容 IE 6,防止 span 占满整行*/     }
```

图 5-42　导航条的背景图片（zindex.gif）

(4) 最后设置光标滑过时的效果,包括设置 z-index 值改变重叠次序,改变背景显示位置实现背景图像的翻转等,代码如下。

```
#nav a:hover {
cursor:hand;                          /*使 IE 中的光标变为手形*/
background-position:0 0;              /*取上半部分图像作为背景*/
z-index:1000;                         /*使光标悬停的导航项遮盖住水平条*/}
#nav a:hover span {
   height:34px;        color:#f00;
background-position:100%0;            /*实现背景图像的翻转*/}
```

这样,动态改变层叠次序的导航条就做好了,如果将导航条的背景图像制作成具有半透明效果的 png 格式文件,效果可能会更好。

5.4.5 overflow 属性

对于一个元素来说,如果设置了它的宽和高,则元素的大小就确定了,那么元素有可能容纳不下它的内容。这种情况下,CSS 提供了溢出属性 overflow,用来设置元素的内容超过其大小时如何管理内容。

overflow 的基本功能是:设置元素盒子中的内容如果溢出是否显示,默认值为 visible,表示元素的溢出内容将显示出来。其他取值有 hidden(隐藏)、scroll(滚动条)、auto(自动)。

【例 5-35】 将 div 元素的 overflow 值依次设置为 visible、hidden、scroll、auto,显示效果如图 5-43 所示。

```
#qq {
   border:1px solid #333;  height: 100px;    width: 100px;
   overflow: visible;     }         /*依次修改为 hidden、scroll、auto*/
<div id="qq">在一个遥远而古老的国度里,国王和王后……</div>
```

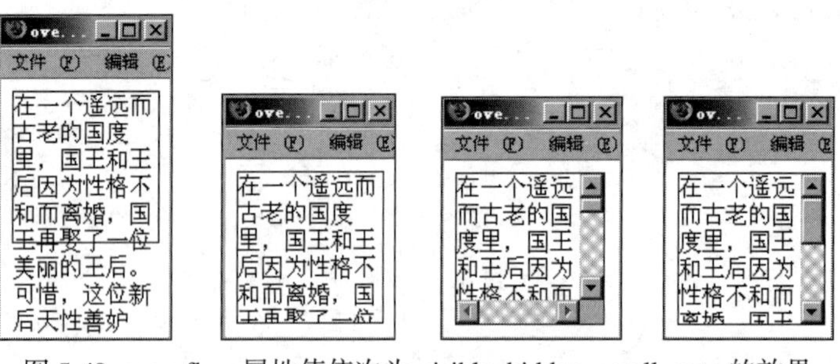

图 5-43 overflow 属性值依次为 visible、hidden、scroll、auto 的效果

在 CSS 3 中,新增了 overflow-x 和 overflow-y 属性,分别用来控制水平方向和垂直方向的溢出处理,例如 overflow-y: scroll 表示出现竖直滚动条。但是,当 overflow-x 和 overflow-y 属性值中一个是 hidden、另一个是 visible 时,则 IE 和其他浏览器渲染效果会不同。

overflow 属性的另一种功能是代替清除浮动的元素。

如果父元素中的子元素都浮动，就会导致父元素高度不会自动伸展包含住子元素，在 5.1.3 节"来自子元素的浮动"中说过，可以在这些浮动的子元素后添加一个清除浮动的元素，把外围盒子撑开。实际上，通过对父元素设置 overflow 属性也可扩展外围盒子高度，从而代替清除浮动元素的作用。

【例 5-36】 用 overflow 属性代替清除浮动的元素示例。

```
div{
   padding:10px;    margin:10px;    border:1px dashed #111;
   background-color:#90baff;    }
.father{
   background-color:#ffff99;    border:1px solid #111;
   overflow:auto;    /*图 5-44(左)是未添加这句时的效果*/}
.son1{
   float:left;    }
<div class="father">
   <div class="son1">Box-1</div>
</div>
```

可见，对父元素设置 overflow 属性为 auto 或 hidden 时，就能达到扩展外围盒子高度的效果，如图 5-44(右)所示，这比专门在浮动元素后添加一个清除浮动的空元素要简单得多。尽管如此，但在实际网页中使用 overflow 清除浮动容易带来其他一些问题，因此还是建议使用常规的 clear 属性清除浮动。

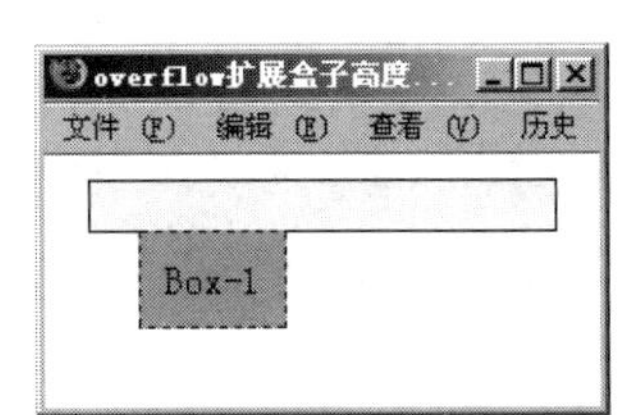

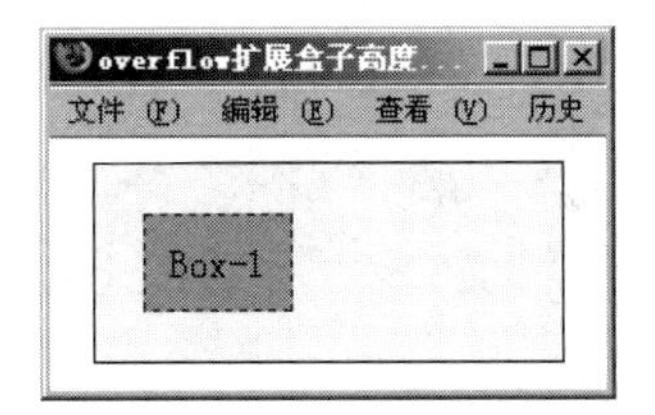

图 5-44　利用 overflow 属性扩展外围盒子高度之前(左)和之后(右)的效果

另外，在浮动元素后面添加一个元素，并对其设置 overflow:hidden，也将具有清除浮动的效果，读者可以对图 5-44 中对应的代码进行修改来验证这一点。

由于某些老浏览器对于空元素的默认高度是 12px，因此经常使用(overflow:hidden)使空元素在页面中所占高度为 0。

5.4.6　vertical-align 属性

有时可能希望容器内的文本垂直居中显示，对于单行文本来说，只要设置它的 line-height 属性就可以了，例如 line-height:80px 就能使单行文本在高为 80px 的容器中垂直居中。顺便说一句，如果 height 与 line-height 属性值相等，完全可以把 height 属性省略。也就是说，如果不存在 height 属性，元素的高度值将由 line-height 决定。

对于多行文本来说，就无法通过 line-height 属性垂直居中了。当然，如果是固定宽度的容器，则可以通过调整容器的上下 padding 值使文本近似于垂直居中。

但是，随着可变宽度网页布局的流行，很多容器的宽度是可变的(高度固定)，导致容器中的文本行数是变化的,如开始时是一行文本,当容器变窄后逐渐变成两行、三行文本。这种情况下就无法通过上下 padding 值伪装垂直居中了。

1. 实现多行文本垂直居中

多行文本垂直居中还是有一些解决办法的,比如使用 vertical-align(垂直对齐)属性,但该属性有一个很大的"缺点",就是对于块级元素是无效的。

vertical-align 属性只能应用于行内元素、行内块元素或表格单元格元素。vertical-align:middle 表示垂直居中。

【例 5-37】 vertical-align 实现多行文本垂直居中。

```
div{ height: 200px;    width: 50%;            /* 可变宽度容器 */
    background-color: pink; text-align: center; padding:8px;}
span{display:inline-block; vertical-align: middle; line-height: 1.8em;}
i{ display: inline-block;  height: 100%; vertical-align: middle;}
<div><i></i><span>我是特别长的特别长……的文本</span></div>
```

还有一种简单的实现文本垂直居中的方法是对容器元素设置如下属性:

```
div{……   display:table-cell;  vertical-align:middle;    }
```

2. 小图标与文本横向对齐

如果小图标与文本在一行,通常希望它们两者的垂直中心点在同一条水平线上,此时可以对 img 元素使用 vertical-align 属性进行纵向偏移调整,代码如下。

```
img{ vertical-align:-8px;}              /* 负值会使图片往下移动 */
<p><img src="images/rl2.png"/>这是和图片在同一行中的文本</p>
```

3. 实现上标或下标文字

在 HTML 元素中,<sub>和<sup>分别表示下标和上标,实际上,这两个元素是因为具有以下浏览器默认样式,所以完全可以对其他元素设置这些样式使其变成下标或上标。

```
sub { vertical-align: sub;    font-size: smaller;}
```

5.5 CSS 分栏布局

使用 CSS 布局时,先不要考虑网页的外观,而应该先思考网页内容的语义和结构。因为一个结构良好的 HTML 页面可以通过任何外观表现出来。

虽然普通用户看到的网页上有文字、图像等各种内容。但对于浏览器来说,它"看到"的页面内容就是大大小小的盒子。对于 CSS 布局而言,本质就是大大小小的盒子在页面上的摆放。我们看到的页面中的内容不是文字,也不是图像,而是一堆盒子。要考虑的是盒子与盒子之间的关系,是上下排列、左右排列还是嵌套排列,是通过标准流定位还是通过浮动、绝对定位、相对定位实现,定位基准是什么等。将盒子之间通过各种定位方式排列使之达到想要的效果就是 CSS 布局的基本思想。

CSS 网页布局的基本步骤如下。

(1) 将页面用 div 分块;

(2) 通过 CSS 设计各块的位置和大小,以及相互关系;

(3) 在网页的各大 div 块中插入作为各个栏目框的小块。

表 5-2 对表格布局和 CSS 布局的特点进行了比较。

网页版式结构分析

表 5-2　表格布局和 CSS 布局的比较

布 局 方 式	表 格 布 局	CSS+DIV 布局
布局特点	将页面用表格和单元格分区	将页面用 div 等元素分块
控制元素占据的页面大小	通过<td>标记的 width 和 height 属性确定	通过 CSS 属性 width 和 height 确定
控制元素在页面中的位置	在单元格前插入指定宽度的单元格使元素位置向右移动,或插入行或占位表格使元素向下移动	设置元素的 margin 属性或设置其父元素的 padding 属性使元素移到指定位置,对于单行文本,还可用 text-indent 移动其位置
图片的位置	只能通过图片所在单元格的位置控制图片的位置	既可以通过图片所在元素的位置确定,又可以使用背景的定位属性移动图片的位置

5.5.1　分栏布局的种类

网页的布局从总体上可分为固定宽度布局和可变宽度布局两类。所谓固定宽度,是指网页的宽度是固定的,如 1200 像素,不会随浏览器大小的改变而改变;而可变宽度是指如果浏览器窗口大小发生变化,网页的宽度也会变化,例如将网页宽度设置为 85%,表示它的宽度永远是浏览器宽度的 85%。

固定宽度的好处是网页不会随浏览器大小的改变而发生变形,窗口变小只是网页的一部分被遮住,固定宽度布局的实现原理简单,适合于初学者使用。而可变宽度布局的好处是能适应各种显示器屏幕,不会因为用户的显示器过宽而使两边出现很宽的空白区域。随着用户显示设备的多样化,可变宽度布局已经变得更流行、实用。

下面以 1-3-1 式三列布局为例,它具有的布局形式如图 5-45 所示。

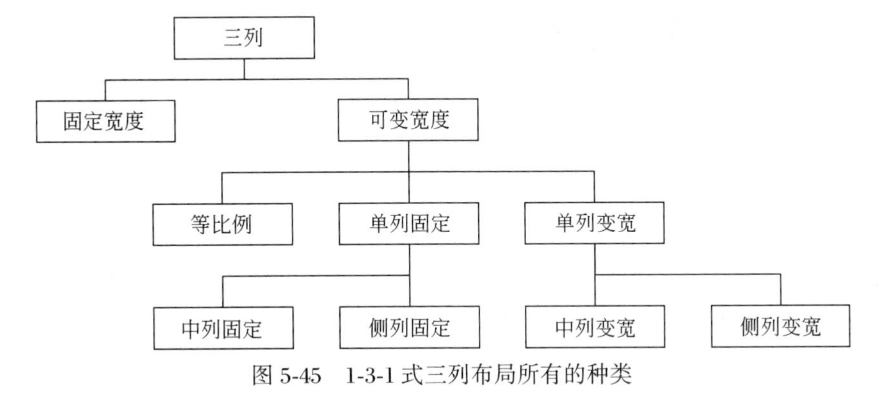

图 5-45　1-3-1 式三列布局所有的种类

5.5.2 网页居中的方法

网页在浏览器中最好能够居中显示。通过CSS实现网页居中有以下3种方法。

1. text-align法

这种方法设置body元素的text-align值为center,这样body中的内容(整个网页)就会居中显示。由于text-align属性具有继承性,网页中各元素的内容会居中显示,这是我们不希望看到的,因此设置包含整个网页的容器#container的text-align值为left,代码如下。

```
body{text-align: center; min-width: 990px;}
#container {margin: 0 auto; text-align: left; width: 990px;}
```

2. 左右margin auto法

通过设置包含整个网页的容器#container的margin值为"0 auto",即上下边界为0,左右边界自动,再配合设置width属性为一个固定值或相对值,也可以使网页居中,从代码量上看,这是使网页居中的一种最简洁的办法。例如:

```
#container { margin: 0 auto;  width: 980px; }          /*固定宽度网页*/
#container { margin: 0 auto;  width: 85%; }            /*可变宽度网页*/
```

注意:如果仅设置#container { margin:0 auto; },而不设置width值,网页是不会居中的,而且使用该方法网页顶部一定要有文档类型声明DOCTYPE,否则在IE中不会居中。

3. 相对定位法

相对定位法集中在5.3.3节"相对定位的应用"中已经介绍过,它只能使固定宽度的网页居中,代码如下。

```
#container { position: relative; width:980px; left: 50%; margin-left: -
490px; }
```

CSS网页布局的实现案例

5.5.3 1-3-1版式网页布局

1-3-1版式网页布局有以下四种方法:①三列浮动法;②margin负值法;③绝对定位法;④左右列浮动法。

1. 三列浮动法

默认情况下,div作为块级元素会占满整行从上到下依次排列,但在网页的分栏布局中(如1-3-1版式布局),中间三栏必须从左到右并列排列,这时就需要将中间三栏(3个div盒子)都设置为浮动。

但3个div盒子都浮动后,只能浮动到窗口的左边或右边,无法在浏览器中居中。为此，需要在 3 个盒子外面再套一个盒子（称为 container），让 container 居中，这样就实现了 3 个 div 盒子在浏览器中居中，如图 5-46 所示。

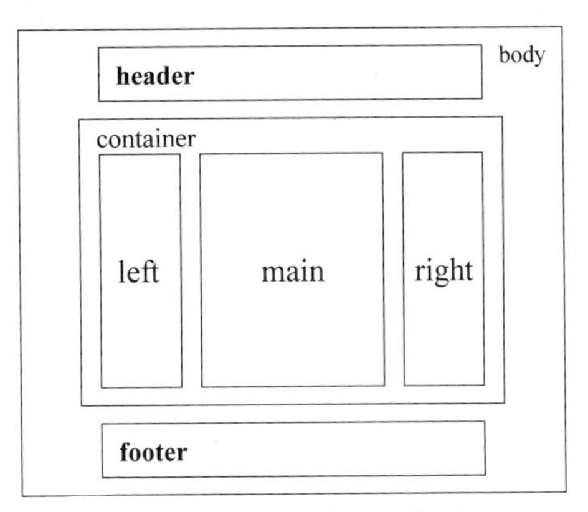

图 5-46 1-3-1 布局示意图

因为 container 里的 3 个盒子都浮动，脱离了标准流，所以都没有占据 container 容器的空间。从结构上看，应该是 container 位于 3 个盒子的上方，但这并不妨碍用 container 控制里面浮动的盒子居中。为了便于对页面主体（container）设置背景色，实现图 5-46 所示中 container 包含住 3 个盒子的效果，通常在 container 内的 3 个盒子下方再添加一个清除浮动的元素（或伪元素）。

【例 5-38】 1-3-1 固定宽度布局的实例，其显示效果如图 5-47 所示。

```
#header,#footer,#container{
    margin:0 auto; width:980px;              /*实现水平居中*/
    height:100px;background:#ffe6b8;         /*背景和高度为演示需要*/}
#container{ height:300px; background:#fff;}
#left,#main,#right{
    background:#a0b3d6; height:100%;width:210px;
    float:left;          /*关键点：设置3列浮动*/}
#main{
    width:540px;background:#eee; margin:0 10px;  }
#container::after{
    clear:both; content:"";          /*使 container 能包含住3列*/}
<div id="header">header 页头</div>
<div id="container">
    <div id="left">left 栏</div>
    <div id="main">main 栏</div>
    <div id="right">right 栏</div>
</div>
<div id="footer">footer 页尾</div>
```

制作 1-3-1 浮动布局的方法还有很多变形，例如可以将 footer 块放到 container 块里，这样可设置 footer 元素清除浮动，使 container 块包含住里面的 3 列和 footer 块。

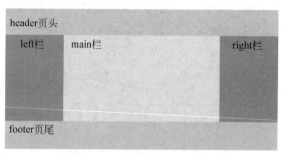

图5-47 1-3-1浮动方式布局效果图

2. margin负值法

这种方法将中间的主体栏使用双层标记嵌套,外层元素宽度为100%,并且左浮动。内层div为真正的主体区域,设置其左右margin为210px。左右两栏也都左浮动,这样左右两栏初始时将位于主体外的右侧,并且由于主体占据浏览器100%的空间,因此左右两栏将位于浏览器窗口外的右侧,而被隐藏起来。然后再利用负margin法将左右两栏拖动到左右两栏的对应位置。

【例5-39】 margin负值法实现居中的实例,显示效果如图5-47所示。

```
<div id="main">
    <div id="content"></div>          <!--中间栏-->
</div>
<div id="left"></div>                 <!--左侧栏-->
<div id="right"></div>                <!--右侧栏-->
```

CSS代码如下。

```
#main{width:100%; height:100%; float:left;}
#main #content{margin:0 210px; background:#ffe4c1; height:100%;}
#left,#right{width:200px; height:100%; float:left; background:#a0b1d3;}
#left{margin-left:-100%;}                /*拖动到浏览器窗口的左上角*/
#right{margin-left:-200px;}
```

本例中3列占满浏览器的100%空间,如果希望不占满整个浏览器,左右留白,只需在3列外再套一个container元素,设置其宽度(如width:85%)和margin法居中即可。

3. 绝对定位法

两侧列固定、中间列变宽的1-3-1式布局也是一种常用的布局形式,这种形式的布局通常把两侧列设置成绝对定位元素,并对它们设置固定宽度。例如,左右两列都设置成200px宽,而中间列不设置宽度,并设置它的左右margin都为210px,使它不被两侧列所遮盖。这样,它就会随着网页宽度的改变而改变,因而被形象地称为液态布局。

【例5-40】 用绝对定位法实现1-3-1两侧列变宽,中间列固定的布局。

首先设计结构代码如下。

```
<div id="header"><h2>Page Header</h2></div>
<div id="container">
```

```
    <div id="left"></div>
    <div id="main"></div>
    <div id="right"></div>
</div>
<div id="footer"><h2>Page Footer</h2></div>
```

然后将 container 设置为相对定位，将左右两列设置为绝对定位，则左右两列以 container 为定位基准。实现代码如下。

```
#left,#right{position:absolute; top:0; width:200px; height:100%;}
#left{left:0; background:#a0b3d6;}          /*左侧列定位为左上角*/
#right{right:0; background:#a0b3d6;}        /*右侧列定位为右上角*/
#main{margin:0 210px; background:#ffe6b8; height:100%; }
#container {
    width:85%;  margin:0 auto;              /*网页居中*/
    background-color:orchid; height:100%;
    position: relative;         /*设置为左右两列的定位基准*/     }
```

4. 左右列浮动法

这种方法将左右列放在中间列的前面，然后让左右列分别浮动到页面的左侧和右侧，这样左右列不占据网页空间，中间列就会顶到页面上方，再设置中间列的左右 margin，使得中间列和左右列不重叠。

【例 5-41】 左右列浮动法实现两侧列固定、中间列变宽的布局。

```
#main{height:100%; margin:0 210px; background:#ffe6b8;}
#left,#right{width:200px; height:100%; background:#a0b3d6;}
#left{float:left;}
#right{float:right;}
<div id="left"></div>
<div id="right"></div>         <!--将左右列放在前面-->
<div id="main"></div>
```

以上 4 种方法，第 1 种只能实现 3 列固定宽度布局或等比例可变宽布局，其余 3 种方法都能实现两侧列固定、中间列变宽的布局。

5.5.4 1-2-1 可变宽度布局

随着显示屏的变大，可变宽度布局也流行起来，它比固定宽度布局有更高的技术含量。本节介绍两种最常用的可变宽度布局模式，即两列(或多列)等比例布局，一列固定，一列变宽的 1-2-1 式布局。

【例 5-42】 两列(或多列)等比例布局。

两列(或多列)等比例布局的实现方法很简单，将固定宽度布局中每列的宽由固定的值改为百分比就行了。

```
#header,#pagefooter,#container{        /*min-width: 490px;防止网页过窄*/
    margin:0 auto; width:85%;          /*将固定宽度改为比例宽度*/   }
#content{
```

```
    float:right;  width:66%;     /*改为比例宽度*/  }
#side{
    float:left;  width:33%;     /*改为比例宽度*/  }
```

这样,不论浏览器窗口的宽度怎样变化,两列的宽度总是等比例的。如图5-48①、②所示。但是,当浏览器变得很窄之后,如图5-48③所示,网页会变得很难看。如果不希望这样,可以对#container添加一条“min-width: 490px;”属性,即网页的最小宽度是490px,这样,当浏览器的宽度小于490px后,网页就不会再变小了,而是在浏览器的下方出现水平滚动条。

提示:在CSS中,min-height、min-width、max-height和max-width这4个属性分别用于设置最小高度、最小宽度、最大高度和最大宽度。在可变宽度布局时,有时要控制页面的最小宽度,因此min-width属性经常使用。又如,在新闻内容页面中,有些新闻很短,此时可设置min-height属性,保证内容很短时网页的高度也不会过小。

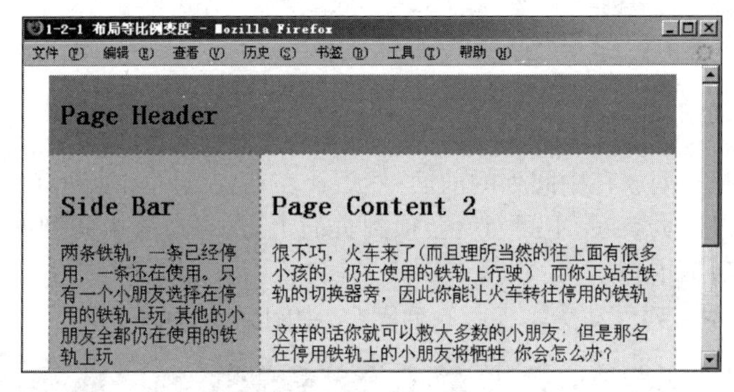

①浏览器比较宽时

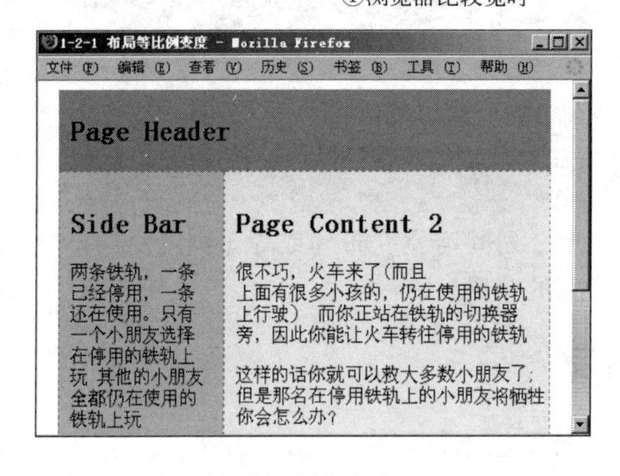

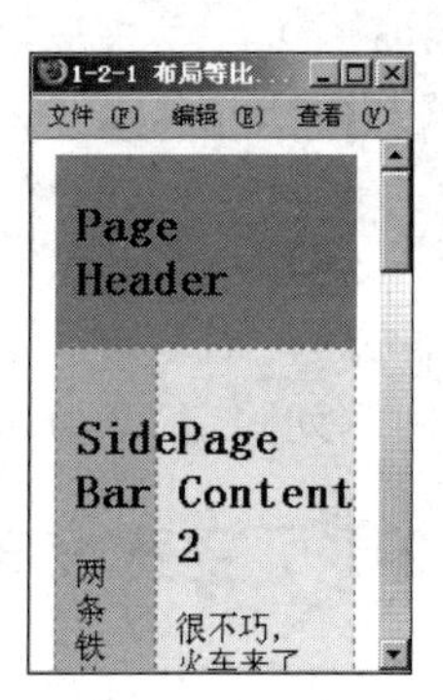

② 浏览器变窄后　　　③ 浏览器变得很窄之后

图5-48　等比例可变宽度布局时浏览器窗口变化时的不同效果

【例5-43】　单列变宽布局。

一列固定、一列变宽的1-2-1式布局是一种在博客类网站中很受欢迎的布局形式,如图5-49所示。这类网站常把侧边的导航栏宽度固定,而主体的内容栏宽度是可变的。

例如,网页的宽度是浏览器宽度的85%,其中一列的宽度是固定值200px。如果用表格实现这种布局,只需把布局表格的宽度设为85%,把其中一列的宽度设为固定值就可以了。但用CSS实现一列固定、一列变宽的布局,就要麻烦一些。首先,把一列div的宽

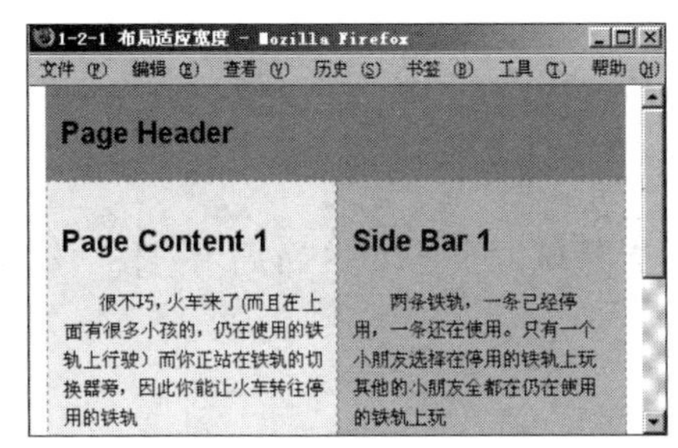
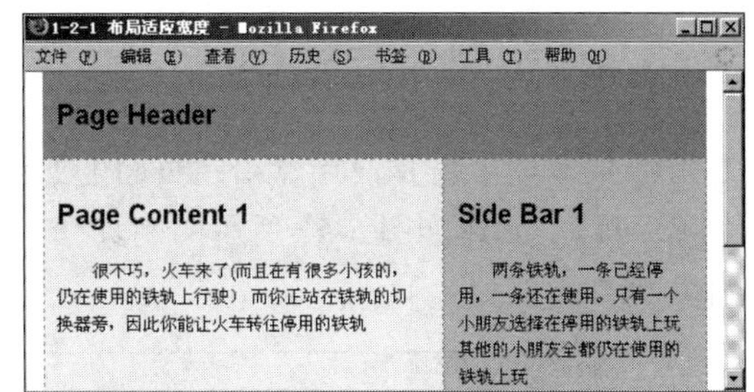

图5-49 一列固定、一列变宽布局(右边这一列宽度是固定的)

度设置为200px,那么另一列的宽就是包含整个网页container宽的“100%~200px”,而这个宽度不能直接写,因此必须设置另一列的宽是100%,这样另一列就和container等宽,这时会占满整个网页,再把这一列通过负边界margin-left:-200px向左偏移200px,使它的右边留出200px,正好放置side列。最后设置这一列的左填充为200px,这样它的内容就不会显示在网页的外边,代码如下。图5-50是该布局方法的示意图。

```
#header,#pagefooter,#container{
    margin:0 auto;        width:85%;     }
#contentWrap{
    margin-left:-200px;    float:left;
    width:100%;     }
#content{
    padding-left:200px;     }
#side{
    float:right;    width:200px;     }
#pagefooter{
    clear:both;     }
<div id="header">……</div>
<div id="container">
    <div id="contentWrap">
        <div id="content">……</div>
    </div>
    <div id="side">……</div>
</div>
<div id="pagefooter">……</div>
```

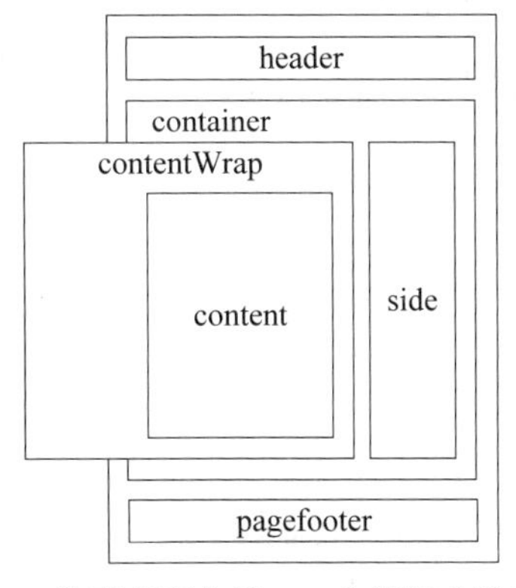

图5-50 单列变宽布局——改进浮动法示意图

5.5.5 CSS两列布局案例

CSS布局本质上就是设计盒子在页面上如何排列。

【例5-44】 制作如图5-51所示的网页,图5-52是该网页的CSS布局示意图,该网页的制作步骤如下。

图5-51 网页效果图

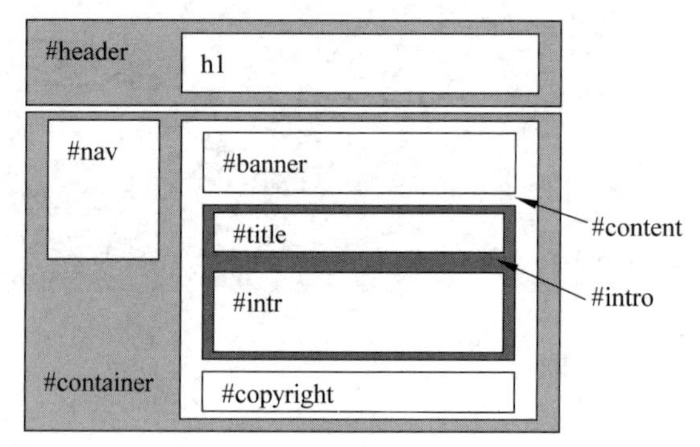

图5-52 太阳能网站CSS布局示意图

1. 制作网页的头部

(1) 将网页划分为两部分,即上方的header部分和主体的container部分,如图5-52所示,观察header部分有两个背景色(绿色和白色)和一个背景图像,而一个元素的盒子最多只能设置一种背景色和一个背景图像(为了兼容IE 8,本实例不使用CSS 3的有关属性),因此需要插入两个盒子来实现,代码如下。

```
<div id="header"><h1>光普太阳能网站</h1></div>
```

(2) 设置#header 的背景色为绿色,宽为 852px(该网页的宽度)。

```
#header{
      background-color:#99cc00;
      width:852px;    }
```

(3) 设置 h1 的背景色为白色,并设置背景图像为 logo.jpg,通过设置 margin 使盒子向右偏移 161px,然后用 text-indent 属性隐藏标记中的文字。这样,网页的头部就做好了。

```
#header h1 {
   text-indent: -9999px;        /* 隐藏 h1 中的文本 */
   width: 691px;   height: 104px;
   background: #fff url(images/logo.jpg) no-repeat 64px 0;
                                /* logo 左侧有 64px 空白 */
   margin: 0 0 0 161px;         /* 向右移动 161px */  }
```

提示:将标题中的文字进行图像替换的主要目的是在 HTML 代码中仍然保留 h1 元素中的文字信息,这样对于网页的维护和结构完整都有很大好处,同时对搜索引擎的优化也有很大的意义,因为搜索引擎对 h1 标题中的文字信息相当重视。

2. 网页主体部分的分栏

(1) 页面主体部分可分为#nav 和#content 两栏,只要对这两栏均设置浮动,它们就会并排排列,但问题是两栏可能不等高,这需要用其他办法让它们看起来等高。本例的解决办法是在两栏外添加一个容器#container,结构代码如下。

```
<div id="container">                      <!--主体部分容器-->
    <div id="nav">…</div>                 <!--左侧栏-->
    <div id="content">…</div>             <!--右侧栏-->
</div>
```

(2) 设置整个容器#container 的背景色为绿色,设置右侧栏#content 的背景色为白色,这样#content 的白色覆盖在#container 的右边,#container 的左侧栏就是绿色了,看起来左右两列就等高了。另外,设置#content 的右边框为 1px 实线,作为网页的右边框。

```
#container {
    background-color:#9c0;    width:852px;  }
#container #content {
    width:690px;    background-color: white;    float:left;
    border-right:1px solid #daeda3;}        /* 网页主体部分的右边框 */
```

3. 制作左侧列导航块

(1) 设置左侧列中的导航块样式。由于在网页效果图中导航块的宽度是 161px,而里面导航项的宽度是 143px,所以可以设置导航块#nav 的 width 为 152px,左填充为 9px,这样#nav 的宽度就有 161px,而它里面的导航项左右也正好有 9px 的宽度,实现水平居中。

```
#container #nav {
        float:left;
        width:152px; height:166px;
        background-color:#00801b;
        padding:15px 0 0 9px;   }
```

(2) 在#nav块中添加6个a元素作为导航项,HTML代码如下。

```
<div id="nav">
    <a href="#">首页</a><a href="#">关于我们</a>
    ……<a href="#">联系我们</a>  </div>
```

(3) 然后设置这些导航项的样式,其中导航项的背景图如图5-53所示,设置导航项在默认状态下显示该背景图的上部,光标滑过时显示下部即实现了背景翻转效果。

```
#nav a {
      display:block;
      width:113px;height:18px;
      background:url(images/dh.jpg) no-repeat;
      padding:5px 0 0 30px;
      color:white;text-decoration:none;
      font:12px/1.1 "黑体";     }
#nav a:hover {
      color:#00801b;    background-position:0 -23px;}
```

图5-53　a元素导航项的背景图

提示:如果要将图像作为HTML元素的背景显示在网页中,只设置元素的宽和高等于图像的宽和高即可,但如果对元素还设置了填充值,就必须将元素的宽和高减去填充值。例如,a元素的背景图尺寸是143px×23px,但由于设置了填充值,因此对a元素的宽和高设置为113px和18px。

(4) 但是,当#container里的两列都浮动后,它们都脱离了标准流,此时#container不会容纳它们,必须在它里面放置一个清除浮动的元素用来扩展#container的高度,代码如下。当然,也可以设置#container元素(overflow:auto)来清除浮动的影响。

```
#container:after { content: ''; display: table; clear: both; }
```

4. 制作右侧主要内容栏

(1) 接下来设置页面主体的内容部分#content,可以发现#content盒子里包含3个子盒子,分别用来放置上方的banner图片、中间的公司简介栏目和底部的版权信息,因此在元素#content中插入3个子div元素,代码如下。

```
<div id="content">
      <div id="banner"></div>
      <div id="intro">  …  </div>
      <div id="copyright">  …  </div>
</div>
```

(2) 设置#banner盒子的宽和高正好等于banner图片(ba1.jpg)的宽和高,再设置#banner的背景图是banner图片就完成了banner区域的样式设置,代码如下。

```
#content #banner {
    background: url(images/ba1.jpg) no-repeat;
    width:688px;    height:181px;    /*宽和高正好等于ba1.jpg的宽和高*/}
```

(3) 设置公司简介栏目#intro,可发现公司简介栏目由标题和内容两部分组成,因此在其中插入两个div。由于标题#title部分有两个背景图像,需要两个盒子,因此在#title里再添加一个h2元素,代码如下。

```
<div id="intro">
<div id="title"><h2>公司简介</h2></div>
    <div id="intr">光普太阳能成立于…<img src="images/in.jpg"/>…</div>
    </div>
```

(4) 接下来设置#title的样式,由于#title上方和左边需要留一些空隙,因此设置其margin属性和width属性使其水平居中,设置其背景图像为一张小背景图像横向平铺。

```
#intro #title {                    /*公司简介栏目标题*/
      width:90%;
      margin:16px 0 0 5%;     /*设置上边界和左边界,实现水平居中*/
      background:url(images/bj.jpg) repeat-x;        /*背景图横向平铺*/}
```

(5) 再对h2设置背景图像,因为需要对h2元素进行图像替代文本,设置h2的高度把#title盒子撑开,再设置marign为0消除h2的默认外边距。隐藏元素中文本的常用方法是设置text-indent:-9999px,这样就把文本移到了窗口之外而不可见。

```
#intro #title h2 {
      text-indent:-9999px;     /*隐藏h2的文本*/
      background:url(images/ggd.jpg) no-repeat;        /*用图像替代文本*/
      height:41px; margin:0;}
```

(6) 设置公司简介栏目文本的样式,主要是设置边界、字体大小、行高、字体颜色等。

```
#content #intro #intr {
      width:90%;
      margin:21px 0 0 5%;     /*设置上边界和左边界,实现水平居中*/
      font-size: 9pt;line-height: 18pt;color: #999;    }
```

再设置文本区域中的客服人员图片右浮动,实现图文混排。

```
#intro #intr img {           /*文本里的客服人员图像*/
        float:right;         /*右浮动,实现图文混排*/
        width:300px; height:200px;  }      /*宽和高正好等于in.jpg的宽和高*/
```

(7) 设置网页底部版权信息的样式,包括用上边框制作一条水平线和设置文本样式。

```
#content #copyright {
      font-size: 9pt;color: #999;text-align:center;
      width:90%;    margin:8px 0 0 5%;    padding:8px;
      border-top:1px solid #ccc;    }     /*版权信息上方的水平线*/
```

总结：在CSS布局中，①为了定义每个盒子在网页中的精确大小，几乎每个元素的盒子都设置了width和height属性，只是有些父元素将被子元素撑开，所以父元素的这些属性有时可以省略。②为了让元素的盒子在网页中精确定位，一般可通过元素自身的margin或父元素的padding属性使盒子精确移动到某个位置，像#header中的h1元素就是通过margin属性移到了右侧。

5.5.6 HTML 5 文档结构标记

在CSS布局中，通常给网页的每个区域的div都设置一个id属性，属性值一般是header、footer、nav、siderbar等。例如，下面是一个1-2-1布局网页的结构代码。

```
<body>
<div id="header">页头</div>
<div id="nav">导航</div>
<div id="container">
    <div id="siderbar">左侧栏</div>
    <div id="main">主栏</div>
</div>
<div id="footer">底部说明</div>
</body>
```

尽管上述代码不存在任何错误，还可以在HTML 5环境中很好地运行，但该页面结构对于浏览器来说都是未知的，因为元素的id值允许开发者自己定义，只要开发者不同，那么元素的id值就可能各异。

为了让浏览器更好地理解页面结构，HTML 5中新增了一些页面结构标记。这些新标记可明确地标明页面元素的含义，如头部<header>、导航<nav>、脚部<footer>、分区<section>、文章<article>等。将上述代码修改成HTML 5支持的页面代码，如下所示。

【例5-45】 用HTML 5页面结构标记实现1-2-1版式网页布局。

```
<body>
    <header>页头</header>
    <nav>导航</nav>
    <section>
        <aside>左侧栏</aside>
        <article>主栏</article>
    </section>
    <footer>底部说明</footer>
</body>
```

这样就可直接对上述结构标记设置CSS样式，代码如下，在支持HTML 5的浏览器中显示效果如图5-54所示。

```
header, nav, section,article,aside,footer{
    border:solid 1px #666;    padding:10px;    margin:4px auto;    }
section{padding:4px 0;}
header,nav ,footer{ width:400px }
```

```
section{width:420px;margin:6px auto;}
aside {    float:left;    width:60px;    height:100px;
   margin:4px 4px 4px 0;    }
article{   float:left;    width:312px;    height:100px;  }
section:after { content: ''; display: table; clear: both; }
/ * 清除两列浮动的影响 * /
```

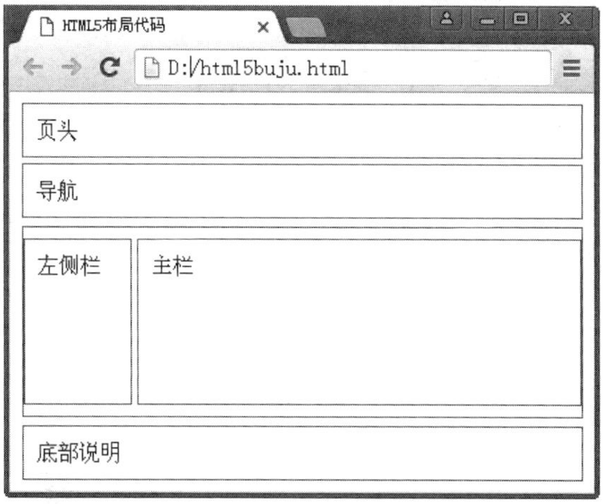

图 5-54　HTML 5 标记布局的网页

可见,在 HTML 5 中,使用 CSS 布局已经不再需要 div 了。也不再需要自己设置布局元素的 ID 属性,从标准的元素名就可以推断出各部分的意义。这对于盲人浏览器、手机浏览器和其他非标准浏览器尤其重要。

其中,<article>元素还可用来创建栏目框,在 article 元素中可以有自己的独立元素,如<header>或<footer>等,示例如下。这样不仅使内容区域各自分段、便于维护,而且代码简单,局部修改也更方便。

```
<article>
<header>
   <h3>HTML 5</h3>
</header>
<p>HTML 5 是下一代 HTML 的标准,目前仍然处于发展阶段。经过 Web 2.0 时代,基于互联网
的应用已经越来越丰富,同时也对互联网应用提出了更高的要求。</p>
<footer><p>发表于 2014.10.18</p></footer>
</article>
```

5.5.7　HTML 5 网页布局案例

【例 5-46】　图 5-55 所示的是本例网页布局案例的效果图,该网页的头部、导航、banner 和底部区域均为通栏设计(宽度为 100%,占满浏览器的全部宽度),而中间的主体部分为固定宽度(宽度为 1170px)。网页主体部分采用分两列的结构,同一列中的栏目框样式相同(如左侧栏中的栏目框的头部及边框都是相同的),不同列中的栏目框样式不

同。这符合平面设计理论中变化与统一的规律。统一彰显和谐与秩序,而变化则能带来活力,避免单调和乏味。

图 5-55 网页效果图

该网页的布局结构如图 5-56 所示,HTML 结构代码如下。

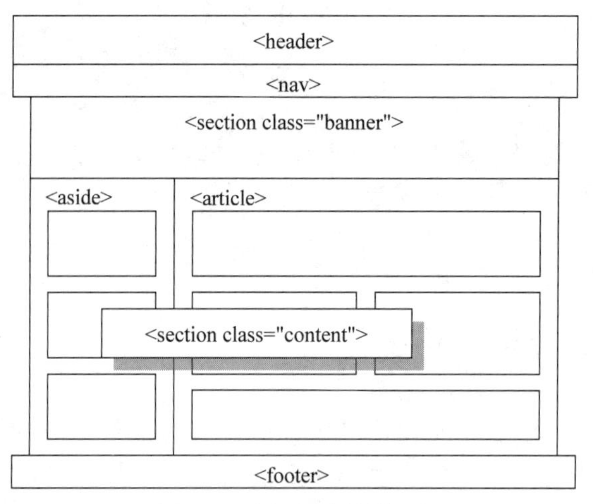

图 5-56 网页布局结构图

```
<header>                                              <!--头部-->
    <div class="headbox">……</div>
</header>
<nav><div class="navbox">……</div></nav>               <!--导航-->
<section class="banner"></section>                    <!--banner-->
<section class="content">                             <!--页面主体-->
    <aside>左侧栏</aside>
    <article>主栏</article>
</section>
<footer><div class="footerbox">底部</div></footer>
```

注意：网页头部、导航、底部都采用两个盒子嵌套来实现，其中外层盒子宽度为100%，用来撑满浏览器，内层盒子宽度为固定像素，并且居中。这样可以使固定宽度的网页看起来有点像自适应宽度网页一样。

1. 网页布局元素的样式设计

其中头部区域的布局代码如下，头部的内容位于居中的headbox元素区域中：

```
header{  width: 100%;  background-color: #fff;  }
.headbox{width: 1170px; height: 102px; margin: 0 auto; position: relative;}
```

导航区域采用一张背景图片，然后对navbox设置固定宽度和高度，并居中。

```
nav{background: #0884d5url(navbg.png) no-repeat center center;  width:
100%;}
.navbox { width: 1170px;    height: 50px;    margin: 0 auto;   }
```

banner区域主要是设置图片居中平铺，这样，当屏幕较窄时，大图两边自动隐藏。

```
.banner {    width: 100%;    height: 207px;
background: url(images/banner_cg.jpg) no-repeat center top;}
```

页面主体部分采用两列浮动法将主体分为两列。对两列的容器content采取overflow方法清除浮动，代码如下。

```
.content{width: 1170px; box-sizing:border-box; background-color: #FFF;
    overflow: hidden; padding: 22px 15px 18px; margin: 0 auto;}
.content aside{width: 274px; margin-right: 18px; float: left; }/*左侧栏*/
.content article{width: 848px; float: left;}                  /*右侧栏*/
```

页面底部主要是设置宽和高，以及背景图片，并设置填充等。

```
footer {    width: 100%;    height: 79px;
    background: url(images/footerbg.png) repeat-x 0 0;}
.footerbox {
    width: 1052px;  height: 49px;   margin: 0 auto;    padding-top: 18px;}
```

2. 侧栏栏目框的制作

每个栏目框从结构上看都包括标题栏和内容区两部分，标题栏采用h3元素描述，内容区域是类名为currlum的div元素。然后在标题栏和内容区域外包裹一个div元素,使其整合成一个栏目框,因此,左侧栏每个空栏目框的结构代码如下。

```
<div class="bk currbox">
    <h3 class="currtitl">实验平台</h3>          <!--标题栏-->
    <div class="currlum">……</div>            <!--内容区-->
</div>
```

然后再对栏目框设置边框,对栏目标题设置背景图片、行高等,CSS代码如下。

```
.currbox { width: 274px;    border: 1px solid #dddcdc;    }    /*栏目边框*/
.ovetitl, .pertitl, .currtitl {
      line-height: 34px;     overflow: hidden;    padding-left: 24px;
        color: #077bc5;     font-size: 16px;
      background: url(images/titlbg.png) no-repeat 0 0;}
```

左侧栏第2个栏目中有3个按钮图标,当光标滑入时,其背景图像会发生改变,这是通过背景图像的翻转实现的,其代码如下。

```
.zhinan li a{width:231px;height:52px;line-height:52px;vertical-align:
middle;
background:url(images/zn_bg.png) no-repeat 0 0;display:block;position:
relative;
margin:12px 0px 0px 23px;color:#0876c1;font-size:16px;padding-left:70px;
  }
.zhinan li a:hover{background-position:0 bottom;}     /*背景图翻转*/
.zhinan li a img{ position:absolute;left:17px;top:9px;}
                                                      /*相对于a元素定位*/
.zhinan li a span{padding-top:7px;display:block;}
<div class="currlum">
<ul class="zhinan">
    <li><a href="#"><img src="images/zn01.png">平台应用指南</a></li>
    <li><a href="#"><img src="images/zn02.png">联系我们</a></li>
    <li><a href="#" style="line-height:18px;"><img src="images/zn03.
png">
       <span>手机端二维码<br>及应用指南</span></a></li></ul></div>
```

3. 主栏图片滚动框的制作

对于图5-55中主栏下方的图片滚动框,可以将它看成是一个无序列表,在每个li元素中放一张图片,再设置li元素浮动,使所有图片水平排列。另外,必须对无序列表的父元素设置溢出隐藏,具体实现步骤请看8.5.7节中的“图片滚动栏”。

5.6 CSS 3新增的布局方式

5.6.1 弹性盒布局

使用经典的CSS布局方法对网页布局通常需要用float、margin、position等属性创建复杂的页面结构代码。为了使 CSS 布局变得更加简单、方便,CSS 3 新增了弹性盒布局方式。

1. 开启弹性盒布局

下面的代码通过开启弹性盒布局,能使弹性盒中的 div 元素水平排列。

【例 5-47】 弹性盒布局示例,显示效果如图 5-57 所示。

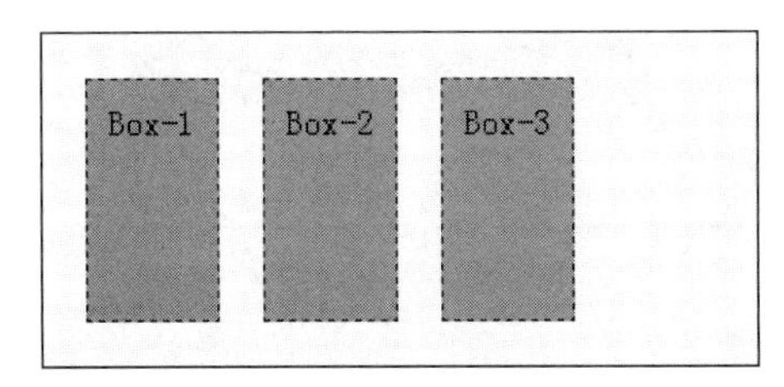

图 5-57 弹性盒布局示例

```
.flex{
    display: flex;          /* 开启弹性盒布局,该元素成为弹性容器 */
    flex-flow: row;         /* 盒子内的元素按横轴方向排列 */
    background-color:#ffff99;    border:1px solid #111;    }
div{
    padding:10px;    margin:10px;
    border:1px dashed #111;       background-color:#90baff;    }
<div class="flex">
    <div class="son1">Box-1</div>
    <div class="son2">Box-2</div>
    <div class="son3">Box-3</div>
</div>
```

该实例主要利用了以下几个 CSS 属性。

① display: flex,表示开启弹性盒布局模式。这样元素就成为一个弹性容器,该元素的所有直接子元素都会遵循弹性盒布局的规则来排列。其中,flex 是 display 属性在 CSS 3 中新增的一个属性值,如果要对属性值添加浏览器前缀,应写成 display:-webkit-flex。

② flex-flow: row,表示弹性盒中的直接子元素按水平方向排列。由于 row 是该属性的默认值,因此该语句也可省略,也就是说,弹性盒布局中子元素默认都是水平排列的。

flex-flow 可接两个属性,语法为 flex-flow: row|column nowrap|wrap|wrap-reverse,第 2 个属性表示子元素溢出父元素时,子元素是换行显示(wrap)还是缩小宽度而不换行(nowrap,默认值),例如 flex-flow: row nowrap。

总结:弹性盒布局的特点有①弹性盒中的所有直接子元素默认都是水平排列;②所有直接子元素的高度默认会自动伸展;③如果所有直接子元素宽度的和超过父元素,则默认情况下子元素的宽度会自动收缩,以适应父元素的宽。

2. 设置子元素的对齐方式

在.flex 选择器中添加如下 2 条属性,则显示效果如图 5-58 所示。

```
.flex{
    justify-content: center;          /* 设置盒子内元素向轴中间对齐 */
    align-items: center; }            /* 盒子内元素向垂直于轴的方向上的中间位
置对齐 */
```

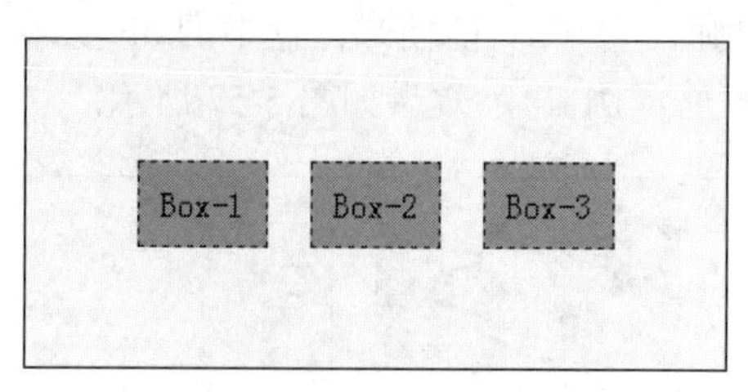

图 5-58　水平和垂直居中对齐

这两条属性的含义如下。

- justify-content：设置弹性盒内的子元素在主轴(默认是横轴,可由 flex-flow 属性设置)上的对齐方式,其取值有 flex-start | flex-end | center | space-between | space-around。其中后两个值将使盒子内元素在横轴上两端对齐排列,但盒子之间的间距会有不同。
- align-items：设置弹性盒内的子元素在侧轴(默认是纵轴)上的对齐方式,其取值有 flex-start | flex-end | center | baseline | stretch。默认值为 stretch,表示盒子内元素高度(或宽度)将自动伸展。

3. 设置子元素的排列顺序和占据的比例

在上述代码的基础上分别对 3 个子元素设置如下的 CSS 属性,则效果如图 5-59 所示。

```
.son1{flex:1; order:3}          /* 占据弹性盒 1/5 的宽度,排序位置为 3 */
.son2{flex:3; order:2}
.son3{flex:1; order:1}
```

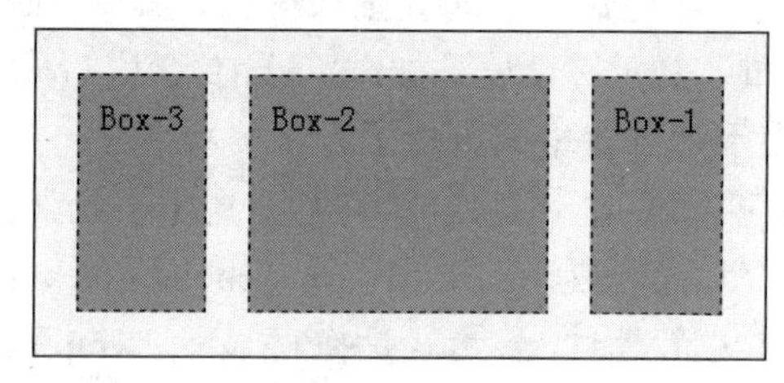

图 5-59　设置子元素的排列顺序和占据的比例

可见,flex 用于设置子元素占据弹性盒的宽度,其取值既可以是数字,表示占据的份额,也可以是像素,表示占据的实际宽度。order 用于设置子元素的排列顺序。

4. 使用弹性盒模型进行 1-3-1 版式布局实例

【例 5-48】　使用弹性盒模型进行网页版式布局的实例,其在计算机端的运行效果如

图 5-60 所示，当浏览器宽度小于 640px 时，弹性盒中的子元素会纵向排列。

```
<header>header</header>
    <div class="main">
        <article>article</article>
        <nav>nav</nav>
        <aside>aside</aside>
    </div>
<footer>footer</footer>
```

CSS 代码如下。

```
.main {
        display: flex;  flex-flow: row;    /*设置 main 元素为弹性容器*/
        min-height: 200px;  margin: 0px;   padding: 0px;}
.main > article {
        margin: 4px;    padding: 5px;background: #719DCA;
        flex: 3 ;order: 2;}
.main > nav {
    margin: 4px;padding: 5px;    background: #FFBA41;
    flex: 1 ;    order: 1;}
.main > aside {
        margin: 4px;    padding: 5px;    background: #FFBA41;
        flex: 1 ;    order: 3;}
header, footer {
        margin: 4px;    padding: 5px;    min-height: 50px;
        border: 2px solid #FFBA41;}
@ media all and (max-width: 640px) {/*当屏幕宽度小于 640px 时*/
    .main {
        flex-flow: column; /*子元素按纵轴方向排列*/     }
    .main > article, .main > nav, .main > aside {
        order: 0; /*按自然顺序排列*/     }
    .main > nav, .main > aside, header, footer {
        min-height: 50px;        max-height: 50px;    }
}
```

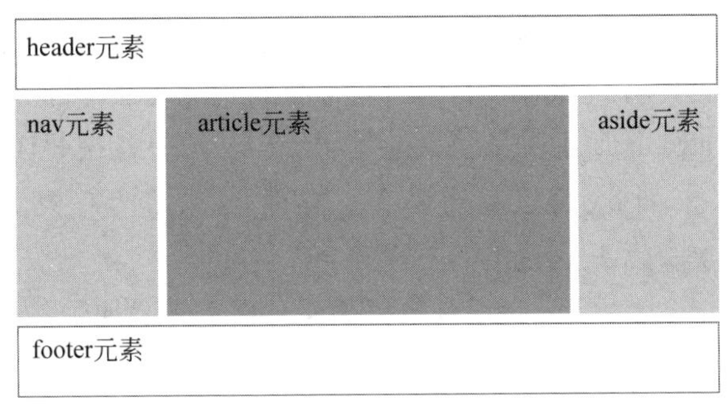

图 5-60　弹性盒布局示例图

在弹性盒布局中,要注意以下几点。

- 弹性容器中的每个直接子元素都会变成弹性子元素,弹性容器中直接包含的无标记环绕的文本也会变为匿名弹性子元素。
- float 和 clear 属性对弹性子元素无效,vertical-align 属性对弹性子元素对齐无效。
- 分栏布局中的 column-＊属性对弹性子元素无效。

5.6.2 分栏布局

在报纸或杂志上,已经普遍使用分栏布局让内容流动起来,这种布局解决了长文本行的阅读问题。过去,网页要实现分栏布局,只能使用多个元素并让这些元素浮动起来,但这无法实现一篇长文章在栏与栏之间自动续排。为此,CSS 3 提供了分栏布局功能,网页也可以方便地使用分栏布局并使内容自动续排。

1. 分栏布局的方法

把元素中的内容均等划分为几列的第 1 种方法是使用 column-count 属性,例如,下面的声明将把 div 元素的内容划分为 3 栏。

```
div.col {  -webkit-column-count: 3;  }
```

把元素中的内容划分成多列的第 2 种方法是使用 column-width 属性,例如:

```
div.col { -webkit-column-width: 300px; }
```

这种方式适合于可变宽度的网页布局,即使网页宽度发生变化,每列的宽度依然能保持不变。也许有人会问,如果容器的宽度不是 300px 的倍数,最后一列的宽度会不会比前面几列窄?实际上,CSS 3 的分列算法会自动调整列的宽度,使它们更好地适应父元素,因此使用这种属性得到的每列宽度也是相等的。

2. 分栏布局的属性

分栏布局的其他属性如下。

- column-gap:设置栏间距,例如要设置栏间距为 2 字符宽,就是 column-gap:2em。该属性的值最好设置为相对值。
- column-span:跨多栏属性,对于标题等不需分栏的元素,可使用跨多栏属性,例如 column-span:all。该属性的取值只能是 all 或 1。默认情况是 1,表示不跨栏,而 all 表示跨所有栏。因此,跨栏属性要么不跨栏,要么跨所有栏,若希望跨任意几栏(如跨 2 栏),则是无法实现的。
- column-rule:栏间线属性,该属性可以为栏与栏之间添加一条分隔线,其取值书写规则和 border 属性相同,例如 column-rule:1px dashed red。需要注意的是,栏间线的宽度不能超过栏间距,否则栏间线将不会显示。

【例 5-49】 分栏布局实例,其显示效果如图 5-61 所示。

```
<div class="col">
    <h3>十二星座传说——处女座</h3>
    <p>人间管理谷物的农业之神……</p><p>有一天她和同伴正在山谷……</p>
    <p>泊瑟芬的呼救声回荡在山谷、海洋……</p>
</div>
```

其 CSS 代码如下。

```
div.col {
    -webkit-column-count: 3;
    -webkit-column-gap: 1.5em;
    /*-webkit-column-rule:2px dashed #ccc;   */
    font-size:14px;   border:1px solid #e2e2e6;    padding:0.5em; }
div.col h3 {
    -webkit-column-span: all;        -moz-column-span: all;
    text-align:center;    border-bottom:1px dashed #c66;   }
div.col p{text-indent:2em;margin:0 auto;line-height:1.6em;}
```

提示：

① 分栏属性目前还没有成为一个通用的 CSS 属性。因此，使用分栏属性时要注意加浏览器前缀：-webkit-用于 Chrome 或 Safari，-moz-用于 Firefox。

② 如果在分栏中插入图片，并且图片的宽度超过了栏的宽度，则在 chrome 浏览器中，超出的图像部分会被裁切而不显示，但 Firefox 仍然会显示超出栏宽的图片。

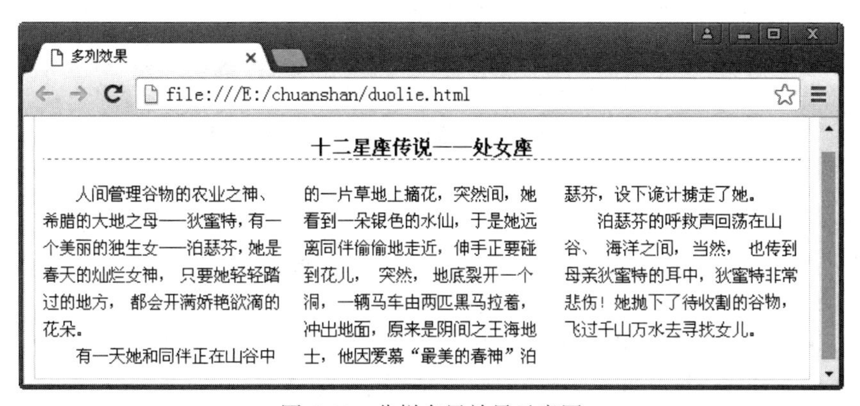

图 5-61 分栏布局效果示意图

3. 栏的中断

一栏结束而下一栏开始的位置称为中断（break），对于有些元素，比如子标题或者列表，它们不应该在各列之中被拆分。这时可以使用 column-break-before、column-break-after 或 column-break-inside 确保它们不会处在中断位置上。

①column-break-before：设置是否在该元素之前生成新的栏，例如，column-break-before：always 表示总是在元素之前断行并产生新的栏。

②column-break-after：设置是否在该元素之后生成新的栏。例如，column-break-after：avoid 表示总是避免在该元素之后断行并产生新的栏，这样可保证子标题不会位于

一栏的最下方。

③column-break-inside：避免在某个元素内部产生新栏。例如，column-break-inside：avoid 表示避免在某个元素内部产生新栏，这样可保证子标题等元素不会被拆分到两栏中。

习　　题

1. 关于浮动，下列哪条样式规则是不正确的？(　　)

A. img { float：left；margin：20px；}

B. img { float：right；right：30px；}

C. img { float：right；width：120px；height：80px；}

D. img { float：left；margin-bottom：2em；}

2. 对于样式#p1{float:left；display:inline；}，元素#p1 将以哪种元素显示(　　)。

A. 块级　　B. 行内　　C. 行内块　　D. 出错

3. 在图像替代文本技术中，为了隐藏<h1>标记中的文本，同时显示<h1>元素的背景图像，需要使用的 CSS 声明是(　　)。

A. text-indent：-9999px；　　B. font-size:0；

C. text-decoration：none；　　D. display：none；

4. 插入的内容大于盒子的尺寸时，如果要使盒子通过延伸容纳额外的内容，应设置 overflow 属性值为(　　)。

A. visible　　B. scroll　　C. hidden　　D. auto

5. 对元素设置以下哪些属性后，元素将以行内块(inline-block)元素显示(多选)？(　　)

A. float：left　　B. position：absolute

C. position：relative　　D. position：fixed

6. 对于样式#p1{ float:left；display:inline；}，元素#p1 将以哪种元素显示？(　　)

A. block　　B. inline-block　　C. inline　　D. flex

7. vertical-align 属性对以下哪种类型的元素是无效的？(　　)

A. 块级　　B. 行内　　C. 行内块　　D. 表格单元格

8. 有代码<div><p>浮动</p></div>，假设 p 元素浮动，要使用伪元素清除 p 元素浮动对 div 的影响，使 div 包含住 p，则应设置(　　)。

A. div:before{…}　　B. div:after{…}

C. p:before{…}　　D. p:after{…}

9. 下列各项描述的定位方式是什么？(填写 static、relative、absolute 中的一项或多项)。

① 元素以它的包含框为定位基准。________

② 元素完全脱离了标准流。________

③ 元素相对于它原来的位置为定位基准。________

④ 元素在标准流中的位置会被保留。________
⑤ 元素在标准流中的位置会被其他元素占据。________
⑥ 能够通过 z-index 属性改变元素的层叠次序。________

10. 开启弹性盒布局模型需要对元素添加________属性。
11. 分栏布局中设置分栏的数目应使用________属性。
12. 如果要使过长的文本自动省略并添加省略号,可使用________。
13. 如果希望元素内的单行文本垂直居中,可对该元素设置________属性。
14. 对一个元素可同时设置相对定位和浮动吗?
15. 简述制作纯 CSS 下拉菜单的原理和主要步骤。
16. 将 5.4.2 节中的例 5-29“小提示窗口”改写成具有渐隐渐现过渡效果的代码。

第 6 章 网站开发过程与环境配置

学习网页设计的最终目的是能够制作网站。而在网站的具体建设之前,需要对网站进行一系列构思和分析,然后根据分析的结果提出合理的建设方案,这就是网站的规划与设计。规划与设计非常重要,它不仅仅是后续建设步骤的指导纲领,也是直接影响网站发布后能否成功运营的关键因素。

6.1 网站开发的过程

与传统的软件开发过程类似,为了加快网站建设的速度和减少失误,应该采用一定的制作流程策划、设计和制作网站。通过使用制作流程确定制作步骤,以确保每一步顺利完成。好的制作流程能帮助设计者解决策划网站的烦琐性,降低网站开发项目失败的风险,同时又能保证网站的科学性、严谨性。

开发流程的第一阶段是规划项目和采集信息,接着是网站规划和设计网页,最后是上传和维护网站阶段。在实际的商业网站开发中,网站的开发过程大致可分为策划与分析、设计、开发、测试和发布 5 个阶段。在网站开发过程中需明确以下几个概念。

6.1.1 基本任务和角色

在网站开发的每一个阶段,都需要相关各方人员共同合作,包括客户、设计师和程序开发人员等不同角色,如图 6-1 所示。每个角色在不同的阶段都有各自承担的任务。表 6-1 所示为网站建设与网页设计中各阶段需要参与的人员角色。

图 6-1 网站开发过程中的人员角色:客户(Client)、设计师(Designer)和程序开发人员(Programmer)

表 6-1　网站开发过程中的人员角色分工

策划与分析	设　计	开　发	测　试	发　布
客户 设计师	设计师	设计师 程序开发人员	客户 设计师 程序开发人员	设计师 程序开发人员

(1) 在策划与分析阶段,需要客户和设计师共同完成。通常,客户会提出他们对网站的要求,并提供要在网站中呈现的具体内容。设计师应和客户充分交流,在全面理解客户的想法之后,和客户一起协商确定网站的整体风格、网站的主要栏目和主要功能。

由于客户一般是网站制作的外行,因此对网站应具有某些栏目和功能可能连他自己都没有想到,也可能客户的美术鉴赏水平比较低,提出的网站风格方案明显不合时宜。设计师此时既应该充分尊重客户的意见,又应该想到客户的潜在需要,理解客户的真实想法,提出一些有价值的意见,或提供一些同类型的网站供客户进行参考,引导客户正确表达对网站的真实需求。因为根据客户关系理论,只有客户的潜在需求得到满足后,客户才能高度满意。

(2) 在设计阶段,由设计师负责进行页面的设计,并构建网站。

(3) 在开发阶段,设计师负责开发网页的整体页面效果图,并和程序开发人员交流网站使用的技术方案,程序开发人员开发程序并添加动态功能。

(4) 在测试阶段,需要客户、设计师和程序开发人员共同配合,寻找不完善的地方,并加以改进,各方人员满意后再把网站发布到互联网上。

(5) 在发布阶段,由程序开发人员将网站上传到服务器上,并和设计师一起通过各种途径进行网站推广,使网站迅速被目标人群知晓。

经过 10 余年的发展,互联网已经深入社会的各个领域,伴随着这个发展过程,网站开发已经成为一个拥有大量从业人员的行业,从而整个工作流程也日趋成熟和完善。通常,开发网站需要经过图 6-2 所示的流程,下面对其中的每一个环节进行介绍。

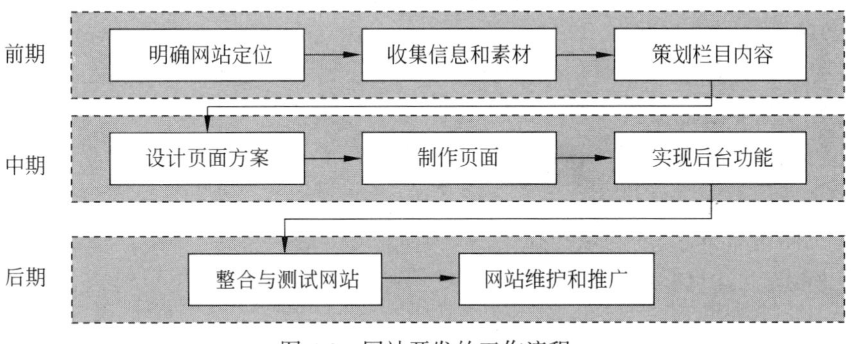

图 6-2　网站开发的工作流程

6.1.2 网站开发过程的各环节

1. 明确网站定位

在动手制作网站之前一定要给网站找到一个准确的定位,明确建站的目的是什么,谁能决定网站的定位。如果网站是做给自己的,例如一个个人网站,那么你主要想表达哪一方面的内容就是网站的定位;如果是为客户建立网站,那么一定要与客户的决策层人士共同讨论,要理解他们的想法,他们真正的想法才是网站定位。

在进行网站目标定位之前,先要问自己三个问题:

- 建设这个网站的目的是什么?
- 哪些人可能访问这个网站?
- 这个网站是为哪些人提供服务的?

网站目标定位是确定网站主题、服务行业、用户群体等实质内容,综合体现在网站为用户提供有价值信息、内容,符合用户体验标准,这样网站才得以长期发展。

1) 网站行业定位

网站的实质不但要好看,符合用户的视觉品位,而且还要考虑用户需要哪些内容,满足大部分用户需求,提高用户转化率,网站要给用户带来实际信息,以用户想了解的内容为实质。

2) 网站用户定位

不管把网站定位成娱乐站、新闻站、知识站、小说站、音乐站等哪类网站,请不要把网站做得太广泛,因为目前互联网网站与信息不计其数,想把网站做得广泛,不是靠"采集+复制+粘贴"能完成的,要考虑是否有足够的实力与人员。不如把网站目标用户精细化,主要为某类用户服务,定位好市场群体,把网站做精,做强大。

3) 网站设计定位

网站设计是网站与用户最先的接触沟通,要有组织性地对网页进行架构,排列须对齐,内容要清晰、简洁,广告与内容要合理搭配,树立网站形象,最后网站生成静态网页,页面要符合搜索引擎友好性标准,网站从颜色到布局再到用户群体,逐一在网站设计中完善,可以适当调查网站目标群体对网站的评价与建议。

4) 网站推广定位

推广网站的方法有很多种,各式多样,按照怎么利用资源,可初步分为以下 4 个阶段:

- 搜索引擎提交收录;
- 定位网站与栏目关键词;
- 提高搜索引擎网站排名;
- 提高网站流量,增加网站转化率。

综上所述,网站目标定位是网站制作成功和推广策划的前提,也是提高网站流量的法宝。

2. 收集信息和素材

在明确建站目的和网站定位以后,开始收集相关的意见,要结合客户各方面的实际情况，这样可以发挥网站的最大作用。

这一步实际上是前期策划中最关键的一步，因为网站是为客户服务的，所以全面收集相关的意见和想法可以使网站的信息和功能趋于完善。收集来的信息需要整理成文档，为了保证这个工作顺利进行，可以让客户相关部门配合提交一份本部门需要在网站上开辟的栏目的计划书。这份计划书一定要考虑充分，因为如果把网站作为一个正式的站点运营，那么每个栏目的设置都应该是有规划的。如果考虑不充分，会导致以后突如其来的新加内容破坏网站的整体规划和风格。当然，这并不意味着网站成形之后不允许添加栏目，只是在添加的过程中需要结合网站的具体情况，过程更加复杂，所以最好当初策划时尽可能地考虑全面。

3. 策划栏目内容

对收集的相关信息进行整理后，要找出重点，根据重点以及客户公司业务的侧重点，结合网站定位确定网站的栏目。开始时可能会因为栏目较多而难以确定最终需要的栏目，这就需要展开另一轮讨论，需要所有的设计和开发人员一起阐述自己的意见，一起反复比较，将确定下来的内容进行归类，形成网站栏目的树状列表结构，以清晰表达站点结构。

对于比较大型的网站，可能还需要讨论和确定二级栏目以下的子栏目，对它们进行归类，并逐一确定每个二级栏目的栏目主页需要放哪些具体的内容，二级栏目下面的每个小栏目需要放哪些内容，让栏目负责人能够很清楚地了解本栏目的细节。讨论完成后，就应由栏目负责人按照讨论过的结果写栏目规划书。栏目规划书要求详细、具体，并有统一的格式，以便网站留档。这次的策划书只是第一版本，以后在制作过程中如果出现问题，应及时修改策划书，并且也需要留档。

4. 设计页面方案

接下来需要做的就是让美术设计师（也称为美工）根据每个栏目的策划书设计页面。这里需要强调的是，在设计之前，应该让栏目负责人把需要特殊处理的地方与设计人员进行说明，让网站的项目负责人把需要重点推荐的栏目告诉设计人员。在设计页面时，设计师要根据网站策划书把每个栏目的具体位置和网站的整体风格确定下来。在这个阶段，设计师也可通过百度搜索同主题的网站或同类型的页面以做设计上的参考。

为了让网站有整体感，应该在页面中放置一些贯穿性的元素，即在网站的所有页面中出现的元素。最终要拿出至少 3 种不同风格的方案。每种方案都应该考虑公司的整体形象，与公司的企业文化相结合。确定设计方案后，经讨论后定稿。最后挑选出 2 种方案给客户选择，由客户确定最终的方案。

5. 制作页面

方案设计完成后，下一步就是制作静态页面，由程序开发人员根据设计师给出的设计方案制作网页，并制作成模板。在这个过程中需要特别注意网站的页面之间的逻辑，并区分静态页面部分和需要服务器端实现的动态页面部分。

在制作页面的同时，栏目负责人应该开始收集每个栏目的具体内容并进行整理。然后制作网站中各种典型页面的模板页。一个网站的3种典型页面如图6-3所示,具体如下。

(a) 网站首页

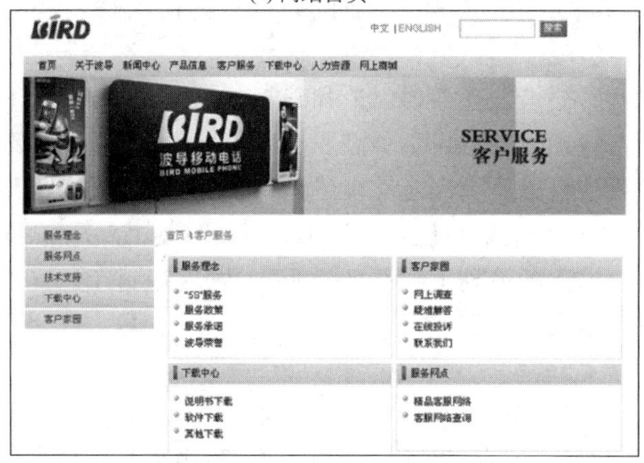

(b) 客户服务栏目列表页

(c) 客户服务内页

图6-3 一个网站的3种典型页面

- 首页：首页是网站中最重要的页面，也是所有页面中最复杂的、需要耗费最多制作时间的页面。首页主要考虑整体页面风格、导航设计、各栏目的位置和主次关系等。
- 列表页（也称为框架页）：当在导航条上点击一个导航项或点击一个栏目框的标题时，就会进入各栏目的首页，各栏目的首页风格应既统一，又有各个栏目的特色，小型网站的各个栏目首页也可以采用一个相同的模板页，各栏目的首页所有图片占的网页面积一般应比首页小，否则就有喧宾夺主的味道了。
- 内页：内页就是网站中最多的显示新闻或其他文字内容的页面，内页的内容以文字为主，但也应搭配适当的小图片。内页应能方便地链接到首页和分栏目首页，以及和内页相关的页面。

当模板页制作完成后，由栏目负责人向每个栏目添加具体内容。对于静态页面，将内容添加到页面中即可；对于需要服务器端编程实现的页面，应交由程序开发人员继续完成。

6. 实现后台功能

商业网站一般需要采用动态页面，这样能方便地添加和修改网页中的栏目和文字。静态模板页制作完成后，接下来需要完成网站的程序部分。在这一步中，可以由程序开发人员根据功能需求编写网站管理的后台程序，实现后台管理等动态功能。由于完全自己编写后台程序的工作量很大，现在更流行将静态页面套用一个后台管理系统（也称为 CMS，内容管理系统），这样开发程序的工作量就小多了。

7. 整合与测试网站

当制作和编程工作都完成后，就需要把实现各种功能的程序（如留言板、论坛、访问统计系统）和页面进行整合。整合完成后，需要进行内部测试，测试成功后即可上传到服务器，交由客户检验。通常，客户会提出一些修改意见，这时根据客户的要求修改并完善即可。

如果这时客户提出会导致结构性调整的问题，修改的工作量就会很大。客户并不了解网站建设的流程，很容易与网站开发人员产生分歧。因此最好在开发的前期准备阶段就充分理解客户的想法和需求，同时将一些可能发生的情况提前告诉客户，这样就容易与客户保持愉快的合作关系。

8. 网站维护和推广

网站制作完成后，要经常进行页面内容的更新，如果一个网站的内容长时间没有更新，那么浏览者通常就不会再访问了。同时要不断对网站进行推广，主要方式是使各大搜索引擎能搜索到网站，并且在搜索结果中的排名尽量靠前，和其他网站交换链接及在论坛上宣传网站。

以上谈论的是商业化的网站开发，对于初学者来说，更多情况下要由个人独立开发一个网站。独立开发网站和商业化的网站开发有很多相同之处，也需要进行需求分析，思考网站定位，收集信息和素材，以及策划栏目内容等前期工作。不同的是，这些工作大部分由开发者一个人完成,因此,开发者在每一步都应充分思考,将每一步的结果用说明书的形式写在纸上,这样可防止以后忘记或遗漏,可为后续开发工作带来便利。

6.2 网站的风格与色彩设计

所谓网站风格,是指某一网站的整体形象给浏览者的综合感受,是站点与众不同的特色,它能透露出设计者与企业的文化品位。这个整体形象包括网站的企业形象(Corporate Identity,CI,包括标志、色彩、字体、标语)、版面布局、浏览方式、交互性、文字、语气、内容价值、存在意义、站点荣誉等诸多因素。

风格是有人性的,通过网站的外表、内容、文字、交流可以概括出一个站点的个性、情绪是温文儒雅,是执着热情,是活泼易变,是放任不羁。像诗词中的"豪放派"和"婉约派",你可以用人的性格比喻站点。

风格的形成需要在开发中不断强化、调整和修饰,也需要不断向优秀网站学习。具体设计时,对于不同性质的行业,应体现出不同的网站风格。一般情况下,政府部门的网站风格应比较庄重沉稳,文化教育部门的网站应高雅大方,娱乐行业的网站可以活泼生动一些,商务网站可以贴近民俗,而个人网站则可以不拘一格,更多地结合内容和设计者的兴趣,充分彰显个性。

6.2.1 网站风格设计的基本原则

1. 尽可能地将网站标志(logo)放在每个页面最突出的位置

网站标志可以是英文字母、汉字,也可以是符号、图案等。标志的设计创意应当来自网站的名称和内容。如果网站内有代表性的人物、植物或是小动物等,则可以用它们作为设计的蓝本,加以艺术化;专业性较强的网站可以选择本专业有代表的物品作为标志等。最常用和最简单的方式是用自己网站的英文名称做标志,采用不同的字体或字母的变形、组合等方式。

2. 使用统一的图片处理效果

图片虽然有营造网页气氛、活泼版面、强化视觉效果的作用,但也存在以下缺点:一是图片文件比较大,使网页打开的速度减慢,而浪费浏览者的时间,甚至使浏览者感到不耐烦;二是如果图片太多,则意味着信息量有可能减少,还可能影响网页的整体效果;另外,图片(尤其是照片)的色调一般都比较深,如果处理不好,可能破坏网站的整体风格。因此,在处理网站图片时主要图片阴影效果的方向、厚度、模糊度等都必须尽可能地保持一致,图片的色彩与网页的标准色搭配也要适当。

3. 突出主色调

主色调是指能体现网站形象和延伸内涵的色彩,主要用于网站的标志、标题、主菜单和主色块。无论是平面设计,还是网页设计,色彩永远是其中最重要的一环。当用户离显示器有一定距离的时候,看到的不是美丽的图片或优美的版式,而是网页的色彩。色彩简洁明快、保持统一、独具特色的网站能让用户产生较深的印象,从而不断前来访问。一般来说,一个网站的主色调不宜超过 3 种,若太多,则让人眼花缭乱。

4. 使用标准字体

和主色调一样,标准字体是指用于标志、标题、主菜单的特有字体。一般网页默认的字体是宋体。为了体现网站的独特风格和与众不同,在标题和标志等关键部位,可以根据需要选择一些特别的字体,而普通文本一般都使用默认的字体。

风格设计包含的内容很多,其中影响网站风格最重要的两个因素是网页色彩的搭配和网页版式的布局设计。

6.2.2 色彩的模式

在实用美术中,常有“远看色彩近看花,先看颜色后看花,七分颜色三分花”的说法。这就是说,在任何设计中,色彩对视觉的刺激起到第一信息传达的作用。因此,对色彩的基础知识有良好的掌控,在网页设计中才能做到游刃有余。

为了掌握网页配色原则,需要先了解色彩的 RGB 模式和 HSB 模式。

1. RGB 模式

RGB 表示红色、绿色和蓝色,又称为三原色光,英文为 R(Red)、G(Green)、B(Blue),在计算机中,RGB 的所谓“多少”是指亮度,并使用整数表示。

提示: 不能用其他色混合而成的色彩叫作原色。用原色可以混出其他色彩。

原色有两种:一种是色光方面的,即光的三原色,指红、绿、蓝;还有一种是色素方面的,即色素三原色,是指红、黄、蓝。这两种三原色都可以通过混合产生各种不同的颜色,因此都可以称为原色。对于计算机来说,三原色总是指红、绿、蓝。而在美术学中,三原色是指红、黄、蓝。

由于通过红色、绿色、蓝色的多少可以形成各种颜色,因此在计算机中用 RGB 的数值可以表示任意一种颜色。下面举几个 RGB 表示颜色的例子。

- RGB 中绿和蓝的分量为 0,就表示红色,所以 rgb(255,0,0)(十六进制为#ff0000)和 rgb(173,0,0)(#ac0000)都表示红色,只是后面一种红色要暗一些。
- 因为红色和绿色混合可产生黄色,所以 rgb(255,255,0)(#ffff00)表示纯黄色,而 rgb(160,160,0)表示暗黄色,可以看成黄色中掺了一些黑色。rgb(255,111,0)表示红色光的分量比绿色光要强,也可看成黄色中掺了一些红色,所以是一种橙色。
- 如果三种颜色的分量相等,则表示无彩色,所以 rgb(255,255,255)(#ffffff)表示白色,而 rgb(160,160,160)表示灰白色,rgb(60,60,60)表示灰黑色,rgb(0,0,0)表示纯黑色。

2. HSB 模式

HSB 是指颜色分为色相、饱和度、明度三个要素,英文为 H(Hue)、S(Saturation)、B(Brightness)。饱和度高的色彩较艳丽;饱和度低的色彩接近灰色。明度高的色彩明亮,明度低的色彩暗淡,明度最高得到纯白,最低得到纯黑。一般浅色的饱和度较低,明度较高,而深色的饱和度高,而明度低。

1）色相(Hue)

色相是指色彩的相貌,也称色调。基本色相为红、橙、黄、绿、蓝、紫六色。在各色中间加插一两个中间色,按光谱顺序为红、橙红、黄橙、黄、黄绿、绿、绿蓝、蓝绿、蓝、蓝紫、紫、红紫,形成十二基本色相。

要理解色相的数值表示方法,就离不开色相环的概念。图6-4是计算机系统中采用的色相环。色相的数值其实代表这种颜色在色相环上的弧度数。

我们规定红色在色相环上的度数为0°,所以用色相值$H=0$表示红色。从这个色相环上可看出,橙色在色相环上的度数为30°,所以用色相值$H=30$表示橙色。类似地,可看出黄色的色相值为60,绿色的色相值为120。色相环度数可以从0°到360°,所以色相值的取值范围可以是0~360。

但是,在计算机中是用8位二进制数表示色相值的,8位二进制数的取值范围只能是0~255,这样,为了能用8位二进制数表示色相值,还要把原来的色相值乘以2/3,即色相值的取值范围只能是0~240。那么,橙色的色相值为30×2/3=20,黄色的色相值就为40了。表6-2列出了几种常见颜色的色相值和在计算机中的色相值。

在色相环中,各种颜色实际上是渐变的,如图6-5所示。两者距离小于30°的颜色称为同类色,距离在30°到60°之间的颜色称为类似色。与某种颜色距离在180°的颜色称为该颜色的对比色,即它们正好位于色相环的两端;在对比色左右两边的颜色称为该颜色的补色。若在色环上3种颜色之间的距离相等,均为120°,这样的三种颜色称为组色。使用组色搭配会对浏览者造成紧张的情绪。一般地,在商业网站中不采用组色的搭配。

图6-4　计算机颜色模式的色相环

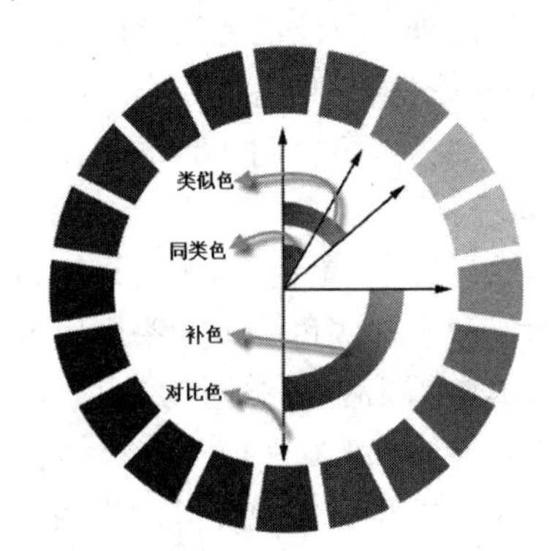

图6-5　同类色、类似色、对比色和补色

表6-2　常见颜色的色相值和在计算机中的色相值

颜色	色相值	在计算机中的色相值
红色	0	0
橙色	30	20
黄色	60	40
绿色	120	80
蓝色	240	160

2）饱和度(Saturation)

饱和度也叫纯度,是指色彩的鲜艳程度。原色最纯,混合的颜色越多纯度越低。如某一鲜亮的颜色,加入白色、黑色或灰色,可使得它的纯度变低,颜色趋于柔和、沉稳。无彩色由于没有颜色,因此饱和度为 0,它们只能通过明度相区别。

3）明度(Brightness)

明度是色彩的第二属性,是指色彩的明暗程度,也叫亮度,体现颜色的深浅,是全部色彩都具有的属性。明度越大,色彩越亮;明度越小,色彩越暗。

图 6-6 所示的 DW 颜色选择面板中提供了 RGB 和 HSB 两种色彩选择模式,可以根据需要使用任何一种色彩模式选色,还可以观察两种色彩模式之间的联系。

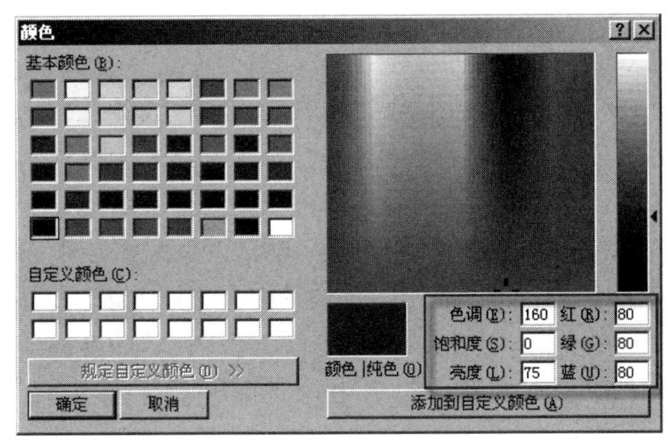

图 6-6　颜色选择面板

6.2.3　色彩的特质与心理感觉

网页不只是传递信息的媒介,同时也是网络上的艺术品。如何让浏览者以轻松惬意的心态吸收网页传递的信息,是一个值得设计师思考的问题。

任何网页创意使用的视觉元素归纳起来不外乎三种: 文字、图像、色彩。三者选用搭配得适当,编排组合得合理,将对网页的美化有直接的效果。

在这三者中,色彩的作用不可小觑。色彩决定印象,当浏览者观看网页时,首先看到的是网页的色彩搭配。在这一瞬间,对网页的整体印象就已经确定下来了,色彩形成的印象非常稳固,不知不觉间,就像被牢牢锁定一样。

1. 色彩的特质

色彩的特质指的是色彩和色彩组合所能引发的特定情绪反应。我们依靠光分辨颜色,再利用颜色和无数种色彩的组合表达思想和情绪。色彩具有以下几种特质。

1）色彩的艳素感

色彩是艳丽还是素雅,首先取决于亮度,其次是饱和度。亮度高、饱和度高,色彩就艳丽,反之,色彩素雅。

2）色彩的冷暖感

红、橙、黄等色都给人以温暖感,称为暖色,而蓝、绿、青给人以凉爽感,称为冷色。暖色的色彩饱和度越高,其暖的特性越明显;冷色的色彩亮度越高,冷的感觉更甚。

制作网站时,如果公司希望展现给客户一个温暖、温馨的形象,那么可以考虑选择暖色制作公司的网站。例如,一家以经营沙发、家具为主的公司,在制作网站时,选择了温馨的暖色,客户浏览网站的时候感到一种深切的温暖,公司页面给人一种家的感觉。

如果公司希望给客户一种沉稳、专业的印象,那么可以选择使用冷色系作为网站的主要颜色。例如,IBM公司的网站选择使用冷色系的蓝色作为网站的主要颜色。

冷与暖是对立统一的,没有暖便没有冷,没有冷便无所谓暖,但色彩中的冷暖并不是绝对的,而是相对的。色彩的冷暖是在画面上比较出来的,有时黄颜色对于青是暖色的,而它和朱红相比,又成了偏冷的色,在实际的色彩搭配中,一定要灵活运用冷暖变化规律,而不是机械、简单地套用一些模式。

3)色彩的轻重感

物体表面的色彩不同,看上去也有轻重不同的感觉,这种与实际重量不相符的视觉效果,称为色彩的轻重感。感觉轻的色彩称为轻感色,如白、浅绿、浅蓝、浅黄色等;感觉重的色彩称为重感色,如藏蓝、黑、棕黑、深红、土黄色等。色彩的轻重感既与色彩的色相有关,也与色彩的浓淡有关,浅淡的颜色给人以轻快飘逸之感,浓重的颜色给人以沉重稳妥之感。色相不同的颜色在视觉上由重到轻的次序为红、橙、蓝、绿、黄、白。

色彩给人的轻重感觉在不同行业的网页设计中有不同的表现。例如,工业、钢铁等重工业领域可以用重一点的色彩;纺织、文化等科学教育领域可以用轻一点的色彩。

色彩的轻重感主要取决于明度上的对比,明度高的亮色感觉轻,明度低的暗色感觉重。另外,物体表面的质感效果对轻重感也有较大影响。

在网站设计中,应注意色彩轻重感带来的心理效应,如网站上灰下艳、上白下黑、上素下艳,就有一种稳重沉静之感;相反,上黑下白、上艳下素,则会使人感到轻盈、失重、不安。

4)色彩的前进感和后退感

红、橙、黄等暖色有向前冲的特性,在画面上使人感觉距离近,蓝、绿、青等冷色有向后退的倾向,在画面上使人感觉距离远。在网页配色时,合理利用色彩的进退特性可有效地在平面的画面上造就纵深感。

5)色彩的膨胀感和收缩感

首先,光波长的暖色具有膨胀感;光波短的冷色具有收缩感。例如,红色刺激强烈,脉冲波动大,自然有一种膨胀感;而绿色脉冲弱,波动小,自然有收缩感。所以我们平时注视红、橙、黄等颜色时,时间一长就感到边缘模糊不清,有眩晕感;当看青、绿色时却感到冷静、舒适、清晰,眼睛特别适应。

其次,色彩的膨胀与收缩感,不仅与波长有关,而且与明度有关。同样粗细的黑白条纹,其感觉上白条纹要比黑条纹粗;同样大小的方块,黄方块看上去要比蓝方块大一些。设计一个网页的字体,在白底上的黑字需大一些,看上去醒目,过小了太单薄,看不清。如果是在黑底上的白字,那么白字就要比刚才那种黑字小一些,或笔画细一些,这样显得清晰、可辨,如果与前面那种黑字同样大,笔画同样粗,则含混不清。

2. 色彩的心理感觉

自然界每种色彩带给我们的心理感觉是不同的,只是我们平时可能没有太在意这些。下面分析各种常见颜色给人带来的心理感觉。

1）红色

红色是一种激奋的色彩，刺激效果强，它能使人产生冲动、愤怒、热情、活力的感觉。

在众多颜色里，红色是最鲜明生动的、最热烈的颜色。因此，红色也是代表热情的情感之色。鲜明红色极容易吸引人们的目光。

红色在不同的明度、纯度的状态（粉红、鲜红、深红）下，给人表达的情感是不一样的。例如，深红色比较容易制造深邃、幽怨的故事气氛，传达的是稳重、成熟、高贵、消极的心理感受。粉红色鲜嫩而充满诱惑，传达着柔情、娇媚、温柔、甜蜜、纯真、诱惑的心理感受，多用于女性主题，如化妆品、服装等。

在网页颜色的应用概率中，根据网页主题内容的需求，纯粹使用红色为主色调的网站相对较少，多用于辅助色、点睛色，达到陪衬、醒目的效果，通常都配以其他颜色调和。

2）绿色

绿色在黄色和蓝色（冷暖）之间，属于较中庸的颜色，这样使得绿色的性格最为平和、安稳、大度、宽容，是一种柔顺、恬静、满足、优美、受欢迎之色，也是网页中使用最为广泛的颜色之一，它和金黄、淡白搭配，可以产生优雅、舒适的气氛。

绿色与人类息息相关，是永恒的、欣欣向荣的自然之色，代表了生命与希望，也充满了青春活力。绿色象征着和平与安全、发展与生机、舒适与安宁、松弛与休息，有缓解眼部疲劳的作用。

绿色本身具有一定的与自然、健康相关的感觉，所以也经常用于与自然、健康相关的站点。绿色还经常用于一些公司的公关站点或教育站点。

绿色能使我们的心情变得格外明朗。黄绿色具有清新、平静、安逸、和平、柔和、春天、青春的效果。

3）橙色

橙色具有轻快、欢欣、收获、温馨、时尚的效果，是快乐、喜悦、能量的色彩。

在整个色谱里，橙色具有兴奋度，是最耀眼的色彩；给人以华贵而温暖、兴奋而热烈的感觉，也是令人振奋的颜色；具有健康、富有活力、勇敢自由等象征意义，能给人庄严、尊贵、神秘等感觉；在空气中的穿透力仅次于红色，也是容易造成视觉疲劳的颜色。

在网页颜色里，橙色适用于视觉要求较高的时尚网站，属于注目、芳香的颜色，也常用于味觉较高的食品网站，是容易引起食欲的颜色。

4）黄色

黄色具有快乐、希望、智慧和轻快的个性，它的明度最高。

黄色是阳光的色彩，具有活泼与轻快的特点，给人十分年轻的感觉，象征光明、希望、高贵、愉快。浅黄色表示柔弱，灰黄色表示病态。黄色和其他颜色配合很活泼，有温暖感，具有快乐、希望、智慧和轻快的个性，有希望与功名等象征意义。黄色也代表着土地，象征着权力，并且还具有神秘的宗教色彩。

纯黄色的性格冷漠、高傲、敏感，给人扩张和不安宁的视觉印象。浅黄色系明朗、愉快、希望、发展，它的雅致、清爽属性，较适用于女性及化妆品类网站。中黄色给人崇高、尊贵、辉煌、注意、扩张的心理感受。深黄色给人高贵、温和、内敛、稳重的心理感受。

5）蓝色

蓝色是最具凉爽、清新、专业的色彩。它和白色混合，能体现柔顺、淡雅、浪漫的气氛，让人联想到天空。

蓝色是色彩中比较沉静的颜色,象征着永恒与深邃、高远与博大、壮阔与浩渺,是令人心境畅快的颜色。

蓝色的朴实、稳重、内向性格,衬托那些性格活跃、具有较强扩张力的色彩,运用对比手法,同时也活跃页面。另一方面,蓝色又有消极、冷淡、保守等意味。蓝色与红、黄等色运用,能构成和谐的对比调和关系。

蓝色是冷色调最典型的代表色,是网站设计中运用较多的颜色,也是许多人钟爱的颜色。

蓝色表达着深远、永恒、沉静、无限、理智、诚实、寒冷等多种感觉。蓝色会给人很强烈的安稳感,同时蓝色还能表现出和平、淡雅、洁净、可靠等特性。

6) 紫色

紫色是一种在自然界中比较少见的颜色,象征着女性化,代表着高贵和奢华、优雅与魅力,也象征着神秘与庄重、神圣和浪漫。

紫色的明度在有彩色的色度中是最低的。紫色的低明度给人一种沉闷、神秘的感觉。在紫色中红的成分较多时,显得华丽和谐。在紫色中加入少量的黑色,给人沉重、伤感、恐怖、庄严的感觉。在紫色中加入白色,可变得优雅、娇气,并充满女性的魅力。

紫色通常用于以女性为对象或以艺术作品介绍为主的站点,但很多大公司的站点中也喜欢使用包含神秘色彩的紫色,但都很少大面积使用。

不同色调的紫色可以营造非常浓郁的女性化气息,在白色的背景色和灰色的突出颜色的衬托下,紫色可以显示出更大的魅力。

7) 灰色

灰色是一种中立色,给人中庸、平凡、温和、谦让、中立和高雅的心理感受。在灰色中掺入少许彩色的灰色被称为高级灰。灰色是经久不衰、最经看的颜色。它可以和任何一种颜色进行搭配,因此是网页中用得最多的一种颜色。

灰色介于黑色和白色,是中性色、中等明度、无色彩、极低色彩的颜色。灰色能吸收其他色彩的活力,削弱色彩的对立面,有制造融合的作用。

任何色彩加入灰色都能显得含蓄而柔和。但是,灰色在给人高品位、含蓄、精致、雅致耐人寻味的同时,也容易给人颓废、苍凉、消极、沮丧、沉闷的感受,如果搭配不好,页面容易显得灰暗、脏。

从色彩学上来说,灰色调又泛指所有含灰色度的复合色,而复合色又是三种以上颜色的调和色。色彩可以有红灰、黄灰、蓝灰等上万种彩色灰,这都是灰色调,并不单指纯正的灰色。

8) 黑色:具有深沉、神秘、寂静、悲哀和压抑的感受

黑色是暗色,是纯度、色相、明度最低的非彩色,象征着力量,有时感觉沉默、虚空,有时感觉庄严肃穆,有时又意味着不吉祥和罪恶。自古以来,世界各族都公认黑色代表死亡、悲哀。黑色具有能吸收光线的特性,有一种变幻无常的感觉。

黑色能和许多色彩构成良好的对比调和关系,运用范围很广,是最有力的搭配色。

9) 白色：给人以洁白、明快、纯真、清洁的感受

白色是表达得最完美、平衡的颜色；白色经常同上帝、天使联系起来。白色给人们带来的正面联想：清洁、神圣、洁白、纯洁、纯真、完美、美德、柔软、庄严、简洁、真实、婚礼。白色给人们带来的负面联想：虚弱、孤立。

需要注意的是，色彩的细微变化能给人带来完全不一样的感觉。每种色彩在饱和度、透明度上略微变化，就会产生不同的感觉。以绿色为例，黄绿色有青春、旺盛的视觉意境，而蓝绿色则显得幽宁、阴深。还有一些纯度不同的色，例如含灰色的绿会使人联想到淡雾中的森林，天蓝会令人心境畅快，淡红会给人一种向上的感觉。而黑、白色，在不同时候给人的感觉是不同的，黑色有时给人沉默、虚空的感觉，有时也给人一种庄严肃穆的感觉。白色也是同样，有时给人无尽希望的感觉，但有时也给人一种恐惧和悲哀的感受，具体要看与哪种色配在一块。

6.2.4　网页中色彩的角色

在戏剧和电影中，角色分为主角和配角。在网页设计中，不同的色彩有不同的作用。根据色彩所起的作用不同，可将色彩分为主色调、辅色调、点睛色和背景色。

1) 主色调

主色调是指页面色彩的主要色调、总趋势，其他配色不能超过该主要色调的视觉影响。

在舞台上，主角站在聚光灯下，配角们退后一般来衬托他。网页配色上的主角也是一样，其配色要比配角更清楚，更强烈，让人一看就知道是主角，从而使视线固定下来。画面结构的整体统一，也可以稳定观众的情绪。将主角从背景色中分离出来，达到突出而鲜明的效果，从而能很好地表达主题。

2) 辅色调

仅次于主色调的视觉面积的辅助色，是烘托主色调、支持主色调、起到融合主色调效果的辅助色调。

3) 点睛色

在小范围内点上强烈的颜色突出主题效果，使页面更加鲜明、生动，对整个页面起到画龙点睛的作用。

4) 背景色

舞台的中心是主角，但是决定整体印象的却是背景。因此，背景色起到衬托环抱整体色调的作用。在决定网页配色时，如果背景色十分素雅，那么整体也会变得素雅；如果背景色明亮，那么整体也会给人明亮的印象。

注意：当使用花纹或具体图案作为网页背景时，效果类似于使用背景色。色彩运用合理，也能够表现出稳重的格调。运用细花纹可表现出安静和沉稳的效果，运用对比强烈的色调则会产生传统和信心十足的感觉。使用图案作为背景，对希望表现出趣味性、高格调的网站比较合适，但对于商业网站来说便不太匹配了，因为图案背景一般会冲淡商业性的印象。

设计网页时，一定要首先确定页面的主色调，然后根据主色调找与之相配的各种颜色作为其他颜色角色，在配色过程中，要做到主色突出、背景色较为宁静、辅色调与主色调对

比感觉协调的效果。

需要注意的是,色彩的四种角色理论并不是说网页中一定要有四种颜色分别充当这四种角色。网页中使用的颜色数和色彩的角色理论是没有关联的。例如,有时网页中的辅色调和背景色可能采用同一种色,或者网页中的辅色调有几种,还可以是点睛色由几种颜色组成,这都使得网页的颜色数并不局限于四种。

6.2.5 色彩的对比和调和

在日常生活中能看到“万绿丛中一点红”这样强烈对比的颜色,也能看到同类或邻近的颜色,如晴朗的天空与蔚蓝的大海。网页页面中总是由具有某种内在联系的各种色彩,组成一个完整统一的整体,形成画面色彩总的趋向,通过不同颜色的组合产生对比或调和的效果就是形式美的变化与统一规律。

色彩的对比和调和理论是深入理解色彩搭配方法的前提。通过色彩的对比可以使页面更加鲜明生动,而通过色彩的调和可使页面中的颜色有一种稳定协调的感觉。

1. 色彩的对比

两种以上的色彩,以空间或时间关系相比较,能比较出明显的差别,并产生比较作用,被称为色彩对比。色彩的对比规律大致有以下几点。

- 色相对比:因色相之间的差别形成的对比。当主色相确定后,必须考虑其他色彩与主色相是什么关系,要表现什么内容及效果等,这样才能增强其表现力。
- 明度对比:因明度之间的差别形成的对比。(柠檬黄明度高,蓝紫色的明度低,橙色和绿色属中明度,红色与蓝色属中低明度。)
- 纯度对比:一种颜色与另一种更鲜艳的颜色相比时,会感觉不太鲜明,但与不鲜艳的颜色相比时,则显得鲜明,这种色彩的对比便称为纯度对比。
- 补色对比:将红与绿、黄与紫、蓝与橙等具有补色关系的色彩彼此并置,使色彩感觉更为鲜明,即产生红的更红,绿的更绿的感觉。纯度增加,称为补色对比(视觉的残像现象明显)。
- 冷暖对比:由于色彩感觉的冷暖差别而形成的色彩对比,称为冷暖对比(红、橙、黄使人感觉温暖;蓝、蓝绿、蓝紫使人感觉寒冷;绿与紫介于其间)。另外,色彩的冷暖对比还受明度与纯度的影响,白光反射高而感觉冷,黑色吸收率高而感觉暖。

2. 色彩的调和

两种或两种以上的色彩合理搭配,产生统一和谐的效果,称为色彩调和。色彩调和是求得视觉统一,达到人们心理平衡的重要手段。调和就是统一,下面介绍的四种方法能够达到调和页面色彩的目的。

1) 同类色的调和

相同色相、不同明度和纯度的色彩调和,可产生秩序的渐进,在明度、纯度的变化上,可弥补同种色相的单调感。

同类色给人的感觉是相当协调的。它们通常在同一色相里,通过明度的黑白灰或者纯度的不同稍微加以区别,产生了极其微妙的韵律美。为了不让整个页面呈现过于单调、平淡,有些页面加入了极其小的其他颜色做点缀。

例如,以黄色为主色调的页面,采用同类色调和,使用了淡黄、柠檬黄、中黄,通过明度、纯度的微妙变化产生缓和的节奏美感。因此,同类色被称为最稳妥的色彩搭配方法。

2) 类似色的调和

在色环中,色相越靠近越调和,这主要是靠类似色之间的共同色产生作用的。类似色的调和以色相接近的某类色彩(如红与橙、蓝与紫等)的调和,称为类似色的调和。类似色相较于同类色色彩之间的可搭配度要大一些,颜色丰富,富于变化。

3) 对比色的调和

对比色的调和是以色相相对或色性相对的某类色彩(如红与绿、黄与紫、蓝与橙)的调和。对比色调和主要有以下几种方法。

- 提高或降低对比色的纯度;
- 在对比色之间插入分割色(如金、银、黑、白、灰等);
- 采用双方面积大小不等的处理方法,以达到对比中的和谐;
- 在对比色之间加入相近的类似色,也可起到调和的作用。

6.2.6 网页中色彩搭配的原则

1. 色彩搭配的总体原则

色彩总的应用原则应该是“总体协调,局部对比”,也就是:主页的整体色彩效果应该是和谐的,只有局部的、小范围的地方可以有一些强烈色彩的对比。

打个比喻,网页中不同的色彩可以看成不同的人物,要让他们协调地一起工作,就必须考虑这些人各自的特点,纯色好比个性非常鲜明的人,因为个性太鲜明了,所以不容易把各种纯色组织在一起工作,而灰色好比性格中庸的人,所以能和任何人协调工作,但一个团队中一般又需要有 1 至 2 个个性鲜明的人,这样才能增添活力。

同样,网页中的色彩种类不能太多,就好像太多人不好组织在一起工作一样。而且相似的色彩比色彩相差太远容易搭配一些,这就好比同类型的人或相似的人更容易相处在一起。

又如,在色彩对比中,两种对比色的面积大小不能相当,这就好比两类对立的人不能势均力敌,要一强一弱,才能保持稳定。

2. 色彩搭配的最简单原则

如果不能深入理解色彩的对比及调和理论,也有一些最简单的原则供初学者使用,使用这些原则可以保证色彩搭配出的效果不会差,但也不会达到让人惊艳的效果。

- 用一种色彩。这里指先选定一种色彩,然后调整透明度或者饱和度,(说得通俗一些,就是将色彩变淡或者加深),产生新的色彩,用于网页。这样的页面看起来色彩统一,有层次感。
- 用两种色彩。先选定一种色彩,然后选择它的对比色。但要注意这两种颜色面积不能相当,应以一种为主,另一种作点缀,或在它们之间插入分割色。这样,整个页面色彩显得丰富但不花哨。

- 用一个色系。简单地说,就是用一个感觉的色彩,例如淡蓝、淡黄、淡绿;或者土黄、土灰、土蓝,因为这些色彩中掺入了一些共同的颜色,可以起到调和的作用。
- 边框和背景的颜色应相似,且边框的颜色较深,背景的颜色较浅。

3. 网页配色的忌讳

- 不要将所有颜色都用到,尽量控制在三种色彩内。
- 一般不要用两种或多种纯色,大部分网站的颜色都不是纯色。
- 背景和前文的对比尽量大(绝对不要用花纹繁复的图案作背景),以便突出主要文字内容。

4. 网页配色软件和配色方案表

对于美术基础不好的人,还有一些网页配色软件可以自动产生配色方案,如PlayColor、ColorSchemer等。这些软件在选择一种颜色后,会给出适合于与这种颜色搭配的一组颜色(通常是3种),但是仍然需要自己分析用哪种颜色做主色,用哪种颜色做辅助色和背景色等。

6.2.7 网页版式设计

网页版式设计是指如何合理美观地将网页中的各种元素安排在网页上,网页版式设计和平面设计既有相同点,也有自己的一些特点。网页版式设计的基本原则有以下几条。

① 网页中的文字应采用合理的字体大小和字形。

② 确保在所有的页面中导航条位于相同的位置。

③ 确保页头和页尾部分在所有的页面中都相同。

④ 不要使网页太长,特别是首页。

⑤ 确保浏览器在满屏显示时网页不出现水平滚动条。

⑥ 要在网页中适当留出空白,当浏览一个没有空白的页面时,用户会感到页面很拥挤,而造成心理紧张,“空白”元素实际上与其他页面布局元素有紧密关联,甚至是其他元素的一部分,如行间距等。空白在网页设计中非常重要,它能使网页看起来简洁、明快,阅读舒畅,是网页设计中必不可少的元素。

总的来说,网页版式设计应从整体上考虑,达到整个页面和谐统一的效果,使得网页上的内容主次分明,中心突出。内容的排列疏密有度,错落有致,并且图文并茂,相得益彰。

1. 页面大小的考虑

网页设计者应考虑的第一个问题是网页应在不同分辨率的屏幕上都有良好的表现。目前电脑屏幕的主流分辨率是1366×768或1920×1080,为了兼容低分辨率的屏幕,网页的宽度以1200像素左右为宜。若网页宽度太小,则显示器两边会有很宽的留白。另一种方案是制作可变宽度的网页,以自适应各种显示器屏幕,但技术要求也较高。

2. 网页的版式种类

1）T型布局

T型布局是指页面顶部为横条网站标志和广告条，下方左半部分为导航栏，即导航栏纵向排列的网页，右半部分为显示内容的布局。因为菜单背景较深，整体效果类似英文字母T，所以称之为T型布局，T型布局根据导航栏在左边还是在右边，又分为左T型布局（见图6-7）和右T型布局（见图6-8）。T型布局是网页设计中使用最广泛的一种布局方式。其优点是页面结构清晰，主次分明，是初学者最容易学习的布局方法；缺点是规矩呆板，如果把握不好，在细节和色彩搭配上不注意，容易让人看了之后感到乏味。

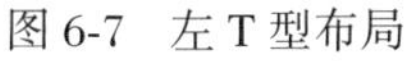
图6-7 左T型布局

图6-8 右T型布局

2）“口”型布局

“口”型布局是页面上方有一个广告条，下方有一个色块，左边是主菜单，右边是友情链接等内容，中间是主要内容，如图6-9所示。其优点是充分利用了版面，信息量大；缺点是页面拥挤，不够灵活。

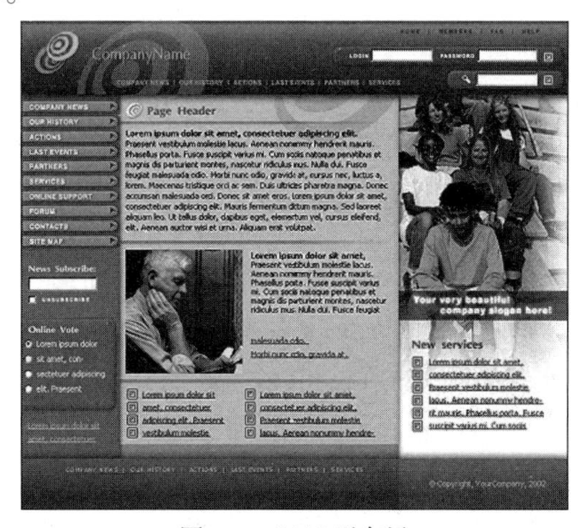

图6-9 “口”型布局

3）“三”型布局

“三”型布局具有简洁明快的艺术效果,适合于艺术类、收藏类、展示类网站。这种布局往往采用简单的图像和线条代替拥挤的文字,给浏览者以强烈的视觉冲击,使其感觉进入了一幅完整的画面,而不是一个分门别类的超市,如图6-10所示。它的一级页面和二级页面的链接都按行水平排列在页面的中部,网站标志非常醒目。需要注意的是,有时“三”型布局和“口”型布局之间的区别并不明显。

图6-10 “三”型布局

4）“二”型布局

“二”型布局是通过不同的色彩将页面分割成左、右两列,这种布局在色彩上更加简洁、明快,适合于公司类网站,如图6-11所示。

5）POP布局

POP布局就像一张宣传海报,以一张精美图片作为页面的设计中心,在适当位置放置主菜单,常用于时尚类站点,如图6-12所示。这种布局方式不讲究上、下和左、右的对称,但要求平衡有韵律,能达到动感的效果,其优点是漂亮、吸引人,缺点是速度慢。

6）变化型布局

采用上述几种布局的结合与变化,布局采用上、下、左、右结合的综合型框架,再结合Flash动画,可使页面形式更加多样,视觉冲击力更强。

图 6-11　“二”型布局

图 6-12　POP 布局

在实际的网页版式布局中，可以参考上述几种常见的版式布局，但不必过于拘泥于某种版式。

6.3　网站的环境准备

网站的环境准备是指为网站的运行准备必要的软、硬件环境，主要包括运行空间的准备、网络接入条件的准备、域名及 IP 地址的申请等。对于中小型网站来说，主要是指主机空间准备和域名申请两项。

6.3.1 架设网站的基本条件

在网站制作完成之后,接下来需要把网站发布到互联网上,让世界各地的浏览者都可以通过 Internet 访问。发布网站,必须同时具备以下两个条件。

1. 要有主机或主机空间

所谓主机,这里是指 Web 服务器。我们知道,用户能浏览网站上的网页,实际上是从远程的 Web 服务器上读取了一些内容,然后显示在本地计算机上的过程。因此,如果要使网站能被访问,就必须把网站的所有文件放到 Web 服务器上。把网站放到 Web 服务器上又可分为两种情况。

(1) 使用本机作为 Web 服务器。Web 服务器是安装有 Web 服务器软件(如 IIS)的计算机,虽然可以在个人的 PC 上安装 IIS,使它成为一台 Web 服务器,但是,Web 服务器还必须有一个固定的公网 IP 地址,这样浏览者才能通过这个固定的 IP 地址访问到这台服务器,但是家庭上网的 IP 地址是动态分配的,不是固定的,而在校园网上网的 IP 都是内网的 IP,因此,如果把个人 PC 当成 Web 服务器,会因为缺少固定的公网 IP 地址而不可行。另外,Web 服务器还必须 24 小时不间断运行,使得这种方案实际上是不可行的。

(2) 将网站上传到专门的 Web 服务器上。在 Internet 上,有很多主机服务提供商专门为中小网站提供服务器空间。只要将网站上传到他们的 Web 服务器上,就能够被浏览者访问。由于主机服务提供商的每台 Web 服务器上通常都放置了很多个网站,但是这对于浏览者来说是感觉不到的,所以这些网站的存放方式被称为“虚拟主机”。当然,用户也可以租用一台专用的主机(或云主机),只放置用户自己的网站,但这种方式费用会比较昂贵。

2. 要有域名

由于使用“虚拟主机”方式存放的网站是不能通过 IP 地址访问的(因为一个 IP 地址对应很多个网站,输入 IP 地址后 Web 服务器并不知道客户机请求的是哪个网站),因此必须申请一个域名。Web 服务器可以通过域名信息辨别请求的是哪个网站。有了域名后,浏览者只要输入域名,就可以访问到网站了。

6.3.2 配置主机空间和域名

目前,在淘宝、阿里云、腾讯云等网站上均可直接购买主机空间和域名。

购买主机空间后,服务提供商会告知用户该主机空间管理的入口地址(就是一个网址),以及用户名和密码,使用该用户名和密码可以登录进入主机空间的控制面板。在控制面板中,需要绑定域名,输入要存放在该主机空间中网站对应的域名即可,通常一个主机空间可以绑定多个域名,使用任何一个绑定的域名都可以访问该网站,接下来还可以设置“默认首页”,把首页名修改成你的网站设定的首页名即可。有些主机空间还提供了“网站打包/还原”功能,在上传网站时可以上传整个网站的压缩包,然后再利用这个功能解压缩网站,这样比一个一个地上传文件要快得多。

主机空间配置好后，接下来要配置域名控制面板，购买域名后，域名提供商会告知用户该域名管理的入口地址，以及登录密码，使用域名和密码可以登录进入域名控制面板。在域名控制面板中需要设置 A 记录，即设置域名解析。所谓 A 记录，就是域名到 IP 地址转换的记录。以万网（http://diy.hichina.com）的域名控制面板为例，在域名控制面板左侧选择"设置 DNS 解析"，会出现如图 6-13 所示的 A 记录设置区域。

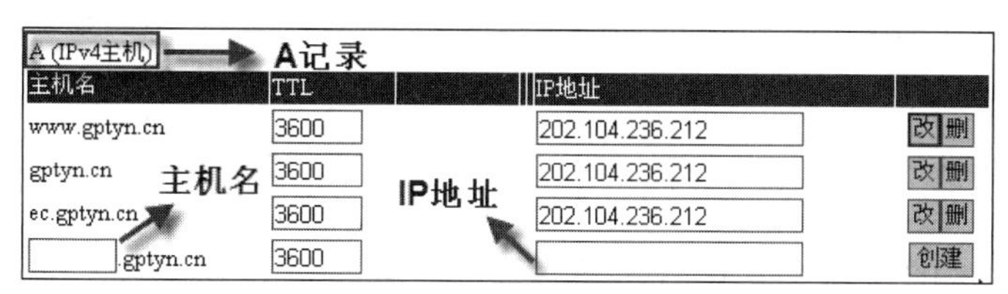

图 6-13　在域名控制面板中创建 A 记录

在域名前的文本框中输入主机名，再在 IP 地址一栏中输入域名对应的 IP 地址，单击"创建"按钮就创建了一条 A 记录（DNS 解析记录），图 6-13 中共创建了 3 条 A 记录，主机名分别是"www"、空和"ec"，这样浏览者就可以分别使用这 3 个带主机名的域名访问其对应的网站了。域名控制面板中的 TTL 称为"生存时间"（time to live），它表示 DNS 记录在 DNS 服务器上的缓存时间，一般保持其默认值（3600s）即可。

提示： 由于 DNS 是基于 UDP 协议的，DNS 服务器要发送域名解析数据给相邻的 DNS 服务器，因此 DNS 解析设置的修改并不会立即生效。创建一条 A 记录或删除一条 A 记录的域名解析有时需要等 1 小时才会生效。

6.3.3　上传网站和网站备案

在本地制作完成网站后，需要将网站目录中的所有文件上传到 Web 服务器上，目前一般采用 FTP 上传文件。购买主机空间后，主机服务提供商会告知用户一个 FTP 的地址及登录的用户名和密码。通过这些就可以用 FTP 方式登录到主机空间并上传或下载文件了。FTP 上传一般使用浏览器或专门的 FTP 软件。

目前，大多数主机空间的主机管理面板都提供了文件压缩/解压的功能，这样就可以将网站打包上传，再在主机空间解压，从而大大节省网站文件的上传时间。有些主机管理面板还能在网页上上传、下载文件，从而不再需要使用 FTP 软件了。

通过以上几步后，浏览者就能访问到你架设的网站。网站架设好之后，还需要做大量的网站维护和推广工作，例如经常更新网页，向各大搜索引擎提交网站信息等。如果网站的服务器位于我国境内，则需要在工业和信息化部的备案管理系统上对网站进行备案，否则网站可能被关闭。

习　　题

1. 进行网站设计的第一件事是(　　)。

A. 网站的需求分析　　　　B. 网站的外观设计

C. 网站内容设计　　　　D. 网站功能设计

2. 建立网站的目录结构时,最好的做法是(　　)。

A. 最好将所有文件放在根目录下

B. 目录层次选在 3~4 层

C. 按栏目内容建立子目录

D. 最好使用中文目录

3. 某小型企业建设公司网站,考虑到经济性及稳定性,应该选择哪种接入方式?(　　)

A. 专线接入　　　　B. ADSL 接入

C. 主机托管　　　　D. 虚拟主机

4. 在网站内容的结构安排上,第一步需要确定的是(　　)。

A. 设计思想　　　　B. 设计手段

C. 设计目的　　　　D. 设计形式

5. 网站规划(网站目录设置、链接结构和网页文件命名)时应注意哪些问题?

6. XXX 系的网站规划与设计。

要求:

① 确定该网站的主题;

② 规划该网站的内容和栏目(分层设计);

③ 规划该网站的目录结构;

④ 规划该网站的风格(色彩搭配、版面布局),并绘制效果图;

⑤ 规划该网站的导航设计;

⑥ 用 CSS 布局制作该网站。

第7章 Photoshop

在网页设计过程中,图像处理是一个重要环节。绘制网页效果图,处理和合成素材图片,制作网页 Banner 等,都需要用到图像处理软件。

Photoshop 是用来设计和制作专业化网页图形的图像处理软件,目前最新版本是 Photoshop CS 6,它对制作网页效果图提供了良好的支持。设计完成后,如果要在网页设计中使用,可将设计图直接输出成图像文件和 HTML 代码。在 Photoshop 中处理图像一般遵循以下流程:创建图形和图像→创建 Web 对象→优化图像→导出图像。

7.1 Photoshop 基础

7.1.1 矢量图和位图的概念

在学习图像处理之前,需要知道像素、分辨率的概念,并能区分矢量图和位图。

- 像素(Pixel):是组成图像最基本的单位,它们是矩形的颜色块,每个像素都有一个明确的位置和颜色值,记录着图像的颜色信息。一个图像的像素越多,其包含的颜色信息也就越多,图像的效果就越好,但生成的图像文件也会更大。
- 分辨率:是指单位长度内含有的像素点的数量,单位通常用像素/英寸(ppi)表示。分辨率决定了位图图像细节的精细程度,相同大小的图像,分辨率越高,包含的像素就越多,图像也就越清晰。
- 位图图像:位图图像是用像素点描述图像的,在位图中,图像的细节由每个像素点的位置和色彩决定。位图图像的品质与图像生成时采用的分辨率有关,即在一定面积的图像上包含固定数量的像素。当图像放大显示时,呈马赛克状,显示品质下降,如图 7-1 所示。位图图像的优点是可以准确地表现出阴影和颜色的细微层次,因此成为照片等连续色调图像最常用的电子媒介。
- 矢量图形:矢量图形使用称为矢量的线条和曲线(包括颜色和位置信息)描述图像。例如,一个椭圆的图像可以使用一系列的点(这些点最终形成椭圆的轮廓)描述;填充的颜色由轮廓的颜色和轮廓所包围的区域(即填充)的颜色决定。图 7-2 所示为一个矢量图形。修改矢量图形大小时,修改的是描述其形状的线条和曲线的属性,而不是像素点,所以矢量图在放大后仍然保持清晰。矢量图形与分辨率无关,它适合于保存图标、徽标、卡通图案等细节较少的图像媒介。

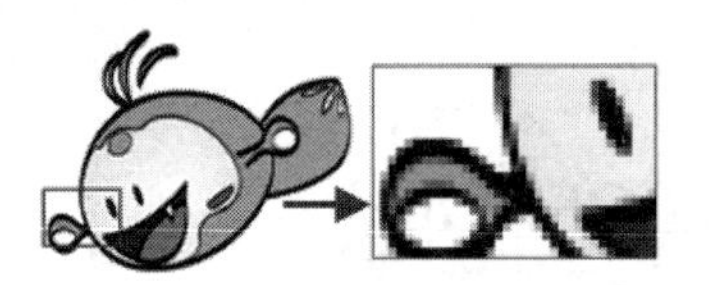

图 7-1　位图放大后变模糊(放大到 400%后的效果)

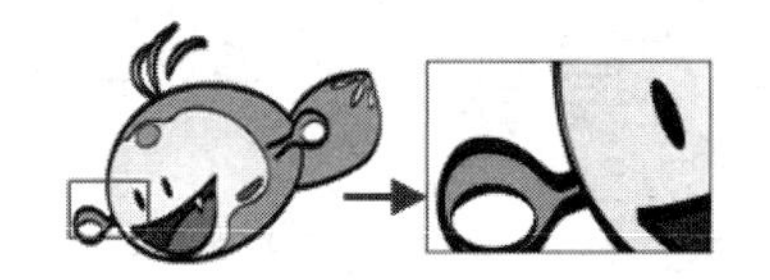

图 7-2　矢量图放大后仍保持清晰(放大到 400%后的效果)

7.1.2　认识 Photoshop 的界面

Photoshop CS 6 的工作界面由 4 部分组成: 工具箱、工具选项栏、文档窗口和面板组,如图 7-3 所示。

图 7-3　Photoshop CS 6 的界面

1. 工具箱

工具箱是使用 Photoshop 的基础,大部分操作都是从使用工具箱中的工具开始。工具箱中包含了"选区""填充""形状"和"蒙版"等几类工具。

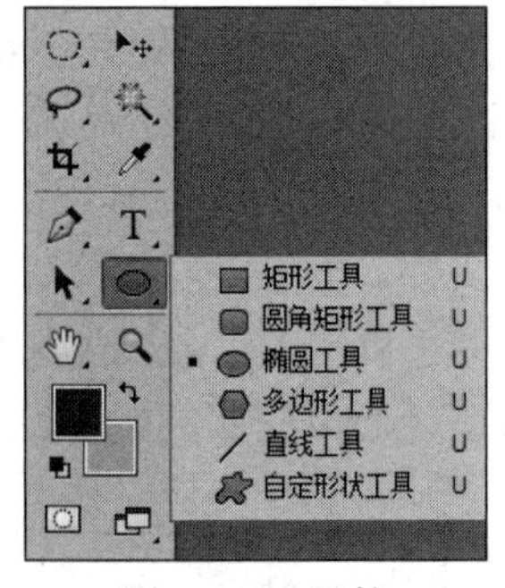

图 7-4　工具箱

当光标停留在工具箱中的某个按钮上时,会弹出对该按钮的提示。如果该按钮右下角有小箭头,则右击该箭头,可在同类工具之间相互切换(或者按住 Alt 键,单击工具栏中的图标也可切换工具)。例如,右击"椭圆工具"按钮右下角的箭头,就会弹出各种矢量形状供选择切换,如图 7-4 所示。

2. 工具选项栏

工具选项栏显示了当前所选工具可设置的选项。选择的工具不同,选项栏中的选项内容也会随之发生变化。例如,矢量图形的工具选项栏如图 7-5 所示。

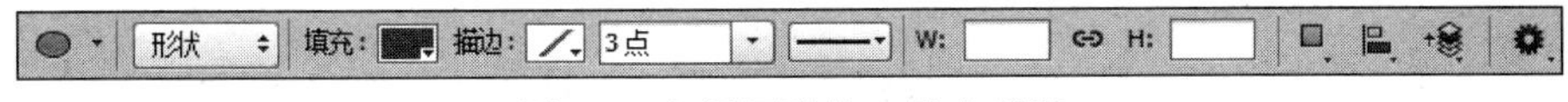

图 7-5　矢量图形的工具选项栏

3. 文档窗口

文档窗口是图像编辑的主要场所,Photoshop 的文档窗口能同时打开几个图像文件进行编辑。文档窗口的主要部分是画布,文档窗口任务栏左下角显示了画布的尺寸和预估的图像文件大小,并可设置画布的缩放比例,方法是按住 Alt 键滚动鼠标滚轮。

4. 面板组

Photoshop 界面的右边是浮动面板组,它是很多面板的集合,点击每个面板右上角的三角形或名称,可以展开或收缩该面板。在面板组中,最常用的是“图层”面板,它可以显示文档中所有的图层,并可以对图层进行删除、移动、隐藏等操作。

7.1.3　新建、打开和置入文件

文档操作是一个应用程序操作最基本的部分。Photoshop 与其他 Windows 应用程序相似,也有新建和打开文件,作为图像处理软件,它还有置入文件功能。

1. 新建文件

执行菜单命令“文件→新建”(快捷键为 Ctrl+N),将弹出如图 7-6 所示的“新建文件”对话框。Photoshop 默认创建的是 PSD 格式的图像文件,并可将其存储为各种常见的图像格式(如 JPG、GIF、PNG 等),方法是:执行菜单命令“文件→存储为 Web 所用格式”,但 PSD 格式源文件建议保存起来,因为它包含了图层、切片等信息,方便以后对作品进行修改。

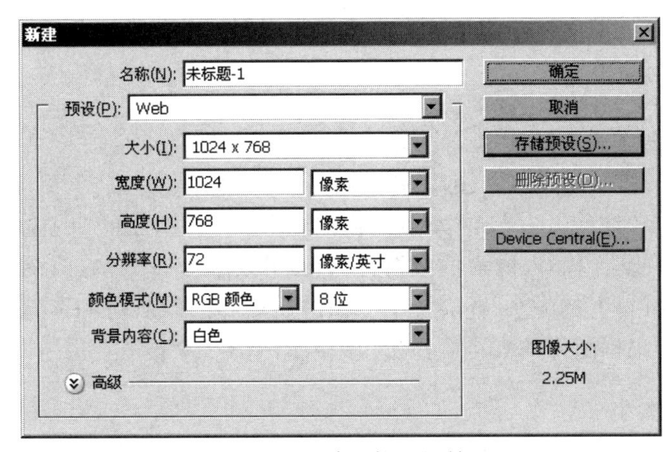

图 7-6　“新建文件”对话框

2. 打开文件

执行菜单命令“文件→打开”(快捷键为Ctrl+O)可打开文件。Photoshop可打开其可读的任何图像文件格式,包括Photoshop格式(PSD)和Freehand、Illustrator、CorelDraw等大部分图像处理软件创建的文件格式。

提示:通过将文件图标拖动到Photoshop界面的任意区域也能打开文件。

当打开非PSD格式的文件时,将基于所打开的文件创建一个新的Photoshop PSD文档,以便可以使用Photoshop的所有功能编辑图像,然后可以选择“存储为”命令将所编辑的文档保存为新的PSD文件。

3. 置入文件

置入文件是把一张图片置入另一张图片或画布里,如果要在一张图片里插入其他的图片素材文件,就需要使用置入文件操作了。置入文件的步骤如下。

图7-7 置入文件

(1) 选择“文件”→“置入”命令;

(2) 在“置入”对话框中选择需要置入的文件,单击“置入”按钮;

(3) 此时图像窗口将出现待置入的图像文件,如图7-7所示。在图像上按住鼠标左键拖动可移动图像位置,在图像边缘线上按住鼠标左键拖动可对图像进行缩放(按住Shift键,在图像顶角上按住鼠标左键拖动可等比例缩放图像),在图像外拖动鼠标指针可旋转图像,调整完成后,按Enter键,即完成了图像的置入。

7.1.4 修改图像和画布大小

通过上面的讲解,我们已经了解到Photoshop提供了一个画布,可以在画布上绘制矢量对象或者编辑位图对象。本节的任务是了解画布和图像的相关内容。

1. 修改图像大小

图像与画布的关系:图像是指画布上所有对象的总和,而画布只是一个底板。在Photoshop中打开一幅图像之后,图像对象就位于画布的上方。

执行菜单命令“图像”→“图像大小”,将弹出如图7-8所示的“图像大小”对话框,在“宽度”和“高度”选项内输入像素值或百分比可修改图像大小。修改图像的像素大小不仅会影响图像在屏幕上的大小,还会影响图像的质量和图像所占的存储空间。修改图像大小后,画布也会根据图像的大小等比例放大或缩小。

2. 修改画布大小

画布大小是指图像的完全可编辑区域。使用画布大小命令可以修改图像的画布大小。增大画布会在当前图像周围添加新的空间,减小画布大小会裁剪图像。

Photoshop允许随时修改画布的大小,方法如下:

执行菜单命令“图像”→“画布大小”,将弹出如图 7-9 所示的“画布大小”对话框,在这里可输入画布新的宽度和高度。其中“定位”选项表示当前图像在新画布中的位置,若单击中间的方格,则可增加或减少图像四周的画布;若单击上面的方格,则可增加或减少图像下面的画布,其他以此类推。在“画布扩展颜色”选项中,可设置新增画布的背景颜色。

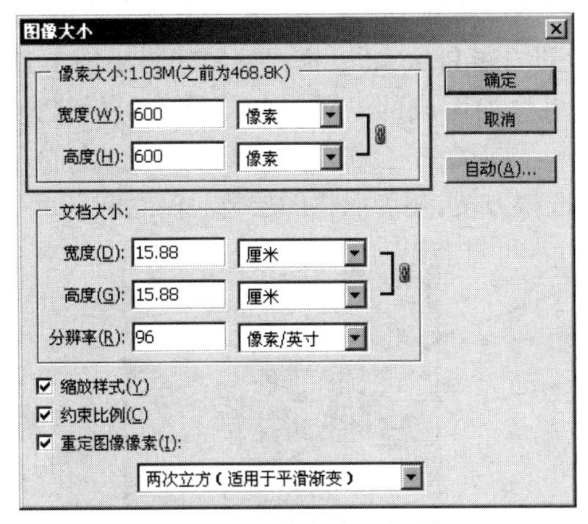

图 7-8　“图像大小”对话框

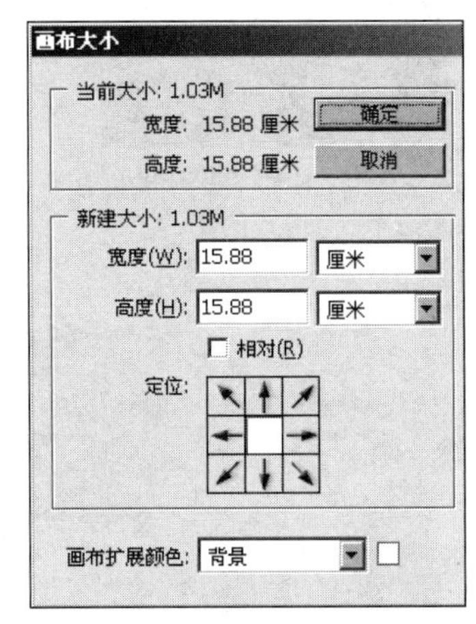

图 7-9　“画布大小”对话框

3. 裁剪画布

使用“裁剪”工具可对画布进行裁剪。注意,“裁剪”工具不能裁剪某个图层。

打开一幅图像,要把其中的一排树裁剪出来,步骤如下。

(1) 选择工具箱中的“裁剪”工具,在工作区中拖动光标,会产生一个矩形框,可以用光标拖动矩形框四周的方形手柄,调整矩形框的位置和形状。

(2) 确认无误后按 Enter 键,这样图像就裁剪好了。

7.2　编辑位图

综合来说,网页设计中对图像处理的操作可分为两类:一类是找到一些位图素材,例如照片,对它们进行加工后放置到网页中;另一类则是需要网页设计师自己绘制一些矢量图形。设计师经常需要对素材进行一些加工,例如把位图中的背景去掉等。本节阐述对素材进行加工的问题,而素材一般都是位图,即对位图进行编辑加工的问题。

在 Photoshop 中,用户处理的对象主要分为两类:一类是位图图像;另一类是矢量图形。无论是处理位图还是矢量图像,我们都应该了解一个基本原则,就是“先选择,后操作”,就是说要先选中一个对象(如位图区域、矢量图形),然后才能对它进行操作。

7.2.1　图层及栅格化图层

在 Photoshop 中,向画布中添加任何内容,例如画一个矩形、插入文本、置入图像,这些都被看作添加了一个对象。每插入一个对象,Photoshop 就会插入一个图层,可以在窗口右侧的“层”面板中看到画布中具有的图层。

图7-10 一幅Photoshop格式的图片

1. 图层的本质

图层相当于一张在上面绘有图案的透明玻璃纸,绘有图案的地方不透明,而图案没绘制到的地方则是透明的。一幅平面上的图像实际上是由很多图层叠加起来的,例如图7-10所示的一幅Photoshop格式的图像是由图7-11所示的两个图层叠加而成的。图层与图层之间相互独立。修改或删除一个图层,不会影响图像的其他图层,这使得对图像的修改很方便,还可以将图层暂时隐藏起来。

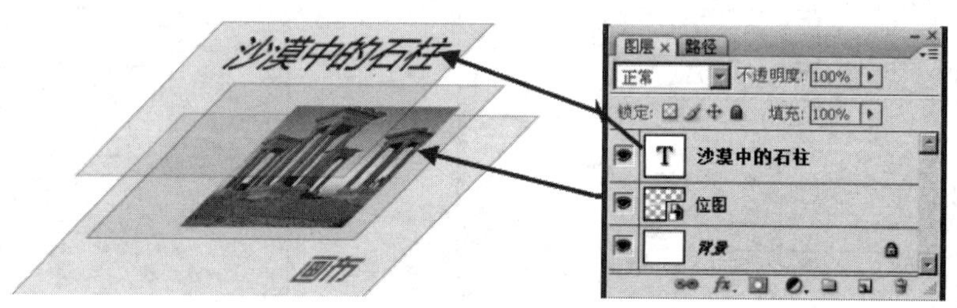

图7-11 图层示意图

2. 栅格化图层

所谓栅格化图层,就是将矢量图形转换为位图。有两种情形需要进行栅格化操作:

- 在画布中置入一幅图像后,该图像图层默认为“智能对象”,这样,放大/缩小图像均不会出现像素损失。但智能对象无法直接作为位图编辑,需要在该智能对象所在的图层上按鼠标右键,执行快捷菜单中的“栅格化图层”命令,将其转换为位图。
- 用形状或文字工具绘制一个矢量图形后,执行“栅格化图层”命令,也可将其所在图层转换为位图。

7.2.2 创建和取消选区

位图是由很多像素点组成的图像,可以对位图上一部分像素点组成的区域进行操作,在操作之前,需要先选中指定的像素点区域,这称为创建选区。

Photoshop提供了5种工具用于创建选区,分别如下:

- “选框”工具( ):在图像中选择一个矩形像素区域;
- “套索”工具( ):在图像中选择一个不规则曲线形状像素的区域;
- “多边形套索”工具( ):在图像中选择一个直边的自由变形像素区域;磁性套索工具还能自动吸附图像中的明显边缘区域;
- “魔棒”工具( ):在图像中选择一个像素颜色相似的区域;
- “快速选择”工具( ):在图像中自动识别边缘,选择一个有明显边缘的区域。

使用以上任意一种选区工具,按住鼠标左键拖动即可绘制选区。在拖动过程中按住空格键则可移动选区。如果要取消选区,可按快捷键Ctrl+D。

1. 反向选择

对选区进行反向选择能选中原选区以外的区域。图 7-12 是羽化后删除反选区域的例子,步骤如下:首先选择一种选区工具(如椭圆选区),在工具选项栏中设置"羽化"值为 50px。选中该图层,执行菜单命令:"选择→""反向"(快捷键为 Ctrl+Shift+I),这样就将原选区外的画布其他区域都选中了,再按 Del 键,可将反选区中的内容删除。

图 7-12 反向选择羽化的效果

提示:如果要取消选区,可以执行下列操作之一:①按快捷键 Ctrl+D;②执行菜单命令"选择"→"取消选择";③在选区上按鼠标右键,选择菜单中的"取消选择"命令;④如果当前使用的是矩形选框、椭圆选框或套索工具,在选区外的图像上单击也可以取消选区。如果要重新创建最近一次的选区,可以执行"选择"→"重新选择"命令。

2. "套索"和"多边形套索"工具

"套索"工具和"多边形套索"工具是两个类似的工具,它们在工具箱的同一位置(位于"选取框"工具右侧)。"套索"工具用于创建曲线形的选区,而"多边形套索"工具用于创建以直线为边界的多边形选区。

1)"套索"工具

选择工具栏中的"套索"工具,如果在画布中位图上的某一点按住鼠标左键拖动,那么沿鼠标指针移动的路径就会产生一个选区,松开鼠标,选区将闭合。当鼠标指针回到起点附近时,此时鼠标指针右下角将出现方形黑点( ),松开鼠标终端将连接到起点。

2)"多边形套索"工具

选择"多边形套索"工具,在位图上依次单击鼠标左键,会产生一条闪烁的折线,它就是选区的轮廓。最后执行下列操作之一,闭合多边形选区:①将鼠标指针移动到起点附近,若光标右下角出现方形黑点,则可单击鼠标左键,闭合选区;②在工作区双击鼠标左键,可以在任何位置闭合选区。

提示:按住 Shift 键可以将"多边形套索"选取框的各边限量为 45°增量。

3. 魔棒工具

魔棒工具可以在图像中选择一块像素相似的区域。图 7-13 是一幅位图图像。该图显示的是清晨的天空,如果要换成夕阳下的天空,则应选中天空区域,再将它删除。

首先用魔棒工具创建天空部分的选区,如果一次没选全,可以按住 Shift 键创建多个选区,如图 7-13 所示。

接下来把天空部分的像素删除,以便更换天空的背景,按 Del 键或 Backspace 键即可。这时可以看到如图 7-14 所示的效果,原来的天空部分变成了灰白交替的格子图案,表示这部分是透明的,可见选中的区域被删除了。

提示:在魔棒工具的选项栏中可以设置颜色容差。容差可以确定要选中的色相范围。容差越小,选中的颜色范围越小;容差越大,选中的颜色范围越大。因此,如果要选择的像素区域颜色相似度不是很高,则可以把容差值适当调大一些。

图 7-13 用魔棒工具选择天空区域

图 7-14 删除选区中的像素后

4. 填充选区

填充选区有 4 种情况。

- 前景色填充：按快捷键 Alt+Delete。
- 背景色填充：按快捷键 Ctrl+Delete。
- 透明色填充：按 Delete 键,即删除选区中的像素。
- 渐变色填充：使用渐变工具,按住鼠标左键,在画布上拖出一条渐变线,这将创建从前景色到背景色的渐变填充。

提示：在填充选区之前,最好将颜色填充到新的图层,方法是按快捷键 Ctrl+J,这样填充选区时就不会破坏该区域原来的图像。填充单一颜色,一般用前景色填充或用背景色填充,此时需要先用吸管工具设置前景色或背景色。

5. 复制选区中的内容

复制选区中的内容操作原理和复制文字是相同的,也是先使用选取框选中要复制的区域,然后按快捷键 Ctrl+J。

7.2.3 图层的变换和透视

选中任意一个图层后,可以使用“缩放”旋转“斜切”或“扭曲”透视、变形工具对该图层进行变形处理,这些工具在“编辑→变换”下拉菜单中,功能如下。

- “缩放”工具：可以放大或缩小图像。
- “倾斜”工具：可以将对象沿指定轴倾斜。
- “扭曲”工具：可以通过拖动选择手柄的方向移动对象的边或角。

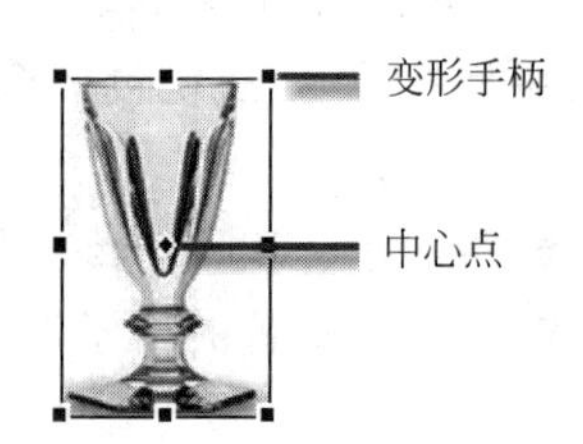

图 7-15 选中对象后使用变形工具时的状态

当使用任何变换工具或“自由变换”命令(快捷键为 Ctrl+T)时,就会在所选对象周围显示变形手柄和中心点,如图 7-15 所示。在旋转和缩放对象时,对象将围绕中心点转动或缩放。

使用变换工具的方法如下。

- 缩放对象。选择缩放工具后,拖动变换框四条边的中心点可以在水平方向或垂直方向改变对象的大小;拖动四个角上的控制点,可以同时改变宽度和高度并保持比例不变;如果在缩放时按住 Shift 键,可以约束比例;若要从中心缩放对象,可以按住 Alt 键拖动任何手柄。当然,也可以在对象的属性面板中通过修改对象的宽和高实现缩放对象操作。
- 倾斜对象。选择倾斜工具后,拖动变换框四条边的中心点可以在水平方向或垂直方向倾斜对象,使对象变为菱形;拖动四个角上的控制点,可以将对象倾斜为梯形状。
- 扭曲对象。扭曲变换集中了缩放和倾斜,并能根据需要任意扭曲对象。拖动变换框四条边的中心点可以缩放对象,拖动四个角上的控制点可以扭曲对象。
- 旋转对象。使用变形工具组中的任何工具,都可以旋转对象,将指针移动到变换框之外的区域,指针变成旋转的箭头(↶),拖动鼠指针标,就可以以中心点为轴旋转对象。

变形操作完毕后,按 Enter 键或在对象之外区域双击鼠标左键,可去除变形框。

如果要精确地对对象实行变形操作,可以使用“自由变换”命令缩放或旋转所选对象,方法是:创建选区之后,按快捷键 Ctrl+T,或者执行菜单命令“编辑”→“自由变换”。

7.3　绘制矢量图形

在网页设计中仅使用现成的图片进行加工是远远不够的,有时还需要自己绘制一些图形,如制作一个网页标志(Logo)等,这时矢量绘图工具就非常有用了。

7.3.1　创建矢量图形

“矢量图形”是使用矢量线条和填充区域进行描述的图形,它的组成元素是一些点、线、矩形、多边形、圆和弧线等。Photoshop 提供了很多绘制矢量对象的工具,包括“钢笔”“矩形工具组”“文本”3 种矢量图形绘制工具,以及“路径选择工具”,用来对矢量图形进行编辑。

1. 矢量图形的基本构成

矢量图形可分为描边和填充两部分。而要认识矢量图形,就必须了解另一个几何概念——路径。

图 7-16 显示了路径、描边和填充的含义。“路径”是用矢量数据描述的线条,它本身是看不见的,但是在 Photoshop 中,为了便于编辑,将会使用彩色线条表示它;沿着路径添加某种颜色样式,得到的线状结果就是“描边”;而在路径围成的区域中应用某种颜色样式,得到的块状结果就是“填充”。

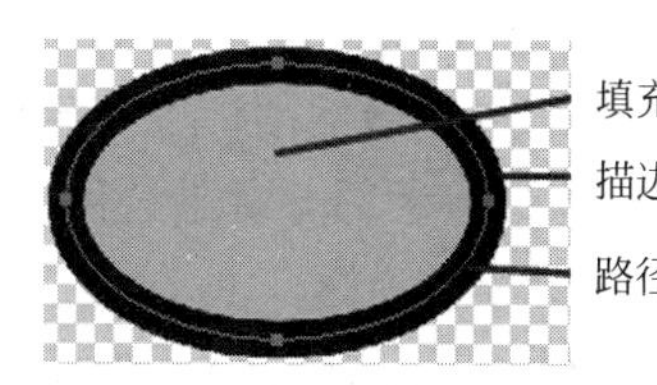

图 7-16　路径、描边和填充

2. 形状、路径和像素

在图 7-5 所示的矢量图形的工具选项栏中,通过最左侧的下拉框可设置矢量的类型:形状、路径或像素,默认值为形状。这 3 个选项的含义如下。

- 形状:绘制形状时,图层面板会自动新建一个形状图层,此时在工具选项栏中可设置描边、填充等属性,适合于绘制矢量图形、卡通图案,并可将其栅格化转换成位图图层。
- 路径:绘制路径时,路径只是一个轮廓,不可以对其进行描边或填充,在图层面板中也不会为其新建图层。绘制路径的目的是通过路径建立选区或蒙版,也可将其转换为形状。
- 像素:选择像素时,将会自动在当前图层上绘制位图图像,且图层面板不会新建图层。这会破坏当前图层的像素内容,一般不推荐使用。

微信图标的制作

7.3.2 微信图标的制作

本节将综合利用选择工具、填充工具、矢量绘制工具制作如图 7-17 所示的微信图标。微信图标的制作可分为如下两步。

1. 制作微信图标的背景

微信图标的背景是一个圆角正方形,由于选区工具中没有圆角矩形,所以先用形状工具里的圆角矩形工具绘制一个圆角矩形,再把该形状转换为选区,最后对该选区进行渐变填充即可。具体步骤如下。

(1) 选择圆角矩形工具,在属性面板中将“半径”设为 50 像素,按住 Shift 键,拖动出一个正方形的圆角矩形。用路径选择工具将它移动到合适的位置。

(2) 将圆角矩形转化为选区。在图层面板中,按住 Ctrl 键,单击圆角矩形所在图层的缩略图,将该图层转化为选区。也可切换到“路径”选项卡,选择“圆角矩形 1 形状路径”,单击面板底部的“将路径作为选区载入”按钮。

(3) 创建微信图标背景图层。单击“新建图层”按钮,得到“图层 1”,选择该图层,对该图层进行从前景色到背景色的渐变填充。方法是:设置前景色为微信图标中部的深绿色(使用吸管工具单击该颜色区域),背景色为微信图标底部的淡绿色(按住 Alt 键使用吸管工具单击该颜色区域)。选择渐变工具,在属性面板中选择第一个按钮——“线性渐变”,按住 Shift 键从上到下拖动一条垂直的渐变线出来(渐变线并不一定画在选区里面,即使画在选区外,也总是填充选区),表示从前景色到背景色的渐变填充,此时效果如图 7-18 所示。

(4) 创建微信图标上半部分背景图层。方法是:利用椭圆选区和圆角矩形选区作交运算,得到上半部分背景选区。具体步骤如下。

选择椭圆选区工具,单击属性面板上的“与选区交叉”按钮,再绘制一个椭圆选区,如图 7-19 所示。这样,两个选区作交运算后,就可得到微信图标上半部分背景的选区,单击“新建图层”按钮,得到“图层 3”,再对该选区进行线性渐变填充。方法和步骤(3)类似,也是先用吸管工具选择前景色和背景色,再用渐变工具拉一条从上到下的线性渐变线。填充好图层后,按快捷键 Ctrl+D 取消选区,此时效果如图 7-20 所示。

图 7-17 微信图标

图 7-18 用线性渐变填充背景图层

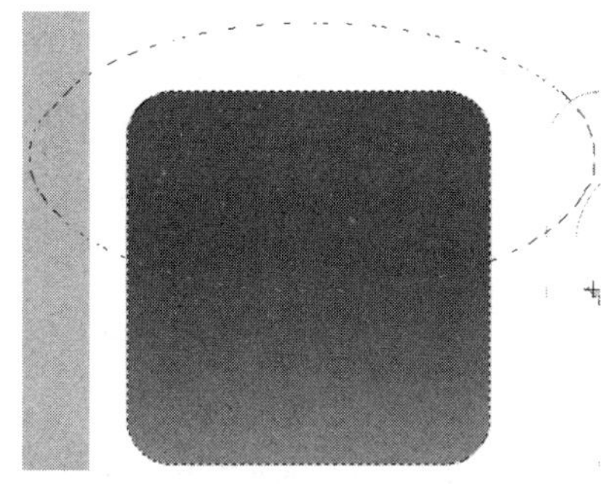

图 7-19 绘制椭圆选区与背景选区交叉

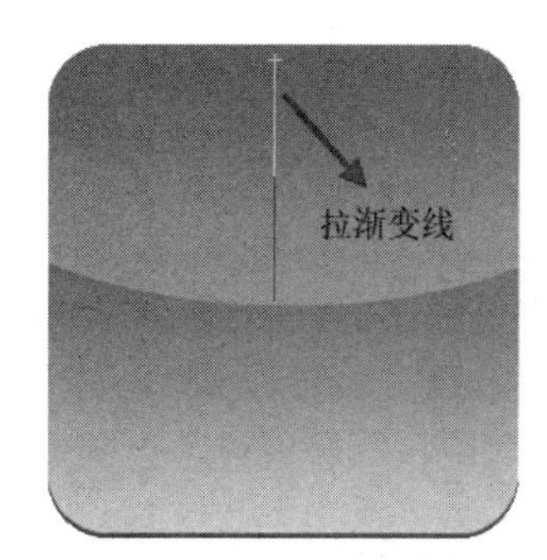

图 7-20 微信图标上半部分背景绘制完成后

2. 绘制微信上的两个人脸图标

微信图标上的主要图案是两个人脸,只要绘制出左侧人脸,将其水平翻转并缩小一点,就能得到右侧人脸。两个人脸中的缝隙需要用到选区的减操作。具体步骤如下。

(1) 绘制左侧人脸图层,方法是:用椭圆形状和三角形形状作合并形状操作。之所以用形状工具画,而不用选区工具,是因为形状工具更容易移动和改变形状。

首先用椭圆形状工具绘制一个椭圆,然后选择钢笔工具,在属性面板中选择“合并形状”,用钢笔工具单击 3 次,即定义了三角形的三个点,最后一次单击应在起点处单击,以闭合路径。

再将形状转换为选区,方法是:在路径选项卡中,按住 Ctrl 键,单击形状路径缩略图,就得到如图 7-21 所示的人脸选区,然后再新建一个图层,使用径向渐变对该图层进行从中心到四周的渐变填充,效果如图 7-21 所示。填充完之后,仍然取消选区。

(2) 将左侧的人脸图层复制一份,并将该图层水平翻转,得到右侧人脸。具体步骤是:选中左侧人脸图层,按快捷键 Ctrl+J 复制图层。用移动箭头将复制的图层移动到右下方。对新图层按快捷键 Ctrl+T 进行自由变形。这时新图层四周将出现自由变形框,在自由变形框上按鼠标右键,在弹出的快捷菜单中选择“水平翻转”选项,然后按住 Shift 键拖动自由变形框四个角上的手柄,使其适当等比例缩小,完成后的效果如图 7-22 所示。

图 7-21 对人脸选区进行渐变填充后

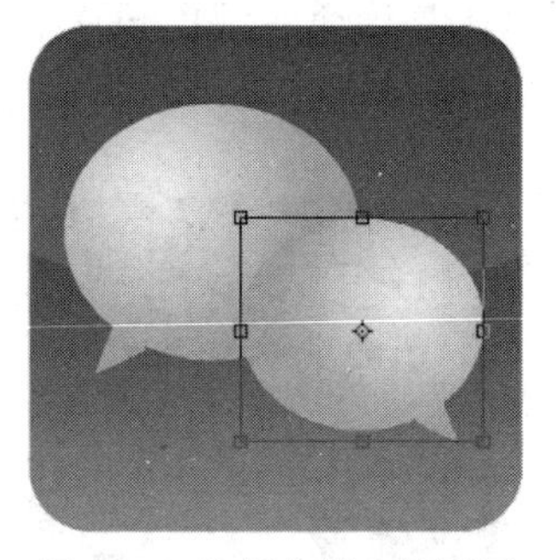
图 7-22 绘制右侧人脸图层

(3) 对右侧人脸图层重新进行渐变填充,方法是:选中该图层,按住 Ctrl 键单击该图层缩略图,从而将图层转换为选区,使用渐变工具重新拖一条渐变线来改变渐变颜色。

(4) 制作两个人脸图层之间的缝隙,方法是:将小脸图层转换为选区并放大一些,然后用该选区删除大脸所在图层的像素区域。具体步骤如下:首先将小脸图层转换为选区,然后按快捷键 Alt+S+T,执行选区变形命令,将出现选区变形框。再按住 Shift+Alt 键,拖动选区变形框的顶点,使选区从中心开始等比例向外放大一些,此时效果如图 7-23 所示,调整好后按 Enter 键。

(5) 用该选区删除大脸所在图层,方法是:在图层面板中选择左侧大脸所在图层,按 Del 键,即删除该图层被选区包围的像素区域,此时效果如图 7-24 所示。

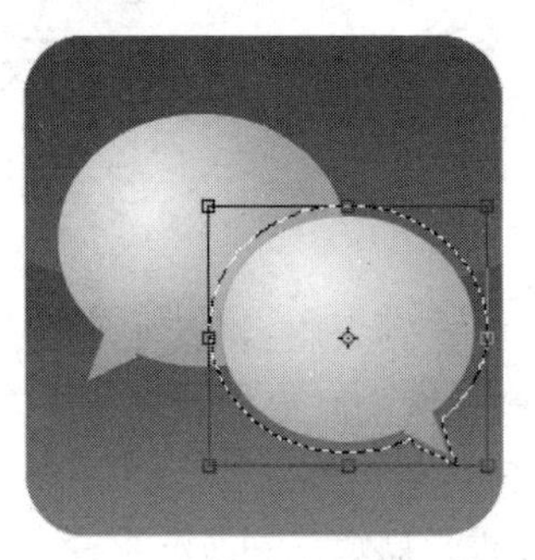
图 7-23 将选区变大

图 7-24 用右侧选区删除左侧人脸图层

(6) 制作眼睛。绘制一个椭圆选区,新建图层,填充黑色,即得到一只眼睛。复制该图层,得到两只眼睛。再将这两个图层复制,即得到另外两只眼睛。

7.4 编辑和修饰文本

在网页的很多地方,如标志(Logo)和栏目框标题等处,都需要使用经过美化的文字做装饰。在 Photoshop 中修饰文本的一般步骤如下。

① 选择合适的字体,只要选择一款漂亮的字体,无须太多修饰也能显得很美观。

② 书写文字,并调整间距。

③ 适当对文本进行填充和描边处理。

④ 可以对文本应用各种图层效果,如投影、发光等。

7.4.1 文本编辑和修饰的过程

下面制作一款带有描边和阴影效果的文字,说明文本编辑和修饰的过程。

1. 安装字体

Windows 自带的字体种类较少,而且一般都不具有艺术效果。要使文本看起来美观,首先要选择一款美观的字体。常见的比较流行的中文字体库有“方正字体”“文鼎字体”“经典字体”和“汉鼎字体”,在百度上输入字体名进行搜索可以下载到这些字体。

下载完字体后,必须安装才能使用。字体文件的扩展名为.ttf,将该文件复制到 Windows 的字体目录(通常是 C:\Windows\Fonts)下即可自动安装。

本例中要使用的字体是“经典综艺体简”,所以将下载的字体文件“经典综艺体简.TTF”复制到 Windows 的字体目录,重新启动 Photoshop,就能在 Photoshop 中使用该字体了。

2. 添加文字并设置文字水平间距

首先在画布上书写文字,即在画布中插入文本对象,步骤如下。

(1) 新建一张画布。选择工具箱中的文本工具(T)。

(2) 在文本起始处单击鼠标左键,将会弹出一个小文本框;或者拖动鼠标指针绘制一个宽度固定的文本框。

(3) 在其中输入文本,也可以粘贴文本。

(4) 单击文本框外的任何地方,或在工具面板中选择其他工具,或按下 Esc 键,都将结束文本的输入。

如果要移动或修改文本,则首先使用移动工具(▸✥)单击文本对象,或者用它拖动文本对象进行移动,然后用文本工具单击并拖动来选中需要的文本,这样就可以对选中的文本进行修改了。

(5) 选中文本后,在选项栏中可设置文本大小、颜色和字体,以及文本方向和“创建文本变形”,如图 7-25 所示。

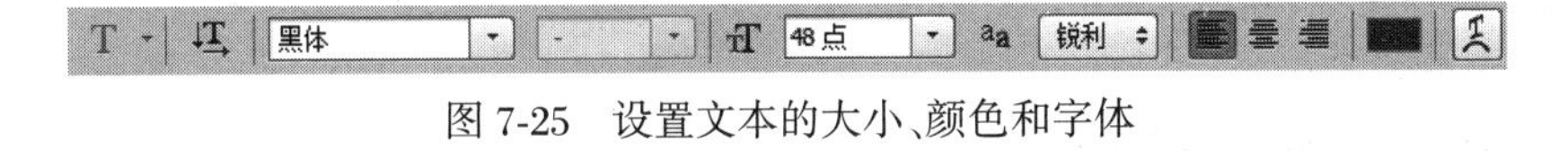

图 7-25 设置文本的大小、颜色和字体

3. 给文字描边

给文字描边要使用到“添加图层样式”,方法是:在图层面板的底部单击“*fx*”添加图层样式按钮,在弹出的菜单中选择“描边”,将弹出如图 7-26 所示的“图层样式”对话框。

在“描边”选项中,只要设置描边的大小和颜色,即可实现对文字描边。

4. 添加投影

在图层样式中,还可以给文字添加投影效果,方法是:单击“*fx*”添加图层样式按钮,在弹出的菜单中选择“投影”,设置投影的距离、大小、颜色和角度等选项,即可得到合适

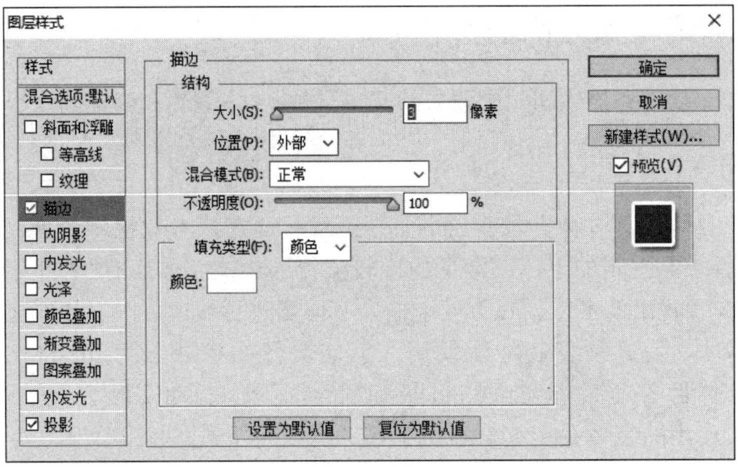

图 7-26 “图层样式”对话框

的投影效果,给文字增添立体感。

5. 插入背景

首先新建一个图层,然后在工具栏中选择“圆角矩形”工具,并在如图 7-5 所示的选项栏中将“形状”改为“路径”,设置半径为 40 像素,绘制一个圆角矩形。单击选项栏“建立”后的“选区”按钮,在弹出的“建立选区”对话框中设置羽化值为 40 像素,即可将圆角矩形转换成选区。接下来将前景色设置为蓝色(#33ccff),再按快捷键 Alt+Delete 填充选区,得到如图 7-27 所示的边缘羽化后的圆角矩形图层。

由于该圆角矩形图层会覆盖在文字图层之上,接下来要改变这两个图层的叠放次序,方法是:在“图层“面板中选中文字图层,将它拖放到圆角矩形图层之上,最终效果如图 7-28 所示。

图 7-27 边缘羽化后的圆角矩形图层

图 7-28 最终效果

7.4.2 将文本附加到路径

在 Photoshop 中将文本附加到路径后,或将文本转换为路径后,就可以像编辑路径一样利用路径修改工具将文本变为任意形状和方向,形成各种特殊效果。

文本附加到路径后仍然可以编辑文本,同时还可以编辑路径的形状。将文本附加到路径的操作步骤如下。

(1) 在画布上绘制需要附着的矢量路径,这里为了制作文本环绕效果,绘制了一个椭圆。

(2) 选择文本工具(T),将光标移动到椭圆附近,当光标变成图 7-29 中形状时,单击鼠标左键,即可发现输入文本的光标会附加到椭圆上。

(3) 在文本光标处输入文本,即可得到如图 7-30 所示的效果。如果要改变文本在路径上的起始位置,只要用路径选择工具,拖动路径上的“×”和“ • ”即可。

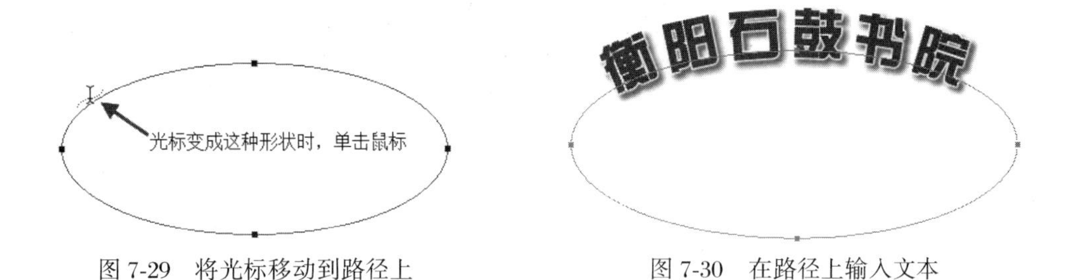

图 7-29 将光标移动到路径上　　图 7-30 在路径上输入文本

7.5 蒙版

蒙版就是能够隐藏或显示对象或图像的某些部分的一幅图像,网页中很多效果创意都离不开蒙版的使用。在图层上添加一个蒙版,在蒙版上只能绘制黑色和白色两种颜色,被黑色覆盖的图层区域会变成透明,被白色覆盖的图层区域将变得不透明,而被黑与白之间颜色覆盖的区域将呈现半透明的效果。可见,位图蒙版就是将不同灰度颜色值转化为不同的透明度。蒙版是图像合成的重要工具,它的作用是在不破坏原始图像的基础上实现特殊的图层叠加效果。另外,它还具有保护、隔离的功能。

总的来说,蒙版可分为剪贴蒙版和位图蒙版。

7.5.1 创建剪贴蒙版

剪贴蒙版能将其上方的对象裁剪成其路径的形状,从而产生图像位于任意形状中的效果,如图 7-31 和图 7-32 所示的两个例子。

图 7-31 心形图像

图 7-32 图片窗格效果

图 7-31 所示的心形剪贴蒙版效果图的具体制作步骤如下。

(1) 制作用于轮廓的心形,用椭圆工具绘制一个圆。

(2) 用“直接选择”工具单击圆形上方的控制点,如图 7-33 所示。将其选中后向下拖动,也可按键盘的向下键移动。按照同样的方法选中下方的控制点,也将其向下拖动,得到如图 7-34 所示的形状。

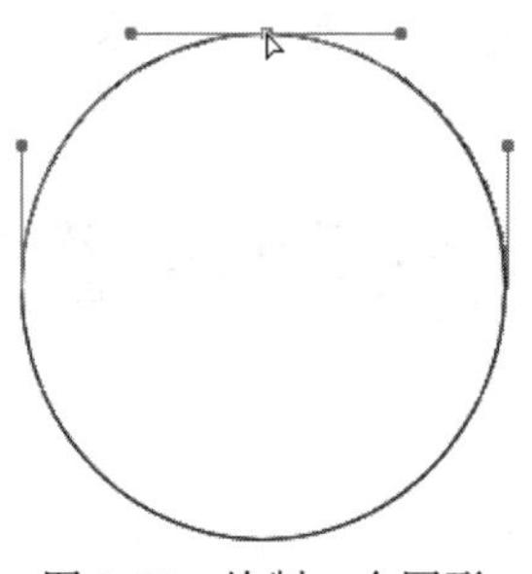

图 7-33　绘制一个圆形

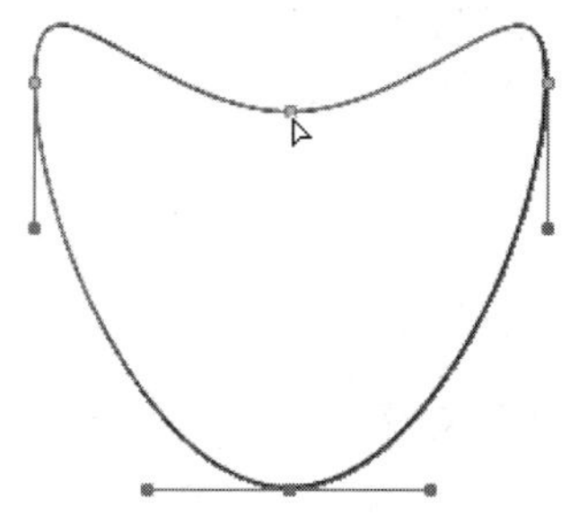

图 7-34　调整圆形的上、下控制点

(3) 接下来要将心形上方和下方的中间点都变尖,方法是：分别选中中间的控制点后,可看见它们的控制柄是一条水平的横线,将控制柄两端的端点往中心拉,当控制柄缩短以后,心形的上方和下方就变尖了。接下来再分别选中左、右两端的两个控制点,可看到它们的控制手柄是一条竖直的线,将这条线的上方端点向内拉使控制柄倾斜,并拉长手柄,使左、右两边变圆,此时效果如图 7-35 所示。这样,一个心形就做好了。

(4) 导入一幅位图,该位图所在图层必须在心形图层的上方,如图 7-36 所示。被遮罩层必须位于遮罩层的上方。调整位图位置,使其要显示的区域位于心形范围内。

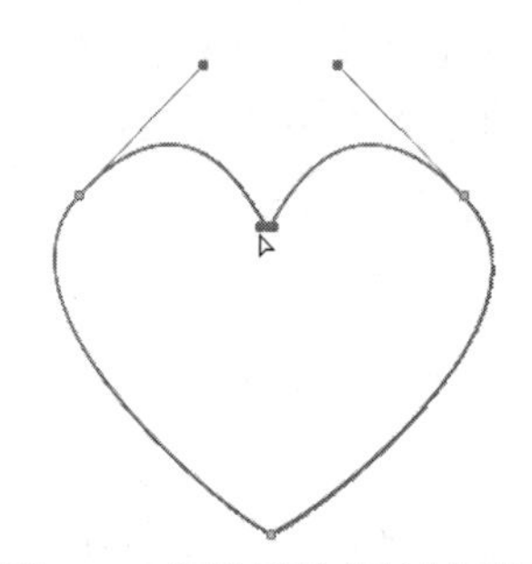

图 7-35　调整形状的控制手柄

图 7-36　将位图置于心形上方

(5) 在图层面板中,按住 Alt 键,将光标移动到位图图层和心形图层相邻处,当光标变为图 7-37 中的形状时,单击鼠标左键,就会得到如图 7-38 所示的效果。此时再次单击鼠标左键,将释放剪贴蒙版。

图 7-37　执行剪贴蒙版操作

图 7-38　执行剪贴蒙版操作后

提示：制作剪贴蒙版时,两个图层必须相邻,且位图图层在形状图层的上方。

7.5.2 创建位图蒙版

位图蒙版主要用来制作从清晰过渡到透明的图像渐隐效果,这样可以使两幅图像融合在一起。位图蒙版通常用一个由黑到白渐变的图像覆盖在被蒙版对象之上,那么被纯黑色覆盖的区域将变得完全透明而不可见,被纯白色覆盖的区域将保持原状(完全不透明),黑与白之间的过渡色覆盖的区域将变得半透明。

1. 创建位图蒙版的步骤

下面通过两幅图像合成效果,演示位图蒙版的创建过程,具体步骤如下:

(1) 打开或置入一幅位图图像,并按快捷键 Ctrl+J 将图层复制一份。

(2) 在图层面板中选中位图所在的图层,单击下方的“添加图层蒙版”按钮( ),即添加了一个图层蒙版,如图 7-39 所示。

(3) 添加图层蒙版后,图层会与一个蒙版链接在一起,且默认选中了蒙版,在蒙版中只能填充从黑到白的颜色。

提示:如果被黑色填充,则该位图区域会变得透明;如果被白色填充,则该位图区域和原来一样,仍然不透明。如果被黑与白之间的颜色填充,则会变得半透明,因此,通常用渐变填充蒙版,这样,被黑白渐变之间的区域遮盖的位图就会出现一种半透明效果。

(4) 选择渐变工具,并在选项栏中设置为“线性渐变”,在画布上按住 Shift 键从上到下拖一条从黑到白的渐变线,就可看到图像被黑色覆盖的区域变透明了,如图 7-40 所示。

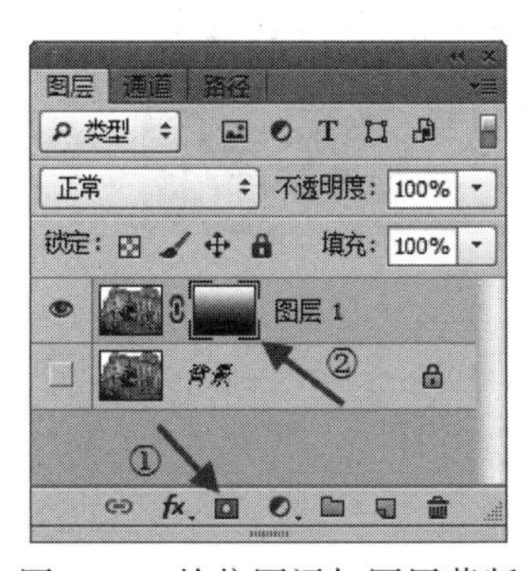

图 7-39 给位图添加图层蒙版

图 7-40 在蒙版上进行线性渐变填充后

(5) 如果在画布中再置入一幅如图 7-41 所示的位图图像,在“图层”面板中将它拖动到蒙版层的下方,就可看到这两幅图像很好地融合在一起了,效果如图 7-42 所示。

2. 利用位图蒙版技术合成网页 Banner

网页 Banner 是指网页的头部区域。简单的网页 Banner 一般由三部分组成:左侧的徽标和文本;右侧的位图图像;纯色的背景图层,如图 7-43 所示。

从图 7-43 可见,如果将右侧的位图图层直接置入背景图层之上,则两者无法融为一体,非常不协调。为此,使用蒙版有两种方案可将位图和背景图层融为一体。

图 7-41　置入作为底层的位图

图 7-42　图像融合后的效果

图 7-43　导入素材图像到 Banner

方案一：位图图层位于背景图层之上。给位图图层添加一个蒙版，在该蒙版中利用渐变工具拉一条从左到右的线性渐变线，渐变颜色为从黑到白，如图 7-44 所示。这样，位图左边被黑色覆盖的区域就会变得半透明，最终效果如图 7-45 所示。

图 7-44　在右侧图像图层上添加蒙版

图 7-45　对右侧图像应用蒙版的效果

方案二：将背景图层置于位图图层的上方，此时右侧的位图图层被覆盖，完全不可见。然后，给背景图层添加一个蒙版，在该蒙版中利用渐变工具拉一条从左到右的线性渐变线，渐变颜色为从白到黑，如图 7-46 所示，让它的右侧变得透明，这样右侧就会露出下层的位图图层。最终效果如图 7-47 所示。

图 7-46　在背景层蒙版上拉一条线性渐变线

图 7-47　对背景图层应用蒙版的效果

填充位图蒙版通常有两种工具：一是渐变工具；二是画笔工具。简单的图像融合效果可使用渐变工具，如果渐变的边缘区域不规则，则应使用画笔工具进行涂刷。

7.6 切片及导出

切片就是将一幅大图像分割为一些小的图像切片，并将每部分导出为单独的文件。导出时，Photoshop 还可以创建一个包含表格代码的网页文件，该网页文件通过没有间距、边框和填充的表格重新将这些小的图像无缝隙地拼接起来，成为一幅完整的图像。

7.6.1 切片的作用

读者首先要理解为什么进行切片。切片的基本作用有以下几点。

- 网页中有很多边边角角的小图片，如果一张张地单独绘制这些小图片，不仅麻烦，而且也很难保证它们可以1像素不差地拼成一张大图片。而通过切片，只需绘制一张整体的大图片，再将它们按照布局的要求切割成需要的小图片即可。
- 过去，切片还有一个作用，就是能通过对网页效果图进行切片，自动生成整张网页的 HTML 文档。但是，这种方式生成的 HTML 文档是用表格排版的，而且产生的冗余代码很多，因此现在不建议采用切片生成的 HTML 文档。

除此之外，切片还能带来以下一些衍生的好处。

- 当网页上的图片文件较大时，浏览器下载整张图片需要花很长时间，切片后整个图片分割成多个小图片，它们可同时下载，这样下载网页中图片的速度就加快了。
- 如果使用 Photoshop 制作整幅的网页效果图，将网页效果图转换为网页的过程中，网页效果图中的很多区域需要丢弃，例如绘制了文本的区域需要用文本替代，单一颜色的区域可以用 HTML 元素的背景色取代等，这时必须把这些区域的图片裁剪出来，才能将它们删除，或者使切片不包含这些区域。
- 优化图片：完整的图片只能使用一种文件格式，应用一种优化方式，而对于作为切片的各张小图片，我们可以分别对其优化，并根据各张小图片的特点还可以将其存为不同的文件格式，这样既能保证图片质量，又能使图片变小。

切片的原理虽然很简单，但是实际进行切片时有很多技巧，这些需要在实践中逐渐体会。切片时还需要对网页布局技术非常了解，对于同一个网页效果图，使用不同的布局方式布局，就需要不同的切片方式，因此在切片之前需要先考虑如何对网页布局。

需要指出的是，随着 Web 标准和 HTML 5 相继出现，切片过程已经变得相对简洁。例如，CSS 3 提供了圆角、图像边框等属性，使得过去单独对圆角切片的情况不复存在。过去，切片输出的图片很多都是一些边边角角的小图片，通过表格布局组装在一起；而现在，一方面，通常都是对网页元素（如栏目框）整体进行切片，将这些较大的图片通过背景属性引入网页中。另一方面，目前的网页设计流行扁平化的风格，使得网页中一些带有曲线的不规则区域大大减少，也使得切片过程的复杂程度降低。

7.6.2　切片的基本操作

切片工具位于 Photoshop 工具箱中的“裁剪工具”组中,如图 7-48 所示。

1. 绘制切片

在工具箱中选择“切片”工具,在图像上拖动光标就能创建切片,如图 7-49 所示。创建的切片左上角有蓝色的图标,切片到图片四周都有土黄色的引导线,这些线被称为“切片引导线”。因为切片工具就像剪刀,只能从图片的边缘开始把中间一块需要的图形裁剪出来,而不能对图片进行打孔把中间的图片挖出来,所以会产生切片引导线。

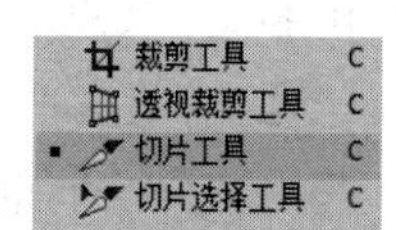

图 7-48　切片工具

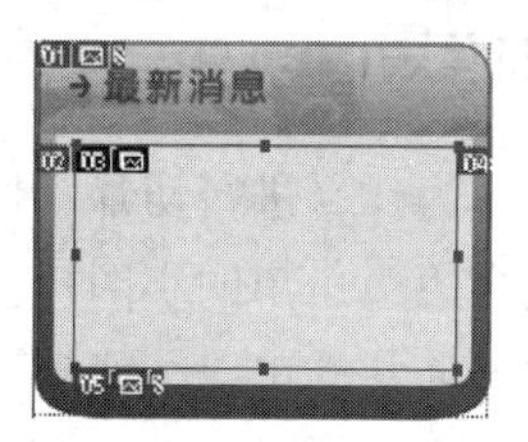

图 7-49　创建切片

由于最终需要用 HTML 把切片和未切片区域拼成完整的图片,因此切片区域和未切片区域都必须是矩形,Photoshop 以产生矩形最少的方式自动绘制切片引导线。

如果要调整切片的大小,可以将切片工具移动到切片边缘的实心方点上,拖动光标即可调整大小。也可以在切片上按鼠标右键,选择“编辑切片选项”,在弹出的对话框中调整切片的大小和位置。如果要隐藏切片引导线,则执行菜单命令“视图”→“显示”→“切片”即可。

图 7-50　对图形切片的另一种方式

图 7-49 在放置文本的区域上创建切片,是为了将这个区域位置的图片删除,然后导出时选择导出所有切片,则四周未创建切片的图片也将保存成图片,把中间的白色切片丢弃,以便在该位置放置文本。对于栏目框来说,一种更常用的切片方法如图 7-50 所示,它将这个固定宽度的圆角栏目框切成上、中、下 3 部分。其中中间一部分只切一小块,只要将这一小块作为背景图片垂直平铺,就能还原出中间部分出来,而且还能自适应栏目框高度。

图 7-50 中没有隐藏栏目框头部的文字,就直接切片,这样切出来的图片由于有文字在上面而只能应用于这个栏目。为了使这个栏目框能用于网页中所有的栏目,可以将栏目框标题隐藏起来再切,以后在 HTML 中插入文本作栏目标题。

2. 导出切片

切片完成后,就可以导出切片了。导出切片的方法如下。

(1) 执行菜单命令“文件”→“存储为 Web 所用格式”,将出现如图 7-51 所示的对话框。在该对话框中,如果存在切片,就会把图片按切片导出,用户可设置选中切片导出的文件类型。

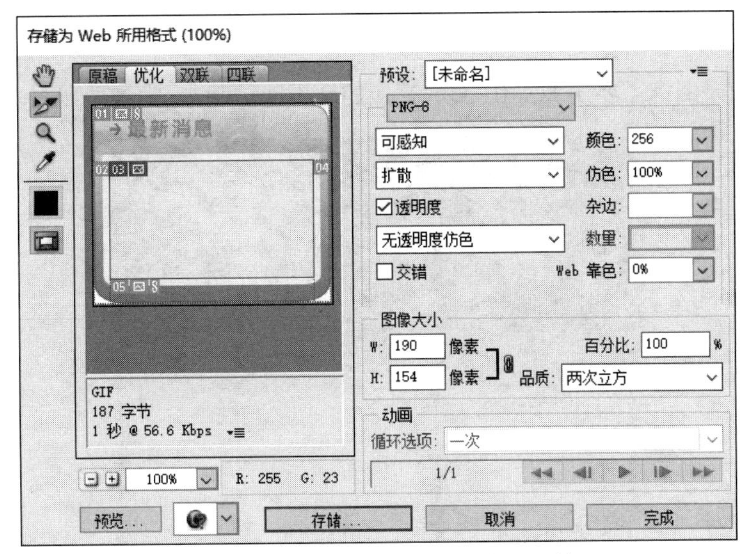

图 7-51 “存储为 Web 所用格式”对话框

(2) 设置完毕后，单击“存储”按钮，弹出的“存储为”对话框底部有一个“切片”下拉框，默认为“所有切片”，表示将导出该图像的所有切片；如果只想导出选中的单张切片，可选择“选中的切片”，如果只想导出用户绘制的切片，而不包括系统根据切片引导线自动产生的切片，则可选择“所有用户切片”。

3. 切片的基本原则

- 绘制切片时一定要和所切内容保持同样的尺寸，不能大，也不能小。这可以通过选中所切对象后，按鼠标右键，选择快捷菜单中的“插入矩形切片”命令实现。
- 切片不能重叠。
- 各个切片之间的引导线尽量对齐，特别是要水平方向对齐，这样才容易通过网页代码将这些切片拼起来。
- 单色区域不需要切片，因为可以写代码生成同样的效果。也就是说，凡是写代码能生成效果的地方都不需要切片。
- 重复性的图片只切一张即可。例如，网页中很多圆角框采用的都是相同的圆角图片，这时可以只切一个圆角框。又如，导航条中所有导航项的背景图片都是相同的，只切一个导航项的背景图片就可以了。
- 多个素材重叠时，需要先后进行切片。例如，背景图片上有小图标，就需要先单独把小图标切出来，然后把小图标隐藏，再切背景图片。

如果效果图非常复杂，无法布局，那么最简单的解决办法就是切片成一张大的图片。例如，效果图中带有曲线的部分就可以这样处理。

7.6.3 切片操作的案例

下面以图 7-52 所示的网页效果图为例，介绍切片的步骤。

1. 隐藏网页效果图中的文本对象

首先把效果图中需要用 HTML 文本替换的文本隐藏起来,隐藏后如图 7-52 所示。

图 7-52　隐藏网页效果图中的普通文本对象

2. 把网页中的小图标先单独切出来

网页中总会有很多小图标,如每条新闻前的小图标,栏目框右侧的 more 图标等,切片的第一步就是先把这些小图标单独切出来,步骤如下。

图 7-53　在小图标上绘制切片

(1) 用切片工具在小图标上绘制一个刚好包含它的切片,如图 7-53 所示。

(2) 设置小图标的背景色为透明。只有 PNG 和 GIF 格式的图片支持透明效果。为此,在图 7-51 所示的“存储为 Web 所用格式”对话框中勾选“透明度”选项。

3. 重复的图片只切一个

导航部分有很多重复的导航项图片,我们只切出一个即可。切之前也要将导航条背景的图层隐藏。为了使切片的大小和导航项图片的大小一样,可以选中某个导航项右击,从弹出的快捷菜单中选择“插入矩形切片”,这样绘制的矩形切片就会和图片一样大。当然,也可以将画布放大显示比例后按照图片的大小仔细绘制切片。

为了实现导航项背景图片的翻转,可以再选一个导航项图片,将其背景色设为另外一种,把这个导航项也单独切出来,如图 7-54 所示。

图 7-54 导航项背景只切一个

4. 重复的图片区域只切一小块

网页的背景图案可看成由一个小图案平铺而成，而导航条的背景是一小块图案水平平铺得到的。对于这些可以用背景平铺实现的大图片，只要切出大图片的一小块即可。

以导航条的背景为例，只要切出很窄的一块，就可在属性面板中设置其宽为 3 像素。再选中该切片，单独导出成文件即可，如图 7-55 所示，然后通过将该图片作为背景图片水平平铺，就还原出导航条的背景了。

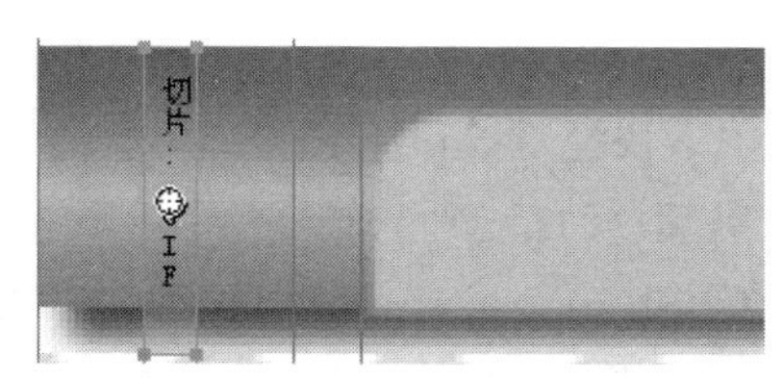

图 7-55 对导航条背景进行切片

5. 对网页整体进行切片

将上述需要单独切片的区域切出来保存好后，就可以对网页整体进行切片了。切片方法如图 7-56 所示。需要注意以下两点。

图 7-56 对整体进行切片后的效果

(1) 切片生成的各种图片应分别优化。这里，由于网页 Banner 的背景图片颜色比较丰富，因此在“优化”面板中将它导出成“JPEG-较高品质”；而其他切片，例如栏目框的圆角，因为颜色不丰富，所以导出成默认的 PNG 格式。

(2) 栏目框的阴影属于栏目框图片的一部分,创建切片时应包含阴影部分。

切片完成后,执行菜单命令“文件→存储为 Web 所用格式”,将这些切片一次性导出成图片文件,方法是:在“存储为”对话框中选择“所有切片”。

总之,切片的原则是“先局部,后整体”,即先把网页中需要特殊处理的地方单独切出来,然后再对整个网页进行切片。切片完成后,制作网页所需要的图片就都准备好了。

习　题

1. 在 Photoshop 中,要将光标拖动起始点作为圆心画正圆,正确操作是(　　)。
   A. 拖动鼠标的同时,按下 Shift 键
   B. 拖动鼠标的同时按下快捷键 Shift+Ctrl
   C. 拖动鼠标的同时,按下 Alt 键
   D. 拖动鼠标的同时,按下快捷键 Shift+Alt
2. 从颜色弹出窗口中采集颜色时(　　)。
   A. 只能采集文档内的颜色　　B. 只能采集 Photoshop 窗口中的颜色
   C. 只能采集当前打开的图像的颜色　　D. 可从屏幕的任何位置采集颜色
3. 如果将滤镜应用在矢量图像上,则(　　)。
   A. 无法进行
   B. 可以直接使用
   C. 会提示把矢量图像转换为位图对象,然后再进行
   D. 矢量对象的路径和点信息不受影响
4. 要制作背景透明的卡通图片,则在图像优化输出时,应该选用(　　)格式。
   A. BMP　　B. PNG　　C. JPEG　　D. PSD
5. 要获取窗口中某一点的颜色,应使用(　　)工具。
   A. 魔棒　　B. 套索　　C. 吸管　　D. 快速选择
6. 在 Photoshop 中使用(　　)工具可进行位图编辑模式。
   A. 钢笔　　B. 直线　　C. 套索　　D. 文本
7. (　　)工具不可以绘制矢量图形。
   A. 钢笔　　B. 画笔　　C. 椭圆工具　　D. 文字
8. 存储选区是将选区存储为(　　)。
   A. 图层　　B. 路径　　C. 通道　　D. 文件
9. Photoshop 里创建好选区后,不能对选区进行(　　)操作。
   A. 变换大小　　B. 羽化　　C. 描边　　D. 外发光
10. 在 Photoshop 中置入一张位图图片,会自动新建一个(　　)。
    A. 背景图层　　B. 位图图层　　C. 形状图层　　D. 智能对象图层
11. “栅格化图层”命令的用途不包括选项(　　)。
    A. 选区转换为位图　　B. 形状图层转换为位图
    C. 文字转换为位图　　D. 智能对象转换为位图

12. 以下选项中,是位图特点的选项是(　　)。

A. 难以表现色彩层次　　B. 放大后清晰、光滑

C. 由许多像素点组成　　D. 占用存储空间特别小

13. 使用吸管工具设置背景色的方法是(　　)。

A. 在画布上单击　　B. 按住 Alt 键在画布上单击

C. 按住 Shift 键在画布上单击　　D. 按住 Ctrl 键在画布上单击

14. 魔棒工具是基于色调和颜色差异构建(　　)的工具。

A. 路径　　B. 形状　　C. 选区　　D. 图层

15. 对于一个已添加了图层蒙版的图层,如果再次单击添加蒙版按钮,则会(　　)。

A. 删除当前图层蒙版

B. 添加第二个图层蒙版

C. 为当前图层再添加一个矢量蒙版

D. 提示不能再次添加蒙版

16. 如果要使画笔工具画出的轨迹不连续,应设置画笔的(　　)选项。

A. 形状动态　　B. 散布　　C. 间距　　D. 不透明度

17. 在图层蒙版中,用________色绘制的区域将变得透明,用________色绘制的区域将变得不透明。(分别填一种颜色)

18. 制作剪贴蒙版时,形状图层应位于位图图层的________方。(填上或下)

19. 使用钢笔工具绘制路径时,每次单击鼠标都是定义路径的________。(填边或顶点)

20. 如果要裁剪图像,可以使用裁剪工具或________工具。

21. 在图层混合模式中,滤色的作用是使图层混合的颜色________,正片叠底的作用是使图层混合的颜色________。(填变浅或变深)

22. 列举几种常见的渐变方式:________、________、对称渐变。

23. 图像的变形包括对图像进行________、________、________和扭曲操作,如果要对图片进行精确变形,可以使用________。

24. 使用“矩形选框工具”创建选区时,按住________键的同时拖动,可创建一个正方形选区。

25. Ctrl+Shift+U 组合键是________命令的快捷键。

26. 使用图层混合模式中的________模式可以将图片的原有颜色与混合色复合,得到较暗的结果色。

27. 写出如下快捷键的用途:

Ctrl+T　　Alt+S+T　　Ctrl+D　　Ctrl+Alt+Z　　Ctrl+Shift+Z

Ctrl+E　　Shift+F6　　Alt+Delete　　Ctrl+Delete　　Ctrl+Enter

28. 练习对文本进行描边、渐变填充和添加投影。

29. 用“部分选定”箭头和钢笔工具练习实现书的翻页效果。

30. 使用位图蒙版将两张图片融合在一起。

31. 绘制一张网页效果图,再用切片工具对该效果图进行切片。

第8章 JavaScript及其框架

网页除了外观设计外，还需要交互设计，例如响应用户的鼠标或键盘操作、验证表单数据，以及动态改变 HTML 元素的外观等，这些都需要编写浏览器端程序来实现。JavaScript 是一种浏览器的编程脚本语言，专门用来编写浏览器程序（也称为客户端脚本）。

直接编写 JavaScript 程序比较烦琐，于是人们开发出很多种 JavaScript 框架，jQuery 和 Vue.js 就是目前优秀的前端 JavaScript 框架。

提示： 随着 node.js（一个 JavaScript 服务器端运行环境）的出现，JavaScript 也可以运行在服务器端，也就是说，可以脱离浏览器运行。

JavaScript的代码结构和事件编程

8.1 JavaScript 的代码结构

JavaScript 是事件驱动的语言。当用户在网页中进行某项操作时，就产生了一个"事件"（event）。事件几乎可以是任何事情：单击一个网页元素、拖动鼠标等均可视为事件。JavaScript 是事件驱动的，当事件发生时，它可以对之做出响应。具体如何响应某个事件，由编写的事件处理程序决定。

因此，一个 JavaScript 程序一般由"事件+事件处理程序"组成。根据事件处理程序所在的位置，在 HTML 代码中嵌入 JavaScript 有 3 种方式。

1. 用事件属性引入 JavaScript

HTML 标记中可以添加"事件属性"，其属性名是事件名，属性值是 JavaScript 代码。

【例 8-1】 用事件属性引入 JavaScript 示例。

```
<html><body>
   <p onclick="alert('Hello,The WebWorld!');">Click Here</p>
</body></html>
```

其中，onclick 表示单击鼠标事件，它是一个 JavaScript 事件名，也是一个 HTML 事件属性。alert(…)；是事件处理代码，作用是弹出一个警告框。因此，当在这个 p 元素上单击鼠标时，会弹出一个警告框，运行效果如图 8-1 所示。

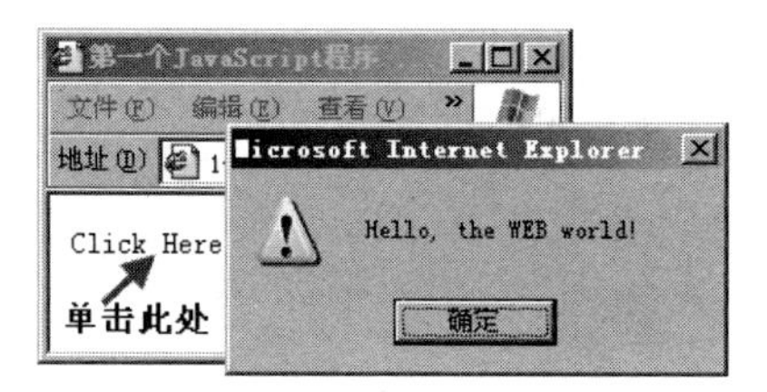

图 8-1　例 8-1、例 8-2 和例 8-3 的运行效果

2. 用<script>标记将 JavaScript 嵌入网页中

在 HTML 文档中，通过<script>标记可以嵌入 JavaScript 代码，这是标准的嵌入 JavaScript 代码的方式，建议将所有 JavaScript 代码都写在<script>与</script>标记之间，不要写在 HTML 标记的事件属性内。这可实现 HTML 代码与 JavaScript 代码的分离。

【例 8-2】　用<script>标记嵌入 JavaScript，其运行效果与例 8-1 完全相同。

```
<html><head>
<script>
   function msg () {                          //定义函数 msg
      alert("Hello,the WEB world!") ;    }
</script></head>
<body><p onclick="msg()">Click Here</p><!--通过事件调用函数 -->
</body></html>
```

其中，“onclick=" msg( )"”表示调用函数 msg。可见，调用 JavaScript 函数可写在 HTML 标记的事件属性中，但函数的代码必须写在<script>与</script>标记之间。

将 JavaScript 代码写成函数的一个好处是，可以让多个 HTML 元素或不同事件调用同一个函数，从而提高了代码的重用性。

3. 用<script>标记的 src 属性链接外部 js 文件

如果有多个网页文件需要共用一段 JavaScript，则可以把这段脚本保存成一个单独的 js 文件(JavaScript 外部脚本文件的扩展名为 js)，然后在网页中调用该文件，这样既提高了代码的重用性，也方便了维护，修改脚本时只需修改 js 文件中的代码。

引用外部脚本文件的方法是使用<script>标记的 src 属性指定外部文件的 URL。

【例 8-3】　链接外部 JavaScript 文件示例(8-3.html 和 8-3.js 位于同一目录下)，运行效果如图 8-1 所示。

--------------------------8-3.html 的代码--------------------------

```
<html><body>
<script type="text/JavaScript" src="8-3.js "></script>
<p onclick="msg()">Click Here</p>
</body></html>
```

--------------------------8-3.js 的代码--------------------------

```
function msg () {                    //定义函数 msg
   alert("Hello,the WEB world!") ;}
```

8.2 JavaScript 的事件编程

8.2.1 JavaScript 语言基础

JavaScript 代码是严格区分大小写的，每条语句以“；”号结束，语法类似于 Java。

1. 变量和数组的声明

JavaScript 任何类型的变量声明都用 var，甚至可以不声明而直接使用。数组使用关键字 Array 声明，同时还可以指定这个数组元素的个数，即数组的长度（length），例如：

```
var name ="Six Tang";                    //定义了一个字符串变量
var age=28;                              //定义了一个数值型变量
var male=True;                           //将变量赋值为布尔型
var rank =new Array(12);                 //第 1 种声明数组的方法
var Map =new Array("China", "USA", "Britain");    //第 2 种声明数组的方法
```

2. 数据类型

JavaScript 支持字符串、数值型和布尔型 3 种基本数据类型，支持数组、对象两种复合数据类型，在 JavaScript 中，每种数据类型都是对象，可以用“对象.属性”或“对象.方法( )”对该数据类型的变量进行操作。例如：

```
var course="data structure";             //字符串数据类型,course 为字符串变量
pos=course.indexOf("str");               //返回子串的位置 5
str1=course.substr(5,3);                 //返回“str”,5 表示开始位置,3 表示长度
len=course.length;                       //返回字符串的长度 14
alert(pos+str1+len);                     //"+"是连接符,弹出“5str14”
```

8.2.2 常用 JavaScript 事件

编写 JavaScript 程序需要考虑 3 个问题：①触发程序执行的事件是什么；②如何编写事件处理程序；③获取事件作用的 DOM 对象（HTML 元素）。

对于用户而言，常用的 JavaScript 事件可分为鼠标事件、HTML 事件和键盘事件 3 类，其中常用的鼠标事件如表 8-1 所示，常用的 HTML 事件如表 8-2 所示。

表 8-1　常用的鼠标事件

事　件　名	描　　述
onclick	单击鼠标左键时触发
ondbclick	双击鼠标左键时触发
onmousedown	鼠标任意一个按键按下时触发
onmouseup	松开鼠标任意一个按键时触发

续表

事 件 名	描 述
onmouseover	鼠标移动到元素上时触发
onmouseout	鼠标移出该元素边界时触发
onmousemove	鼠标指针在某个元素上移动时持续触发

表 8-2 常用的 HTML 事件

事件名	描 述
onload	页面完全加载后在 window 对象上触发,图片加载完成后在其上触发
onunload	页面完全卸载后在 window 对象上触发,图片卸载完成后在其上触发
onerror	脚本出错时在 window 对象上触发,图像无法载入时在其上触发
onselect	选择了文本框的某些字符或下拉列表框的某项后触发
onchange	文本框或下拉框内容改变时触发
onsubmit	表单提交时(如单击“提交”按钮)在表单 form 上触发
onblur	任何元素或窗口失去焦点时触发
onfocus	任何元素或窗口获得焦点时触发
onscroll	浏览器的滚动条滚动时触发

对于某些元素来说,还存在一些特殊的事件,如 body 元素就有 onresize(当窗口改变大小时触发)和 onscroll(当窗口滚动时触发)这样的特殊事件。

键盘事件相对来说用得较少,主要有 keydown(按下键盘上的某个按键时触发)、keypress(按下某个按键并且产生了字符时才触发,即忽略 Shift、Alt 等功能键)和 keyup(释放按键时触发)。通常,键盘事件只有在文本框中才显得有实际意义。

提示: JavaScript 事件名应该全部小写,因为 JavaScript 代码是区分大小写的,尽管 HTML 标记中的事件属性名是不区分大小写的。

8.2.3 事件监听程序

实际上,事件除了可写在 HTML 标记中,还可以“对象.事件”的形式出现,这称为事件监听程序。其中对象可以是 DOM 对象、浏览器对象或 JavaScript 内置对象。

【例 8-4】 采用事件监听程序的方式重写例 8-2,代码(8-4.html)如下。

```
<html><head>
<script>
    var demo = document.getElementById("demo");
    /*获取 id 为 demo 的 HTML 元素,由于该 HTML 元素的代码在后面,此时尚未载入,因此
       会发生“对象不存在”的错误*/
    demo.onclick=msg;                    //demo 对象被单击时执行 msg 函数
function msg()    {
        alert ("Hello, the WEB world!");    }
```

```
</script></head>
<body>
<p id="demo">Click Here</p>
</body></html>
```

其中,为 p 元素添加一个 id 属性,是为了使 JavaScript 脚本方便获取该元素。通过 document.getElementById("demo")方法就可根据 id 访问这个元素,该方法返回的结果是一个 DOM 对象:demo。

然后,通过"DOM 对象.事件名=函数名"就能设置该对象在事件发生时将执行的函数。

但是,该程序运行会出错,原因在于:浏览器是从上到下依次执行网页代码的。当执行到获取 id 为 demo 的 HTML 元素时,由于该 HTML 元素的代码在下面,浏览器此时尚未载入该元素,因此会发生对象不存在的错误。要解决该错误,有以下两种办法。

(1) 把 JavaScript 脚本放在 HTML 元素代码的后面。

【例 8-5】 把 JavaScript 脚本放在 HTML 元素代码的后面。

```
<p id="demo">Click Here</p>
<script>
    var demo = document.getElementById("demo");     //放在 demo 元素的后面
    demo.onclick=msg;
function msg()     {
        alert ("Hello, the WEB world!");     }
</script>
```

运行该程序,就能得到图 8-1 所示的运行结果。

(2) 把获取 HTML 元素的代码写在 windows.onload 事件中,这样就可避免只把 JavaScript 代码写在 HTML 元素下面的麻烦,其中,windows.onload 事件表示浏览器载入网页完毕时触发,这时所有的 HTML 元素都已经载入浏览器中,无论 JavaScript 代码位置在哪,都不会产生找不到对象的错误。修改后的代码如下。

【例 8-6】 在 windows.onload 事件中获取 HTML 元素(8-6.html)。

```
<script>
window.onload= function(){           //表示在网页载入完毕后执行函数
    var demo = document.getElementById("demo");
demo.onclick=msg;    }               //调用函数,函数名不能加括号
function msg()     {
        alert ("Hello, the WEB world!");     }
</script>
<p id="demo">Click Here</p>
```

说明:

- 程序中的"对象.事件名"后只能接函数名,绝对不能接函数名带括号。例如 demo.onclick=msg 绝对不能写成 demo.onclick=msg(),因为函数名表示调用函数,而函数名带括号表示运行函数。

- demo.onclick=msg；可放在 window.onload= function(){…}语句外，因为单击事件发生时网页肯定已载入完毕了。

（3）用事件监听程序调用有参函数。

通过例 8-6 已经知道，“对象.事件名”后只能接函数名，不能加括号，这对无参函数没什么问题。但如果是有参函数，其括号内有参数无法省略，怎么调用呢？方法是：把有参函数放在一个匿名函数中调用。

【例 8-7】 用事件监听程序调用有参函数示例。

```
<script>
window.onload= function(){                      //表示在网页载入完毕后执行函数
    var demo = document.getElementById("demo");
demo.onclick=function(){msg("张三");} }     //调用有参函数的方法
function msg(sname)    {
        alert ("Hello,"+sname);    }
</script>
<p id="demo">Click Here</p>
```

8.3 JavaScript DOM 编程

通常把使用 JavaScript 程序操纵 HTML 元素的编程称为 JavaScript DOM 编程。

8.3.1 动态效果的实现

很多网页中都存在一些动态效果，比如光标滑动到某个文本或图像上时，文本或图像会发生变化，或者消失，或者变大、变小等，这些都是用 JavaScript 程序实现的。编写动态效果程序的一般步骤是：① 找到要实现动态效果的对象（网页元素）；②为其添加事件；③编写事件处理函数；④在事件处理函数中通过改变网页元素的属性或内容实现动态效果。

【例 8-8】 当光标滑动到标题文字上时，标题文字和它下方的图片就会发生变化，效果如图 8-2 所示，代码如下。

```
<h2 id="tit">会变的图片</h2>
<img src="images/pic1.jpg" id="pic1"/>
<script>                                          //必须写在 pic1 元素后面
var img1 = document.getElementById("pic1");    //获取 id 为 pic1 的元素
var tit = document.getElementById("tit");      //获取 id 为 tit 的元素
tit.onmouseover=change;                 //当光标滑动到 tit 元素上时调用 change 函数
function change(){
    img1.src="images/pic2.jpg";      //设置 img1 的 src 属性为另一张图片
    tit.innerHTML="看到变化了吗";     //设置 tit 的内容为另一个文本
}</script>
```

下面分别讲述编写动态效果程序时每一步的实现方法。

图 8-2 光标滑动到标题上时文字和图片发生变化

8.3.2 获取指定元素

在 JavaScript 中,通常根据 HTML 元素的 id、name 或标记名获取指定的元素,并返回一个 DOM 对象(或数组)。document 对象提供了 4 个相关方法,如表 8-3 所示。

表 8-3 获取 HTML 元素对象的方法

方 法	描 述	返回值类型
getElementById( )	返回拥有指定 Id 属性的元素	对象
getElementsByName( )	返回拥有指定 name 属性的元素集合	数组
getElementsByTagName( )	返回拥有指定标记名的元素集合	数组
getElementsByClassName( )	返回拥有指定 class 属性值的元素集合	数组

其中,getElementById( )是最常用的方法,只要给 HTML 元素设置了 id 属性,就可用该方法访问元素。其他 3 个方法由于返回的是数组,要使用它们获取单个 HTML 元素,必须添加数组下标,例如:

```
var tj=document.getElementsByName("tj")[1]; //获取第 2 个 name 属性为 tj 的元素
var mul=document.getElementsByTagName("ul")[0]; //获取第一个<ul>标记的元素
```

1. 添加事件

在获取了要发生交互效果的 HTML 元素后,就可给它添加事件。添加事件可采用 HTML 事件属性或事件监听程序。推荐使用事件监听程序,以实现 HTML 代码与 JavaScript 代码的分离。例如:

```
var tit = document.getElementById("tit");          //获取 id 为 tit 的元素
tit.onmouseover=change;                  //为 tit 元素添加事件,并设置事件处理函数
```

接下来就可编写事件处理函数,在事件处理函数中,动态效果一般是通过改变 HTML 元素的内容、属性或 CSS 属性实现的。

2. 访问元素的 HTML 属性

当获取到指定的 HTML 元素(DOM 对象)后,就可使用“DOM 对象.属性名”访问元

素的 HTML 属性了。该属性是可读写的,读取和设置元素的 HTML 属性的方法是:

```
变量= DOM 对象.属性名                //读取元素的 HTML 属性
DOM 对象.属性名=属性值              //设置元素的 HTML 属性
```

【例 8-9】 当光标滑动到文字上(p 元素)时,改变该元素的 align 属性,使文字左右跳动,效果如图 8-3 所示,代码如下。

图 8-3 文字左右移动效果

```
<p id="mov" align="left">跳动的文字</p>
<script>                                                    //必须写在 mov 元素后面
var mov = document.getElementById("mov");                  //获取 id 为 mov 的元素
mov.onmouseover=change;                       //当光标滑动到 mov 元素上时调用 change 函数
function change(){
    if(mov.align=="left"){                                  //读取 mov.align 属性并比较
mov.align="right";}                                         //设置 mov.align 属性的值
    else mov.align="left";      }
</script>
```

提示:本例中,mov.align 也可写为 this.align,在 JavaScript 中,如果 this 放置在函数体内,那么 this 指代调用该函数的事件前的对象。

8.3.3 访问元素的 CSS 属性

访问元素的 CSS 属性可以使用"DOM 对象.style.CSS 属性名"的方法。该 CSS 属性也是可读写的。读取和设置元素的 CSS 属性的方法如下。

```
变量= DOM 对象. style.CSS 属性名             //读取元素的 CSS 属性
DOM 对象.style.CSS 属性名=属性值             //设置元素的 CSS 属性
```

【例 8-10】 如图 8-4 所示,当光标滑动到文字"沙漠古堡"上时,第一张图片会变大,同时第二张图片会消失,代码如下。

图 8-4 图片变大或消失的效果

```
<html><body>
<b id="tit">沙漠古堡</b> <b id="tit2">天山冰湖</b><br>
<img src="images/pic1.jpg" id="pic1" width="75"/>
<img src="images/pic2.jpg" id="pic2" width="75"/>
<script>                                          //必须写在 HTML 元素后面
var pic1 = document.getElementById("pic1");      //获取 id 为 pic1 的元素
var pic2 = document.getElementById("pic2");      //获取 id 为 pic2 的元素
var tit = document.getElementById("tit");        //获取 id 为 tit 的元素
tit.onmouseover=change;      //当光标滑动到 tit 元素上时调用 change 函数
function change(){
pic2.style.display="none";                        //隐藏 pic2
pic1.style.width="140px";                         //设置 pic1 的宽度值,使它变大
pic1.style.borderLeft="10px solid red";    }      //设置 pic1 的左边框值
</script>
</body></html>
```

访问元素 CSS 样式,需注意以下几点。

- CSS 样式设置必须符合 CSS 规范,否则该样式会被忽略。
- 如果样式属性名称中不带“-”号,例如 color,则直接使用 style.color 就可访问该属性值;如果样式属性名称中带有“-”号,例如 font-size,则对应的 style 对象属性名称为 fontSize。转换规则是去掉属性名称中的“-”,再把后面单词的第一个字母大写。又如 border-left-style,对应的 style 对象属性名称为 borderLeftStyle。
- 对于 CSS 属性 float,不能使用 style.float 访问,因为 float 是 JavaScript 的保留字,要访问该 CSS 属性,在 IE 8 中应使用 style.styleFloat,在其他浏览器中应使用 style.cssFloat。
- 使用 style 对象只能读取到元素的行内样式,而不能读取元素所有的 CSS 样式。如果将 HTML 元素的 CSS 样式改为嵌入式,那么 style 对象是访问不到的。因此,style 对象获取的属性与元素最终显示效果并不一定相同,因为可能还有非行内样式作用于元素。
- 如果使用 style 对象设置元素的 CSS 属性,而设置的 CSS 属性和元素原有的任何 CSS 属性冲突,由于 style 会对元素增加一个行内 CSS 样式属性,而行内 CSS 样式的优先级最高,因此通过 style 设置的样式一般为元素的最终样式。

8.3.4 访问元素的内容

如果要访问或设置元素的内容,一般使用 innerHTML 属性。innerHTML 可以将元素的内容(位于起始标记和结束标记之间)改变成其他任何内容(如文本或 HTML 元素)。innerHTML 虽然不是 DOM 标准中定义的属性,但大多数浏览器都支持,因此不必担心浏览器兼容问题。

【例 8-11】 如图 8-5 所示,勾选表单中的复选框,将在 span 元素中添加内容(文字和文本框)。若取消勾选,则清空 span 元素的内容,代码如下。

图 8-5　利用 innerHTML 修改元素的内容

```
<form name="userInfo" method="post" action="">您有小孩吗？有：
<input type="checkbox" name="hasBoy" id="hasBoy" value="1" onclick=
"check()" />
<span id="add"> </span></form>
<script>
function check(){
var hasboy=document.forms["userInfo"].hasBoy;
var add=document.getElementById("add");          //获取 add 元素
if(hasboy.checked)
    add.innerHTML="有几个<input type='text' name='textfield' />";
elseadd.innerHTML="";}                            //设置 add 元素的内容
</script>
```

8.4　使用浏览器对象

JavaScript 是运行在浏览器中的，因此提供了一系列对象用于与浏览器进行交互。这些对象主要有 window、document、location、history 和 screen 等，它们统称为 BOM（Browser Object Model，浏览器对象模型）。

window 对象是整个 BOM 的核心，所有其他对象和集合都以某种方式与 window 对象关联，如图 8-6 所示。

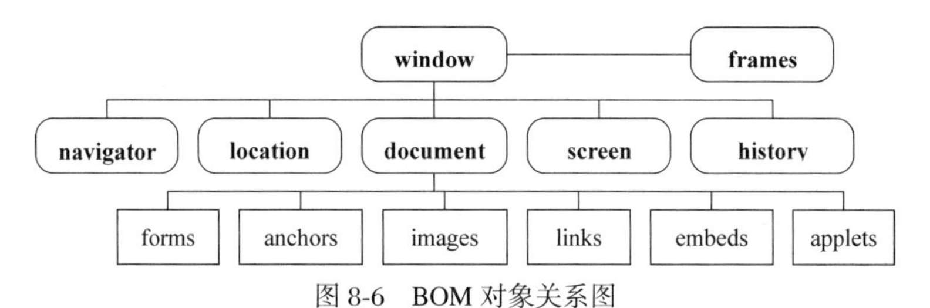

图 8-6　BOM 对象关系图

下面介绍几个常用对象的含义和用途。

1. document 对象

document 对象表示网页文档，该对象具有很多集合，如 forms、links、images 等，分别表示网页中所有的表单、超链接和图像等集合。因此，访问表单和表单中的元素可以使用 forms 集合，例如：

```
document.forms[0].user.value;    //网页第一个表单中 name 属性为 user 元素的
                                   value 值
document.forms["data"].mail;     //名称为 data 的表单中 name 属性为 mail 的元素
```

document 对象还具有 write 方法,用来向网页中动态输出文本,例如:

```
<script>document.write ("这是第一行"+"<br />");
</script><!--在网页中输出一行文本-->
```

但要注意的是,document.write 方法只能在文档尚未载入到浏览器时输出文本,如果文档已载入完毕,则 document.write 会清空当前文档内容再输出。

【例 8-12】 document.write 会清空当前文档内容再输出,示例如下。

```
<script>
function msg () {
    document.write("Hello!") ;    }          //输出时会清空原网页内容
</script>
<p onclick="msg()">Click Here</p>
```

由于单击 p 元素时,文档内容已载入完毕,所以单击时,原网页内容会被清空,再输出字符串“Hello!”。因此,document. write 方法不适合在程序调试时输出中间结果,在 JavaScript 中,这个任务一般由 alert 方法完成。

2. location 对象

location 对象表示浏览器的 URL 地址,该对象主要用来设置或分析浏览器的 URL,使浏览器发生转向。例如,要使浏览器跳转到 login.htm 页面,代码如下。

```
<script>location.href = "login.htm";</script>
```

其中 location.href 是最常用的属性,用于获得或设置窗口的 URL,改变该属性的值就可以导航到新的页面。实际上,DW 中的跳转菜单就是采用下拉菜单结合 location.href 属性实现的。

【例 8-13】 一个跳转菜单的示例。跳转菜单最好放在<form>标签中,可兼容各种浏览器。

```
<select name="select" onchange="location.href=this.options[this.
selectedIndex].value">
        <option>请选择需要的网址</option>
        <option value="http://www.sohu.com">搜狐</option>
        <option value="http://www.sina.com">新浪</option>
</select>
```

如果不希望跳转后用户可以用“后退”按钮返回原来的页面,可以使用 replace( )方法,该方法也能转到指定的页面,但不能返回到原来的页面了,这常用在注册成功后禁止用户后退到填写注册资料的页面,例如:

```
<p onclick="location.replace('http://www.sohu.com');">搜狐</p>
```

可以发现,转到新页面后,“后退”按钮变成灰色了。

3. history 对象

history 对象主要用来控制浏览器后退和前进。它可以访问历史页面,但不能获取到历史页面的 URL。下面是 history 对象的一些用法。

```
history.back();                        //浏览器后退一页,等价于 history.go(-1);
history.forward();                     //浏览器前进一页,等价于 history.go(1);
history.go(0);                         //刷新当前网页,等价于 location.reload();
document.write(history.length);        //输出浏览历史的记录总数
```

4. window 对象

window 对象对应浏览器的窗口,使用它可以直接对浏览器窗口进行各种操作。window 对象提供的主要功能可分为 5 类:①调整窗口的大小和位置;②打开新窗口或关闭窗口;③产生系统对话框;④状态栏控制;⑤定时操作。

【例 8-14】 window 对象应用的几个例子。

```
window.open("pop.html", "new", "width=400,height=300");  //打开一个新窗口
window.moveTo(200, 300) ;                                //移动窗口到指定坐标位置
window.close ();                                         //关闭当前窗口
window.status="看看状态栏中的文字变化了吗?";                 //修改状态栏内容
```

5. 系统对话框

window 对象有 3 个生成系统对话框的方法,分别是 alert([msg])、confirm([msg]) 和 prompt([msg][, default])。由于 window 对象可以省略,因此一般直接写方法名。

(1) alert 方法用于弹出警告框,在框中显示参数 msg 的值,其效果如图 8-1 所示。

(2) confirm 方法用于生成确认提示框,其中包括"确定"和"取消"按钮。当用户单击"确定"按钮时,该方法将返回 true;单击"取消"按钮时,则返回 false,其效果如图 8-7 所示。

【例 8-15】 系统对话框应用综合示例。

```
if (confirm("确实要删除吗?"))          //弹出确认提示框
    alert("图片正在删除…");
else alert("已取消删除!");
```

(3) prompt 方法用于生成消息提示框,它可接受用户输入的信息,并将该信息作为函数的返回值。该方法接受 2 个参数:第一个参数是显示给用户的文本;第二个参数为文本框中的默认值(可为空)。

【例 8-16】 消息提示框应用示例,其效果如图 8-8 所示。

```
var nInput= prompt ("请输入:\n 你的名字","");         //弹出消息提示框
if(nInput!=null)                  //如果用户输入的值不为空
document.write("Hello! "+nInput);
```

图 8-7 确认提示框 confirm()

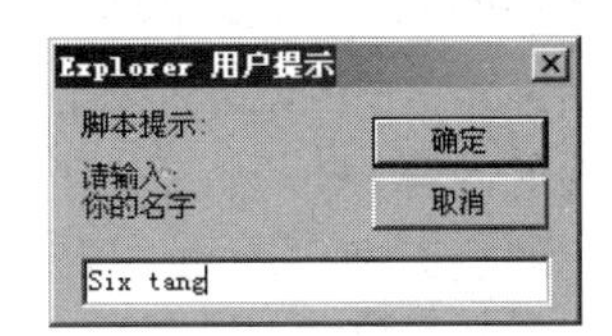

图 8-8 消息提示框 prompt()

6. 定时函数

window 对象提供了两个定时函数,它们是 setInterval( )和 setTimeout( )。定时函数是 JavaScript 制作网页动画效果的基础,例如网页上的漂浮广告,就是每隔几毫秒更新一下漂浮广告的显示位置。下面分别介绍这两个函数。

(1) setInterval( )函数用于每隔一段时间执行指定的代码。需要注意的是,它会创建间隔 ID,若不取消,将一直执行,直到页面卸载为止。因此,如果不需要了,应使用 clearInterval 取消该函数,以防止它占用不必要的系统资源。

图 8-9 时钟显示效果

【例 8-17】 制作数字时钟,利用 setInterval( )周期性地执行显示当前时间的脚本,就可在页面上显示不停走动的时钟,其效果如图 8-9 所示,代码如下。

```
<body onload="init()">
<div id="clock"></div>
<script>
var clock=document.getElementById("clock");   //用于获取 clock 元素
function disp() {
//将时间显示在 clock 的 div 中,new Date()用于获取系统时间,并转换为本地格式
    clock.innerHTML = "<b>"+(new Date()).toLocaleString()+"</b>"; }
function init() {
     setInterval(disp, 1000);    // 每隔 1s 执行一次 disp()    }
</script></body>
```

(2) setTimeout( )函数用于在一段时间之后执行指定的代码,这可用于某些需要延时的场合。如果通过递归调用,该函数也能实现周期性地执行脚本。

8.5 jQuery 基础

jQuery 是一个快速简洁的 JavaScript 框架,它可以简化 HTML 文档的元素选取,事件处理、动画及 Ajax 交互,快速开发 Web 应用。

8.5.1 jQuery 的功能和使用

jQuery 设计的目的是让开发人员简化 JavaScript 代码的编写,jQuery 能满足以下需求:

- 取得页面中的元素,这是 jQuery DOM 操作的基础功能。
- 修改页面元素的外观,这主要通过修改元素的 CSS 属性或 HTML 属性实现。
- 修改页面的内容,jQuery 提供了 html( )和 text( )等函数实现这一功能。
- 响应用户的页面操作,jQuery 提供了完善的事件绑定和处理机制。

jQuery 官网(http://jquery.com)提供了最新版本的 jQuery 下载,单击首页上的“Download jQuery”即可下载。通常只下载最小的 jQuery 包(Minified)即可。目前最新

的版本是 3.6.4,jQuery 的各种版本不完全兼容。

jQuery 是一个轻量级(Lightweight)的 JavaScript 框架,所谓轻量级,是说它根本不需要安装,因为 jQuery 实际上就是一个外部 js 文件,使用时直接将该 js 文件用<script>标记链接到自己的页面中即可,代码如下。

```
<script src="jquery.min.js"></script>
```

引入 jQuery 框架文件后,就可以使用 jQuery 的选择器和各种函数功能了。

【例 8-18】 第一个 jQuery 程序。

```
<script src="jquery.min.js"></script>          <!--引入 jQuery 环境-->
<script>
$(document).ready(function(){  //等待 DOM 文档载入后执行,类似于 window.onload
   alert("Hello World!");       //弹出一个对话框
});
</script>
```

8.5.2 jQuery 中的“$”

在 jQuery 中,最频繁使用的是“$”,它能提供各种各样的功能,包括选择页面中的元素、作为功能函数前缀、创建页面的 DOM 节点等。

jQuery 中的“$”等同于“jQuery”,例如 $("h2")等同于 jQuery("h2"),为了简写,一般采用“$”代替“jQuery”。“$”的功能主要有以下几方面。

1. “$”用作选择器

在 CSS 中,选择器的作用是选中页面中的匹配元素,而 jQuery 中的“$”作为选择器,同样可选中匹配的单个元素或元素集合。

例如,在 CSS 中,“h2>a”表示选中 h2 的所有直接下级元素 a,而在 jQuery 中同样可以通过如下代码选中这些元素,作为一个对象数组,供 JavaScript 调用。

```
$("h2>a")              //jQuery 的子选择器,引号不能省略
```

jQuery 支持所有 CSS 3 的选择器,也就是说,可以把任何 CSS 选择器都写在 $(" ")中,例如子选择器“h2>a”,把它转换成 jQuery 选择器就是 $("h2>a"),示例代码如下。

【例 8-19】 用 jQuery 选择器实现 CSS 选择器的功能。

```
<script src="jquery.min.js"></script>    <!--引入 jQuery 环境-->
<script>
    $(document).ready(function(){      //页面载入后执行
        $("h2>a").css("color","red");
        $("h2>a").css("textDecoration","none");
  });
</script>
```

使用 jQuery 选择器设置 CSS 样式需要注意以下两点。

- CSS 属性应写成 JavaScript 中的形式,如 text-decoration 写成 textDecoration。

- 如果要在一个jQuery选择器中同时设置多条CSS样式,可以写成键值对的形式:

```
$("h2>a").css({color:"red",textDecoration:"none"});
```

jQuery选择器在选中元素后还可以为该元素添加行为,例如:

```
$("#buttonid").click(function() { alert("你单击了按钮"); }
```

这就是通过jQuery的id选择器选中了某个按钮,接着为它添加单击时的行为。

还可以通过jQuery选择器获取元素的HTML属性,或修改HTML属性,方法如下。

```
$("a#somelink").attr("href");             //获取元素的href属性值
$("a#somelink").attr("href","dem.html");//将元素的href属性设置为dem.html
```

2. “$”用作功能函数前缀

jQuery中提供了一些全局函数,这些全局函数以“$.”作为前缀。例如,$.each()函数可用来对数组或jQuery对象中的元素进行遍历。

【例8-20】 用$.each()函数遍历数组,运行效果如图8-10所示。

```
$.each([1,2,3],function(index,value)  {  //用$.each()函数遍历数组[1,2,3]
    document.write("<br>a["+index+"]="+value); });
```

说明:

(1)由于$.each()函数用来遍历数组或对象,因此它的语法有如下两种形式。

```
$.each(对象, function(属性, 属性值){…});
$.each(数组, function(元素序号, 元素的值){…});
```

$.each()函数的第1个参数为需要遍历的对象或数组,第2个参数为一个函数function,该函数为集合中每个元素都要执行的函数,它可以接受两个参数,第1个参数为数组元素的序号或者是对象的属性,第2个参数为数组元素或者属性的值。

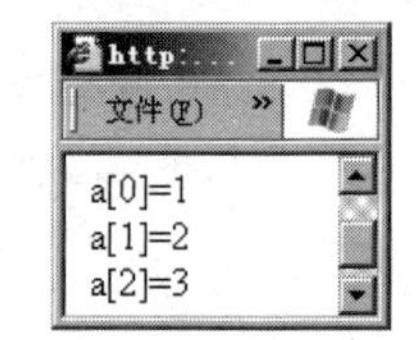

图8-10 用$.each()函数遍历数组

(2)调用$.each()时,对于数组和类似数组的对象(具有length属性,如函数的arguments对象),将按序号从0到length-1进行遍历;对于其他对象,则通过其命名属性进行遍历。

(3)此处的$.each()函数与前面的jQuery方法有明显的区别,jQuery选择器拥有的方法都需要通过一个jQuery对象进行调用(如$("#buttonid").click),而$.each()函数没有被任何jQuery对象所调用,通常称这样的函数为jQuery全局函数。

(4)$.each()函数不同于each()函数,后者仅能用来遍历jQuery对象。可以利用each()函数配合this关键字批量设置或获取DOM元素的属性。each()的用法见例8-21。

【例8-21】 页面如图8-11所示,首先利用$("img")获取页面中所有img元素的集合,然后通过each()方法遍历这个图片集合。通过this关键字设置页面上四个空<img />元素的src属性和title属性,使这四个空的<img />标记显示图片和提示文字,运行效果如图8-11所示。

```
$(function(){              // $(document).ready(function(){的缩写形式
    $("img").each(function(i){                   // each()函数遍历 img 元素的集合
        this.src = "pic" + (i+1) + ".jpg";    //this 等价于 $("img")[n]
        this.title = "这是第" + (i+1)+ "幅图";
    });    });
<img /><img /><img /><img />     <!--用 each 方法设置它们的属性-->
```

图 8-11　each( )方法

提示：例 8-21 代码中的 this 指代的是 DOM 对象而非 jQuery 对象，如果想得到 jQuery 对象，可以用 $(this)。

3. 用作 $(document). ready( )解决 window.onload 函数冲突

jQuery 中的 $(document). ready( )函数替代了 JavaScript 中的 window.onload 函数。

其中(document)是指整个网页文档对象(即 JavaScript 中的 window. document 对象)，那么 $(document).ready 事件的意思是：在文档对象就绪时触发。

$(document).ready( )不仅可以替代 window. onload 函数的功能，而且比 window. onload 函数具有更多的优越性，下面来比较它们两者的区别。

例如，要将 id 为 loading 的图片在网页加载完成后隐藏起来，window. onload 的写法是：

```
function hide(){
    document.getElementById("loading").style.display="none";}
window.onload=hide;          //注意,hide 不能写成 hide()
```

由于 window.onload 事件会使 hide( )函数在页面(包括 HTML 文档和图片等其他文档)完全加载完毕后才开始执行，因此在网页中 id 为 loading 的图片会先显示出来，等整个网页加载完成后执行 hide 函数才会隐藏。而 jQuery 的写法是：

```
$(document).ready(function(){
    ("#loading").css("display","none");
})
```

jQuery 的写法则会使页面仅加载完 DOM 结构后就执行(即加载完 HTML 文档后)，由于还没加载图像等其他文件就执行 ready( )函数，会给图像添加"display：none"的样式，因此 id 为 loading 的图片不可能显示。

所以：$(document). ready( )比 window.onload 载入执行更快。

如果该网页的 html 代码中没有 id 为 loading 的元素，那么 window.onload 函数中的 getElementById(" loading")会因找不到该元素而导致浏览器报错。所以，为了容错，最好

将代码改为

```
function hide(){
if(document.getElementById("loading")){
    document.getElementById("loading").style.display="none";
}}
```

jQuery 的 $(document). ready()则不需要考虑这个问题,因为 jQuery 已经在其封装好的 ready()函数代码中做了容错处理。

由于页面的 HTML 框架需要在页面完全加载后才能使用,因此在 DOM 编程时 window.onload 函数被频繁使用。若页面中有多处都需要使用该函数,则会产生冲突。而 jQuery 采用 ready()方法很好地解决了这个问题,它能自动将其中的函数在页面加载完成后运行,并且在一个页面中可以使用多个 ready()方法,不会发生冲突。

总之,jQuery 中的 $(document). ready()函数有以下三大优点。

- 在 DOM 文档载入后就执行,而不必等待图片等文件载入,执行速度更快;
- 找不到 DOM 中的元素时,能够自动容错;
- 在页面中多个地方使用 ready()方法不会发生冲突。

4. 创建 DOM 元素

在 jQuery 中通过使用"$"可以直接创建 DOM 元素。

【例 8-22】 用"$"创建一个段落,并设置其 align 属性以及内容。

```
var newP = $("<p align='center'>王船山诞辰 400 周年</p>");
```

这条代码等价于如下的 JavaScript 代码:

```
var newP =document.createElement("p");
var text=document.createTextNode("王船山诞辰 400 周年")
newP.appendChild(text);
```

可以看出,用"$"创建 DOM 元素比 JavaScript 要方便得多。但要注意的是,创建 DOM 元素后,还要用下面的方法将该元素插入到页面的某个具体位置上,否则浏览器不会显示这个新创建的元素。

```
newP.insertAfter("#chapter");      //将 newP 元素插到#chapter 元素之后
```

8.5.3 jQuery 对象与 DOM 对象

当使用 jQuery 选择器选中某个或某组元素后,实际上就创建了一个 jQuery 对象。jQuery 对象通过 jQuery 包装 DOM 对象后产生的对象。但 jQuery 对象和 DOM 对象是有区别的,例如:

```
$("#qq").html();                //获取 id 为 qq 的元素内的 HTML 代码
```

这条代码等价于:

```
document.getElementById("qq").innerHTML;
```

1. jQuery 对象转换成 DOM 对象

也就是说,如果一个对象是 jQuery 对象,那么它就可以使用 jQuery 里的方法,例如 html( )就是 jQuery 里的一个方法。但 jQuery 对象无法使用 DOM 对象中的任何方法,同样 DOM 对象也不能使用 jQuery 里的任何方法。因此,下面的写法都是错误的。

```
$("#qq).innerHTML;                       //错误写法
document.getElementById("qq").html();   //错误写法
```

但如果 jQuery 没有封装想要的方法,不得不使用 DOM 方法的时候,有如下两种方法将 jQuery 对象转换成 DOM 对象。

① jQuery 对象是一个数组对象,可以通过添加数组下标的方法得到对应的 DOM 对象,例如 $("#msg")[0],就将 jQuery 对象转变成了一个 DOM 对象。

② 使用 jQuery 中提供的 get( )方法得到相应的 DOM 对象,例如 $("#msg").get(0)。

下面是一些 jQuery 对象转换为 DOM 对象的例子。

```
$("#msg")[0].innerHTML;                 //添加下标转换成 DOM 对象
$("h2>a").eq(0)[0].innerHTML;           //添加下标转换成 DOM 对象
$("h2>a").get(0).innerHTML;             //采用 get(n)方法直接返回 DOM 对象
```

2. DOM 对象转换成 jQuery 对象

相应地,DOM 对象也可以转换成 jQuery 对象,用 $( )把 DOM 对象包装起来就可以获得一个 jQuery 对象,从而能使用 jQuery 中的各种方法,例如:

```
$(document.getElementById("msg")).html();      //jQuery 对象
$("#msg").html();                    //jQuery 对象
$("h2>a").eq(0).html();              //eq(n)方法返回的仍然是 jQuery 对象
```

3. jQuery 对象的链式操作

jQuery 对象的一个显著优点是支持链式操作。所谓链式操作,是指基于一个 jQuery 对象的多数操作将返回该 jQuery 对象本身,从而可以直接对它进行下一个操作。例如,对一个 jQuery 对象执行大多数方法后将返回 jQuery 对象本身,因此,可以对返回的 jQuery 对象继续执行其他方法。

【例 8-23】 jQuery 对象的链式操作举例。

```
$(function(){     // $(document).ready(function(){的简写形式
$("p").click(function(){alert($(this).html())})//设置 click 事件的处理函数
.mouseover(function(){alert('mouse over event')})
//设置 mouseover 事件的处理函数
.text($("p").eq(0).text()+"好啊")                     //设置元素中的文本内容
.each(function(i){this.style.color=['#f00','#0f0','#00f'][i]})
//设置前 3 个元素的颜色
});
<p id="jp">移进来!</p><p id="jp2">移进来!</p><p>移进来!</p>
```

显然,通过上述链式操作,可以避免不必要的代码重复,使jQuery代码非常简洁。其中['#f00','#0f0','#00f']是一个JavaScript数组,给数组加下标就能得到该数组中的某个元素。.text($("p").eq(0).text()+"好啊")表示设置选中元素的文本内容为第一个p元素的文本内容再连接一个字符串常量。

8.5.4 jQuery的选择器

要使某个动作应用于特定的HTML元素,需要有办法找到这个元素。在jQuery中,执行这一任务的方法称为jQuery选择器。选择器是jQuery的根基,在jQuery中,对事件进行处理,遍历DOM和Ajax操作都依赖于选择器。因此,很多时候,编写jQuery代码的关键就是怎样设计合适的选择器选中需要的元素。jQuery选择器把网页的结构和行为完全分离。利用jQuery选择器,能快速地找出特定的HTML元素并得到一个jQuery对象,然后就可以给对象添加一系列的动作行为。

jQuery的选择器主要有三大类,即CSS 3的基本选择器、CSS 3的层次选择器和反向过滤选择器。

1. CSS 3的基本选择器

CSS 3的基本选择器包括标记选择器、类选择器、id选择器、通配符、交集选择器、并集选择器。写法就是把原来的CSS选择器写在$(" ")内,例如:

```
$("p")、$(".c1")、$("#one")、$("*")、$("p.c1")、$("h1,#one")
```

如果选择器选择的结果是元素的集合,则可以用eq(n)选择集合中的第n+1个元素。例如,要改变第一个p元素的背景色为红色,可用下面的代码:

```
$("p").eq(0).css("backgroundColor","red");    //eq(0)选择集合中的第1个元素
```

提示: jQuery中没有伪类选择器(如E:hover),但提供了hover()方法模拟该功能。

2. CSS 3的层次选择器

CSS 3的层次选择器包括后代选择器、子选择器、相邻选择器、弟妹选择器,例如:

```
$("#onep")、$("#one>p")、$("h1+p")、$("h1~p")
```

其中,弟妹选择器如$("h1~p")和相邻选择器如$("h1+p")都只能选中元素后面的兄弟元素。如果要选中某个元素前面和后面的兄弟元素,可以使用jQuery中的siblings()方法,它的选取范围与前后位置无关,只要是同辈元素就可以选取。

3. 反向过滤选择器

在过滤选择器中,:not(filter)是一个很有用的选择器,其中filter可以是任意其他的位置选择器或过滤选择器。例如,要选中input元素中的所有非radio元素,选择器如下。

```
$("input:not(:radio)")
```

选中页面中除第一个p元素外的所有p元素,可以这样:

```
$("p:not(:first)")
```

需要注意的是，:not(filter)的参数 filter 只能是位置选择器或过滤选择器，不能是基本选择器，例如下面是一个典型的错误。

```
$("div:not(p:first)")
```

8.5.5　jQuery 的事件绑定

jQuery 1.7 以上版本中提供了 on( )方法，用于绑定事件处理程序到当前选定的 jQuery 对象中的元素。on( )方法提供了绑定事件处理程序所需的所有功能，因此官方使用 on( )方法取缔了 1.7 以前版本中的 bind( )、live( )和 delegate( )方法。

【例 8-24】　给 btn 按钮绑定 click 事件，当单击该按钮时，div 中会添加一个 p 元素。

```
<script>
 $("div").on("click","#btn",function(){
     $("div").append("<p>这是一个新的 p 元素</p>");  })
</script>
<div><button id="btn">添加新的 p 元素</button>
  <p>第一个 p 元素</p><p>第二个 p 元素</p>
</div>
```

on( )方法最多有 4 个参数，分别是事件名、选择器、发送的数据、事件处理函数，语法如下：

```
.on( events [, selector ] [, data ], handler(eventObject) )
```

如果事件比较简单，也可直接写事件处理函数，例 8-24 中的 js 代码等价于如下代码：

```
$("#btn").click(function(){
    $("div").append("<p>这是一个新的 p 元素</p>");  });
```

在需要为较多的元素绑定事件时，应优先考虑 on( )方法事件委托，这可以带来性能上的好处。

【例 8-25】　为页面上的所有 p 元素统一绑定 3 个事件。

```
$("p").on({
  mouseover:function(){ $(this).css("background-color","lightgray");},
  mouseout:function(){ $(this).css("background-color","lightblue");},
  click:function(){ $(this).css("background-color","yellow");}
});
```

8.5.6　jQuery 中的常用方法

下面介绍几种 jQuery 中最常使用的方法。

1. find( )方法

find( )方法可以通过查询获取新的元素集合，通过匹配选择器筛选元素，例如：

```
$("div").find("p");
```

这条代码表示在所有div元素中搜索p元素,获得一个新的元素集合,它完全等同于以下代码:

```
$("p", $("div"));
```

2. hover方法

hover(fn1,fn2):一个模仿悬停事件(光标移入然后移出某个对象)的方法。当光标移到一个匹配的元素上时,会触发指定的第一个函数;当光标移出这个元素时,会触发指定的第二个函数。

【例8-26】 当光标滑动到某个单元格上,单元格发生变色的效果。

```
<style>    .hover{background-color: #9CF;}</style>
<script src="jquery.min.js"></script>
<script>
 $(document).ready(function(){
 $("td").hover(              //使用hover方法,接收两个参数
   function () { $(this).addClass("hover");  },
   function () { $(this).removeClass("hover");
   }); });
</script>
```

3. toggleClass方法

toggleClass方法用于切换元素的样式。选中的元素集合中的元素如果没有使用样式'class',则对该元素加入样式'class';如果已经使用了该样式,则从该元素中删除该样式。可以将上述单元格变色的代码用toggleClass方法改写,具体如下。

【例8-27】 用toggleClass方法实现例8-26中的效果。

```
 $(document).ready(function(){
 $("td").hover(
   function () { $(this).toggleClass("hover");  }, //如果没有hover类,则添加
   function () { $(this).toggleClass("hover");  });  });
```

8.5.7 jQuery应用举例

jQuery提供了一些方法用来实现动画效果,其中fadeIn和fadeOut方法可实现淡入淡出效果的动画。下面举两个例子。

1. 带动画效果的"回到顶部"图标

【例8-28】 如图8-12所示,当单击"回到顶部"图标时,页面逐渐滚动到顶部,并且到达顶部时,"回到顶部"图标以淡出方式消失。当页面滚动到下方时,又会以淡入方式显示"回到顶部图标"。

```
#totop {
   position: fixed; width:64px; height:64px;bottom: 10%; right: 16px; z-
index: 99;
```

```
    display:none;          /*初始时不显示*/}
<a href="javascript:void(0)"  id="totop"><img src="images/toTop.gif">
</a>
<script>
 $(function () {
 $(window).scroll(function(){
    if ( $(window).scrollTop()>500)   //如果网页滚动超过 500 像素
        $("#totop").fadeIn(500);      //则显示返回顶部按钮
    else $("#totop").fadeOut(500);
}); })
 $("#totop").click(function(){
if ( $(' html' ).scrollTop()) {       //如果网页的 scrollTop 值不为 0
    $(' html' ).animate({ scrollTop: 0 }, 1000);  return false;  }
 $(' body' ).animate({ scrollTop: 0 }, 1000);  return false;
});
</script>
```

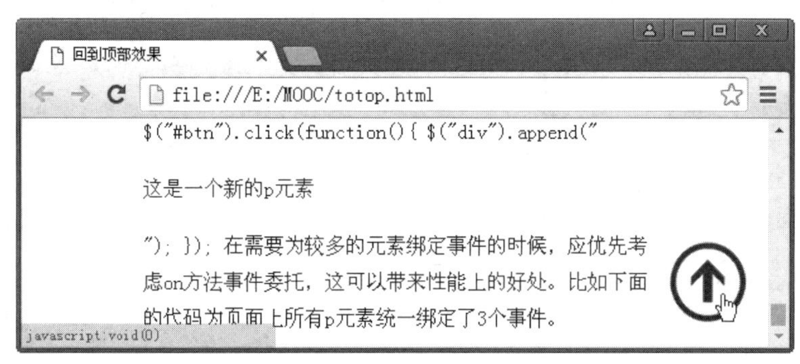

图 8-12　回到顶部效果

2. 图片滚动栏

【例 8-29】 图 8-13 所示的图片滚动栏在各种网站上经常可看到，具有较高的实用价值。制作图片滚动栏的思路是：把所有图片项组织成一个无序列表，则每个列表项 li 元素就表示一个图片项，对 li 元素设置浮动，使所有图片项水平排列。设置 ul 元素的宽度等于或大于所有要滚动的图片的宽度之和（使所有图片不换行），再在 ul 外包裹一个 div 元素，设置该 div 的溢出属性为隐藏。结构代码如下。

图 8-13　图片滚动栏

```
<div class="gallery">
<ul class="piclist">
    <li><a href="#"><img src="uploads/1.jpg"></a><span>第十届…</span>
</li>
    <li><a href="#"><img src="uploads/2.jpg"></a><span>获奖人员</span>
</li>
……
    <li><a href="#"><img src="uploads/5.jpg"></a><span>第二届……</span>
</li>
</ul>    </div>
```

CSS样式代码如下。

```
.gallery {  height: 170px; margin: 14px 0 0 15px;          /*定义高度和间隙*/
    overflow: hidden;}          /*设置溢出隐藏,这是关键*/
.gallery ul { width:1000px;     }
                                   /*设置宽度大于所有图片宽度的和,保证水平排列*/
.gallery ul li {
    width: 180px;    height: 170px; margin-right: 15px;
    float: left;}                  /*设置每个图片项水平排列*/
.gallery ul.piclist li a {   width: 170px;     height: 133px;   display:
block;
    border: 1px solid #ddd;     padding: 4px;}     /*为图片添加边框和填充*/
.gallery ul li a img{    width:170px;          height:133px;
        display:block; border:0;}     /*确保在IE 8下图片没有默认边框*/
.gallery ul li span{  line-height:27px; text-align:center;
color:#2a2a2a; display:block;font-size:14px;  /*下面三条设置文本自动隐藏*/
text-overflow:ellipsis;white-space:nowrap; overflow:hidden; }
.gallery ul li a:hover{ border:1px solid #5abfff}  /*hover时改变边框颜色*/
.gallery ul li span:hover{ color:#F60; text-decoration:none; cursor:
pointer}
```

最后,添加jQuery代码,使图片滚动栏能滚动起来,代码如下。

```
<script src="js/jquery.min.js"></script>
<script>
function autoScroll(obj){
    $(obj).find("ul").animate({
        marginLeft : "-191px"
    },400,function(){
        $(this).css({marginLeft : "0px"}).find("li:first").appendTo(this);
    })  }
 $(function(){  setInterval('  autoScroll(".gallery")'  ,3000);  })
</script>
```

8.6 Vue 基础

Vue 是一套用于构建用户界面的 JavaScript 渐进式框架。Vue 通过虚拟 DOM 技术减少对 DOM 的直接操作;通过尽可能简单的 API 实现响应的数据绑定,支持单向和双向数据绑定。与 jQuery 相比,Vue 采用了 MVVM(Model View View Model)模式,将前端代码分离为视图和数据两部分,从而不需要直接操作 DOM,并避免了视图代码和业务逻辑紧耦合在一起。

Vue 的官方网址是 https://cn.vuejs.org/,在该网址上单击“起步”→“安装”按钮,选择“开发版本”,即可自动下载 Vue.js 文件。然后,将该 Vue.js 引入当前页面中即可,代码如下。该<script>标记最好放到 head 元素中,否则页面容易出现抖屏的情况。

```
<script src="./js/vue.js"></script>
```

8.6.1 简单的 Vue 程序

为了更快地理解 Vue 程序的结构和 Vue 程序的基本要素,下面给出几个 Vue 程序。

【例 8-30】 第一个 Vue 程序,在页面上输出"Hello Vue"。

```
<!DOCTYPE html>
<html>
<head>
    <meta charset="utf-8">
    <script src="./js/vue.js"></script>
</head>
<body>
    <div id="root">{{msg}}</div>
    <script>
        new Vue({
            el: "#root",
            data: { msg: "Hello Vue" }
        })
    </script>
</body>
</html>
```

Vue 程序的基本流程如下。

① 用 new Vue()方法创建一个 Vue 的实例。

② 让 Vue 实例接管页面上的某个元素。el 表示元素,#root 表示 id 为 root 的元素。这个#root 元素又称为 Vue 实例的挂载点。这样,Vue 实例就和 id 为 root 的元素绑定起来了。

③ data 表示数据,把 Vue 实例中需要使用的数据都放在 data 中。

④ {{msg}}用来将 Vue 实例中的数据 msg 绑定到元素上。这样,数据就会显示在页

面上。{{var}}叫作插值表达式。

可见,Vue 程序不涉及任何 DOM 的操作,如获取元素、设置元素内容等,而着重于定义数据变量、绑定数据等,这是 Vue 程序和原生 JavaScript 程序的明显区别。

在 Vue 实例中还可指定 template(模板)。模板指的是挂载点内部的内容。

注意:模板中只能有 1 个根元素。在实例里指定挂载点和模板后,Vue 会自动结合模板和数据生成内容,然后把内容放在挂载点中。

【例 8-31】 使用 Vue 模板。

```
<div id="root"></div>
<script>
    new Vue({
        el: "#root",
        template: '  <h1>{{msg}}</h1>'  ,
        data: { msg: "hello Vue" }
    })
</script>
```

模板还有其他两种写法,分别如例 8-32 和例 8-33 所示。

【例 8-32】 将模板写在<script>标签中。

```
<div id="root"></div>
  <script type="x-template" id="tem3">          <!--在这里写模板元素-->
      <h1>{{msg}}</h1>
  </script>
  <script>
      new Vue({
          el: "#root",
          template: '  #tem3'  ,
          data: { msg: "hello Vue" }
      })
</script>
```

【例 8-33】 将模板写在<template>标签中。

```
<div id="root"></div>
<template id="tem3">
    <h1>{{msg}}</h1>
</template>
<script>
    new Vue({
        el: "#root",
        template: '  #tem3'  ,
        data: { msg: "hello Vue" }
    })
</script>
```

这两种方法仍需要在 Vue 实例中定义 template 属性,并将其属性值设置为 template

元素的 id 值。

【例 8-34】 使用文本渲染指令 v-text 代替插值表达式。

```
    <div id="root" v-text="msg"></div>
    <script>
        new Vue({
            el: "#root",
            data: { msg: "hello Vue" }
        })
</script>
```

可见,v-text 可代替插值表达式,但 v-text 和插值表达式的区别在于:

- 如果元素中原来有内容,则 v-text 只会显示 Vue 对象 data 传递过来的数据,会替换元素中已存在的内容,而插值表达式不会替换原来的内容。
- 插值表达式在页面还没加载完成时会短暂显示“{{msg}}”,造成页面闪烁,这是因为插值表达式会显示虚拟 DOM,如果不想出现该情况,需要借助 v-cloak 遮罩指令。而 v-text 不会显示虚拟 DOM,因此不存在该问题。

8.6.2 Vue 绑定数据实现动态效果

Vue 中要实现动态效果,比原生 JavaScript 编程要简单许多,Vue 主要通过改变绑定的数据(data 的内容)实现动态效果的。

在 Vue 中,要为元素绑定事件,先给该元素添加“v-on:事件名”,该属性的值为自定义的事件处理函数,v-on:可简写成@。再在 Vue 实例中添加 methods 属性,在该属性中编写事件处理函数的代码。handle 是自定义的事件处理函数名。

【例 8-35】 为元素添加事件和事件处理函数。

```
<div id="root" v-on:click="handle">{{msg}}</div>
<script>
    new Vue({
        el: "#root",
        methods: {
            handle: function () { alert("hello;") }
        },
        data: { msg: "hello Vue" }
    })
</script>
```

在 Vue 中,要改变元素的内容,只改变 data 属性的内容即可,this.msg 指的是 Vue 实例 data 中 msg 变量的值。this 指代绑定的元素。

【例 8-36】 改变元素的内容。

```
<div id="root" v-on:click="handle">{{msg}}</div>
    <script>
        new Vue({
            el: "#root",
```

```
            methods: {
                handle: function () { this.msg = "World" }
            },
            data: { msg: "hello Vue" }
        })
    </script>
```

【例 8-37】 绑定属性 v-bind 指令。

```
<div id="root" v-on:click="handle">{{msg}}
        <div v-bind:title="title">Hello World</div><!--v-bind 可缩写为:-->
    </div><!-- v-on 可写成@ -->
    <script>
        new Vue({
            el: "#root",
            methods: {
                handle: function () { this.msg = "World" }
            },
            data: {
                msg: "hello Vue",
                title: "这是属性绑定示例!!!"
            }
        })
</script>
```

可见,只要在 HTML 属性前加 v-bind:,该属性就可使用 data 中的变量值作为属性值,如果要动态改变该属性值,只要为元素用 v-on:绑定相应事件,在事件处理函数中,动态改变 data 变量值即可。下面用 Vue 实现例 8-8 的动态效果。

【例 8-38】 用 Vue 重写 8.3.1 节的例 8-8,实现如图 8-2 所示的动态效果。

```
<h2 id="root" v-on:click="handle">会变的图片
        <img v-bind:src="picsrc" id="pic1" />
    </h2>
    <script>
        new Vue({
            el: "#root",
            methods: {
                handle: function () { this.picsrc = "images/pic2.jpg" }
            },
            data: {
                msg: "hello Vue",
                picsrc: "images/pic1.jpg"
            }
        })
    </script>
```

Vue 中没有提供 hover 事件,只能同时使用 mouseenter 和 mouseleave 模拟 hover 事件。

【例 8-39】 用 Vue 实现 hover 效果。

```
<h2 id="root" @ mouseenter="handle" @ mouseleave="handle1">会变的图片
<img v-bind:src="picsrc" id="pic1" /></h2>
    <script>
        new Vue({
            el: "#root",
            methods: {
                handle: function () { this.picsrc = "images/pic2.jpg" },
                handle1: function () { this.picsrc = "images/pic1.jpg" }
            },
            data: {
                picsrc: "images/pic1.jpg"
            }
        })
    </script>
```

若希望用户在表单中输入或修改内容时,表单中的内容能实时地显示在其他网页元素中,可使用双向数据绑定。

【例 8-40】 双向数据绑定,使用 v-model 实现。

```
<div id="root">
        <input type="text" v-model="name" placeholder="你的名字">
        <h2>您好,{{name}}</h2>
    </div><!-- v-on 可写成@  -->
    <script>
        new Vue({
            el: "#root",
            methods: {
                handle: function () { this.msg = "World" }
            },
            data: {
                msg: "hello Vue",
                title: "这是属性绑定示例!!!",
                name: '  '
            }
        })
    </script>
```

在 Vue 中,computed 叫作计算属性,能够对多个属性的值进行各种运算。

【例 8-41】 用计算属性实现计算商品总价,其运行效果如图 8-14 所示。

```
<div id="root">
    <h2>总计: {{ total }}元</h2>
    <p>单价: {{price}}元</p>
    <p>件数: {{counter}} <button v-on:click="decre"> - </button>
        <button v-on:click="incre"> + </button>
```

```
    </p>
</div><!-- v-on 可写成@ -->
<script>
    new Vue({
        el: "#root",
        data: {
            counter: 1, price: 6.8,
        },
        methods: {
            incre() { this.counter++ },
            decre() { if (this.counter > 0) this.counter-- }
        },
        computed: {
            total: function () {
                return this.price * this.counter
            }
        }
    })
</script>
```

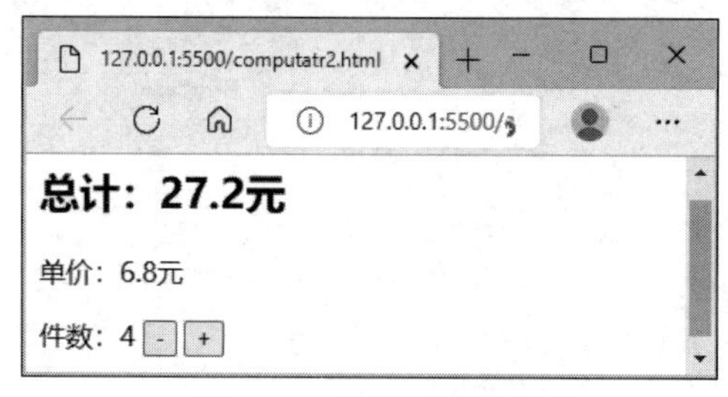

图 8-14　计算商品总价

8.6.3　v-if 和 v-for 指令

v-if 指令会根据表达式值的真假,切换元素的存在与否,其实是在操作 DOM 元素。v-show 指令与其相似,但 v-if 指令是控制 DOM 元素的存在与否,而 v-show 指令是控制 DOM 元素的显示与否。

【例 8-42】 用 v-if 指令切换元素的显示和隐藏。

```
<div id="root">
        <p v-if="seen" @ click="handle">现在你看到我了</p>
        <template v-if="ok">
            <!-- v-if 改成 v-show 就不行-->
            <h1 @ click="handle">程序员必备小知识</h1>
            <p>学的不仅是技术,更是梦想! </p>
        </template>
    </div>
    <script>
```

```
        new Vue({
            el: '#root',
            data: {
                seen: true,
                ok: false
            },
            methods: {
                handle: function () {
                    this.seen = !this.seen;
                    this.ok = !this.ok;
                }
            }
        })
    </script>
```

如果有多个元素需要同一个元素控制时,可以将多个元素放在一个 template 中,使用 template 时,v-show 将失去作用。因为 v-show 是设置显示与隐藏,而 template 是没有实际东西的 DOM,所以 v-show 对于 template 是无效的。

v-if 可以与 v-else 语句联合使用,它们中间只能有一个根元素,否则将导致报错,报错的同时 v-if 仍可以使用。因此,如果有多个元素,则可以将多个元素放在 template 标签中。v-else-if 语句也有该要求。

【例 8-43】 用 v-if 切换用户登录方式,其运行效果如图 8-15 所示。

```
    <div id="root">
        <template v-if="type==='name'">
            <label>用户名：</label>
            <input placeholder="输入用户名">
        </template>
        <template v-else>
            <label>手机号码：</label>
            <input placeholder="输入手机号">
        </template>
        <button @ click="handle">切换登录方式</button>
    </div>
    <script>
        new Vue({
            el: '#root',
            data: {
                type: 'name',
                ok: false
            },
            methods: {
                handle: function () {
                    this.type = this.type === 'name'? 'mail': 'name';
                }
            }
        })
</script>
```

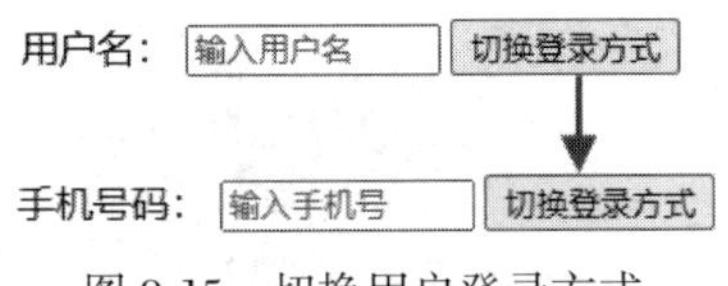

图 8-15 切换用户登录方式

列表渲染指令 v-for 的表达式需结合 in 使用,类似 item in items 的形式。

【例 8-44】 用 v-for 指令遍历列表,运行效果如图 8-16 所示。

```
<div id="root">
        <ul>
            <li v-for="book in books">《{{book.name}}》</li>
        </ul>
    </div>
    <script>
        new Vue({
            el: "#root",
            data: {
                books: [{ name: '电子商务安全'},
                { name: '机器学习算法入门与编程实践'},
                { name: 'TCP/IP 网络编程项目式教程'},
                { name: '大数据分析实用教程'}]
            }
        })
    </script>
```

在 v-for 的表达式中,books 是数据,book 是当前数组元素的别名,循环出的所有 li 元素都可以访问到对应的当前数据 book。列表渲染也支持用 of 代替 in 作为分隔符。

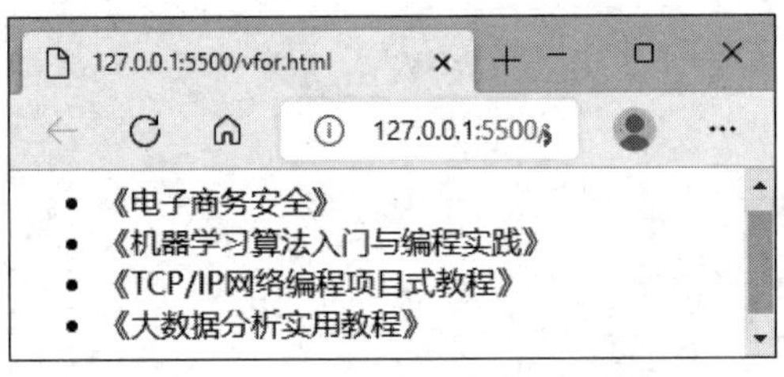

图 8-16 用 v-for 指令输出列表

下面制作一个 todolist 实例。所谓 todolist,是指单击“提交”按钮,会将用户在文本框中输入的内容添加到下方的无序列表中。

【例 8-45】 用列表操作实现 todolist 效果,运行效果如图 8-17 所示。

```
<div id="root">
    <div>
        <input v-model="inputValue" />
        <button @ click="handleSub">提交</button>
    </div>
    <ul>
```

```
                <li v-for="(item,index) of list" :key="index">
                    {{item}}
                </li>
            </ul>
        </div>
        <script>
            new Vue({
                el: "#root",
                data: {
                    inputValue: '',
                    list: []
                },
                methods: {
                    handleSub: function () {
                        this.list.push(this.inputValue)
                        this.inputValue = ''
                    }
                }
            })
    </script>
```

图 8-17　todolist 效果

在本例中，handleSub 方法用来添加列表项，无须操作 DOM，只需往 data 里添加数据。

例 8-45 中，li 元素是一个列表项，可以把 li 元素作为一个组件来创建，这样做的好处是，各种列表经常出现在网页中，而列表的样式各不相同。例如，有些列表是文本带图片的，还有些列表是标题带日期的，这些列表的 HTML 代码各不相同，将列表项创建成组件，以后需要修改列表的代码时，只修改组件的代码即可。组件里要用 template 定义模板，这种组件叫作全局组件，这样就将 li 元素转变成了组件 todo-item。

【例 8-46】　用 Vue.component 创建组件的方法实现 todolist。

```
    <div id="root">
        <div>
            <input v-model="inputValue" />
            <button @ click="handleSub">提交</button>
        </div>
        <ul>
            <todo-item v-for="(item,index) of list" :key="index" :content=
            "item"></todo-item>
```

```
    </ul>
</div>
<script>
    Vue.component('todo-item', {
        props: ['content'],
        template: '<li>{{content}}</li>'
    })
    new Vue({
        el: "#root",
        data: {
            inputValue: '',
            list: []
        },
        methods: {
            handleSub: function () {
                this.list.push(this.inputValue)
                this.inputValue = ''
            }
        }
    })
</script>
```

本例中,props 用于接收从外部传递进来的数据,其取值可以是数组或对象。这样,组件就可以直接使用传递过来的参数了。

习　题

1. 计算一个数组 x 的长度的语句是(　　)。

   A. var aLen=x.length();　　B. var aLen=x.len();

   C. var aLen=x.length;　　D. var aLen=x.len;

2. 下列 JavaScript 语句将显示的结果是(　　)。

```
var a1=10;    var a2=20;    alert("a1+a2="+a1+a2);
```

   A. a1+a2=30　　B. a1+a2=1020　　C. a1+a2=a1+a2　　D. "a1+a2="1020

3. 表达式"123abc"-123 的计算结果是(　　)。

   A. "abc"　　B. 0　　C. -122　　D. NaN

4. 产生当前日期的方法是(　　)。

   A. Now();　　B. date();　　C. new Date();　　D. new Now();

5. (　　)可以得到文档对象中的一个元素对象。

   A. document.getElementById("元素 id 名")

   B. document.getElementByName("元素名")

   C. document.getElementByTagName("标记名")

D. 以上都可以

6. 如果要改变元素 <div id = " userInput" >… </div> 的背景颜色为蓝色，代码是(   )。

A. document.getElementById(" userInput").style.color = " blue" ;

B. document.getElementById(" userInput").style.divColor = " blue" ;

C. document.getElementById(" userInput").style.background-color = " blue" ;

D. document.getElementById(" userInput").style.backgroundColor = " blue" ;

7. 通过 innerHTML 的方法改变某一 div 元素中的内容(   )。

A. 只能改变元素中的文字内容

B. 只能改变元素中的图像内容

C. 只能改变元素中的文字和图像内容

D. 可以改变元素中的任何内容

8. 下列选项中，(   )不是网页中的事件。

A. onclick　　B. onmouseover　　C. onsubmit　　D. onhover

9. JavaScript 中，自定义对象时使用关键字(   )。

A. Object　　B. Function　　C. Define　　D. 以上 3 种都可以

10. 以下哪条语句不能为对象 obj 定义值为 22 的属性 age？(   )

A. obj." age" =22;　　B. obj.age=22;

C. obj[" age"] =22;　　D. obj={ age:22} ;

11. 下面哪条语句不能定义函数 f( )？(   )

A. function f( ) { } ;　　B. var f=new Function(" { } ") ;

C. var f=function( ) { } ;　　D. f( ) { } ;

12. 在 Vue 中，双向数据绑定需要使用(   )指令。

A. v-bind　　B. v-model　　C. v-on　　D. v-show

13. ________对象表示浏览器的窗口，可用于检索关于该窗口状态的信息。

14. ________对象表示浏览器的 URL 地址，可用于将浏览器转到某个网址。

15. var a=10; var b=20; var c=10; alert(a=b) ; alert(a= =b) ; alert(a= =c) ;结果是________。

16. 试说明以下代码输出结果的顺序，并解释其原因，最后在浏览器中验证。

```
<script>    setTimeout (function(){alert("A");},0);
   alert("B");    </script>
```

17. 编写代码实现以下效果：打开一个新窗口，原始大小为 400px×300px，然后将窗口逐渐增大到 600px×450px，保持窗口的左上角位置不变。

18. jQuery 中的 html( ) 和 text( ) 方法有何区别？ html(val) 和 text(val) 方法有何区别？

19. 编写 jQuery 代码，给网页中所有的 <p> 元素添加 onclick 事件。当单击时，弹出该 p 元素中的内容。

20. 对于网页中的所有<p>元素，第 1 次单击时，弹出“您是第一次访问”；以后每次单击时，则弹出“欢迎您再次访问”，请用 jQuery 代码实现。

参 考 文 献

[1] 黑马程序员. Web 前端模块化开发教程[M]. 北京：人民邮电出版社,2021.

[2] FRAIN B. 响应式 Web 设计 HTML 5 和 CSS 3 实战[M]. 奇舞团,译. 2 版. 北京：人民邮电出版社,2017.

[3] 刘锡冬,王爱华,薛现伟. Web 前端开发项目教程(HTML 5+CSS 3+JavaScript)[M]. 北京：人民邮电出版社,2022.

[4] 徐涛. 深入理解 Bootstrap[M]. 北京：机械工业出版社,2015.

[5] 唐四薪. ASP 动态网页设计与 Ajax 技术[M]. 2 版. 北京：清华大学出版社,2017.

[6] 唐四薪,蒋劼,张剑. 基于组件技术与团队开发的 Web 开发课程教学实践[J]. 计算机教育,2022(08)：152-155.

[7] 唐四薪. PHP 动态网站开发[M]. 2 版. 北京：清华大学出版社,2021.

[8] 唐四薪. HTML 5+CSS 3 Web 前端开发[M]. 北京：清华大学出版社,2018.

[9] 唐四薪. PHP Web 程序设计与 Ajax 技术[M]. 2 版. 北京：清华大学出版社,2019.

图书资源支持

感谢您一直以来对清华版图书的支持和爱护。为了配合本书的使用，本书提供配套的资源，有需求的读者请扫描下方的“书圈”微信公众号二维码，在图书专区下载，也可以拨打电话或发送电子邮件咨询。

如果您在使用本书的过程中遇到了什么问题，或者有相关图书出版计划，也请您发邮件告诉我们，以便我们更好地为您服务。

我们的联系方式：

清华大学出版社计算机与信息分社网站：https://www.shuimushuhui.com/

地　　址：北京市海淀区双清路学研大厦 A 座 714

邮　　编：100084

电　　话：010-83470236　010-83470237

客服邮箱：2301891038@qq.com

QQ：2301891038（请写明您的单位和姓名）

资源下载：关注公众号“书圈”下载配套资源。

资源下载、样书申请

书圈

图书案例

清华计算机学堂

观看课程直播